罗哲文题

斗栱

潘德华　潘叶祥　著

简体版（上册）

东南大学出版社
南京●2017

内容提要

本书是在繁体版(第二版)基础上修订出版的简体版(第一版)。

斗栱是中国古代建筑中最具魅力却又最为深奥的部分。它以极为简单又极标准化的构件,组成了千姿百态又千变万化的种类,承担起中国古代建筑中出檐悬挑、承托梁栿、装点檐下、显示等级等功能,其榫卯之精巧又作为中国建筑木工技艺的最高典范。本书作者在这一领域中研究与实践达四十余年,并以十二年的努力写成此书。斗栱的历代变化悉收书中,榫卯之堂奥尽呈眼底,共绘图纸三百余幅,照片一百四十余张,斗栱分件图一千余件,可谓斗栱研究之宏大展览。

本书是古建筑设计与施工、古建筑保护与修缮、建筑历史研究与教学的一本全新的不可多得的参考工具书,适合于中外研究中国传统建筑的学者、大专院校师生、古建筑爱好者以及古建筑公司、古建筑设计院阅读或参考。

图书在版编目(CIP)数据

斗栱(简体版)/潘德华,潘叶祥著. —南京:东南大学出版社,2017.5 (2020.9重印)

ISBN 978-7-5641-7094-3

Ⅰ.①斗… Ⅱ.①潘…②潘… Ⅲ.①古建筑—木结构—建筑艺术—中国 Ⅳ.①TU-881.2

中国版本图书馆CIP数据核字(2017)第055280号

书　　名:斗栱(简体版)(上册)
著　　者:潘德华　潘叶祥
责任编辑:徐步政　孙惠玉　　　　　　　　邮箱:894456253@qq.com

出版发行:东南大学出版社　　　　　　　　社址:南京市四牌楼2号(邮编:210096)
网　　址:http://www.seupress.com
出 版 人:江建中

印　　刷:江苏凤凰盐城印刷有限公司　　　排版:南京新翰博图文制作有限公司
开　　本:787 mm×1092 mm　1/16　　　印张:46　字数:1195 千
版印次:2017年5月第1版　　2020年9月第3次印刷
书　　号:ISBN 978-7-5641-7094-3　　　定价:350.00元(上、下册)

经　　销:全国各地新华书店　　　　　　　发行热线:025-83790519　83791830

目 录

序 ··· 07

前 言 ·· 17

作者简介 ··· 25

上 册

第一章 总 论

第一节 科栱的起源 ·· 2
第二节 汉、南北朝、隋科栱的演变 ···································· 5
第三节 唐、宋、辽、金、元科栱的演变 ································ 15
第四节 明、清斗栱的演变 ··· 44
第五节 宋《营造法式》与清《工程做法》两部官书中的斗栱外形
的比较 ··· 53
第六节 宋铺作、清斗科同位分件与榫卯的比较 ························ 55

第二章 宋式科栱

第一节 铺作制度各项尺寸做法 ······································ 78
第二节 铺作安装做法 ·· 85
第三节 宋《营造法式》材、分°制 ···································· 91
第四节 大科、小科图样一 ·· 92
第五节 下昂、耍头图样二 ·· 93
第六节 卷杀、单栱图样三 ·· 94

斗栱

第七节　重棋图样四 ……………………………………………… 95

第八节　把头绞项造图样五 ……………………………………… 96

第九节　枓口跳图样六 …………………………………………… 97

第十节　四铺作里外并一抄卷头,壁内用重棋图样七 ………… 98

第十一节　铺作各项分件分°数 ………………………………… 100

第十二节　四铺作插昂 …………………………………………… 106

　　一、四铺作插昂一至八等材各件尺寸 ……………………… 106

　　二、四铺作插昂补间铺作图样八 …………………………… 114

　　三、四铺作插昂柱头铺作图样九 …………………………… 116

　　四、四铺作插昂转角铺作图样十 …………………………… 118

　　五、四铺作插昂各件尺寸权衡表 …………………………… 122

第十三节　五铺作重棋出单抄单下昂,里转五铺作重棋出两抄,

　　　　　并计心 ……………………………………………… 123

　　一、五铺作重棋出单抄单下昂,里转五铺作重棋出两抄,并计心

　　　　一至八等材各件尺寸 ………………………………… 123

　　二、五铺作重棋出单抄单下昂,里转五铺作重棋出两抄,并计心

　　　　补间铺作图样十一 …………………………………… 133

　　三、五铺作重棋出单抄单下昂,里转五铺作出单抄,外计心

　　　　柱头铺作图样十二 …………………………………… 136

　　四、五铺作重棋出单抄单下昂,里转五铺作重棋出两抄,并计心

　　　　转角铺作图样十三 …………………………………… 139

　　五、五铺作重棋出单抄插昂,里转五铺作重棋出两抄,偷心

　　　　转角铺作图样十四 …………………………………… 146

　　六、五铺作重棋出单抄单下昂,里转五铺作重棋出两抄,并计心

　　　　各件尺寸权衡表 ……………………………………… 154

第十四节　六铺作重棋出单抄双下昂,里转五铺作重棋出两抄,

　　　　　并计心 ……………………………………………… 156

　　一、六铺作重棋出单抄双下昂,里转五铺作重棋出两抄,并计心

　　　　一至八等材各件尺寸 ………………………………… 156

　　二、六铺作重棋出单抄双下昂,里转五铺作重棋出两抄,并计心

　　　　补间铺作图样十五 …………………………………… 168

　　三、六铺作重棋出单抄双下昂,里转五铺作出单抄,外计心

　　　　柱头铺作图样十六 …………………………………… 173

　　四、六铺作重棋出单抄双下昂,里转五铺作重棋出两抄,并计心

　　　　转角铺作图样十七 …………………………………… 177

　　五、六铺作重棋出单抄双下昂,里转五铺作重棋出两抄,并计心

　　　　各件尺寸权衡表 ……………………………………… 187

第十五节　七铺作重栱出双抄双下昂，里转六铺作重栱出三抄，
并计心 ………………………………………………………… 189

一、七铺作重栱出双抄双下昂，里转六铺作重栱出三抄，并计心
一至八等材各件尺寸 ………………………………………… 189

二、七铺作重栱出双抄双下昂，里转六铺作重栱出三抄，并计心
补间铺作图样十八 …………………………………………… 203

三、七铺作重栱出双抄双下昂，里转六铺作重栱出两抄，并计心
柱头铺作图样十九 …………………………………………… 208

四、七铺作重栱出双抄双下昂，里转六铺作重栱出三抄，并计心
转角铺作图样二十 …………………………………………… 212

五、七铺作重栱出双抄双下昂，里转六铺作重栱出三抄，并计心
各件尺寸权衡表 ……………………………………………… 225

第十六节　八铺作重栱出双抄三下昂，里转六铺作重栱出三抄，
并计心 ………………………………………………………… 228

一、八铺作重栱出双抄三下昂，里转六铺作重栱出三抄，并计心
一至八等材各件尺寸 ………………………………………… 228

二、八铺作重栱出双抄三下昂，里转六铺作重栱出三抄，并计心
补间铺作图样二十一 ………………………………………… 244

三、八铺作重栱出双抄三下昂，里转六铺作重栱出两抄，并计心
柱头铺作图样二十二 ………………………………………… 249

四、八铺作重栱出双抄三下昂，里转六铺作重栱出三抄，并计心
转角铺作图样二十三 ………………………………………… 254

五、八铺作重栱出双抄三下昂，里转六铺作重栱出三抄，并计心
各件尺寸权衡表 ……………………………………………… 270

第十七节　上昂图样 ……………………………………………… 273

一、五铺作重栱出单抄单上昂，并计心
图样二十四 …………………………………………………… 273

二、六铺作重栱出双抄单上昂偷心跳，内当中施骑科栱
图样二十五 …………………………………………………… 277

三、七铺作重栱出双抄双上昂偷心跳，内当中施骑科栱
图样二十六 …………………………………………………… 281

四、八铺作重栱出三抄双上昂偷心跳，内当中施骑科栱
图样二十七 …………………………………………………… 286

第十八节　总铺作次序 …………………………………………… 291

一、五铺作一抄一昂、六铺作一抄两昂或两抄一昂
图样二十八 …………………………………………………… 291

二、七铺作两抄两昂、八铺作两抄三昂
图样二十九 …………………………………………………… 292

第十九节　平坐 …………………………………………………… 293
　　一、造平坐之制图样三十 …………………………………… 293
　　二、造平坐之制楼阁平坐铺作图样三十一 ………………… 294
　　三、造平坐之制楼阁平坐铺作图样三十二 ………………… 295
第二十节　襻间 …………………………………………………… 296
　　造襻间之制图样三十三 ……………………………………… 296
第二十一节　虾须栱 ……………………………………………… 297
　　造虾须栱图样三十四 ………………………………………… 297

宋式枓栱模型 …………………………………………………… 299

《营造法式》原书图样 ………………………………………… 325

下　册

第三章　清式斗栱

第一节　斗科各项尺寸做法 ……………………………………… 340
　　一、挑金造溜金斗科 ………………………………………… 346
　　二、落金造溜金斗科 ………………………………………… 347
　　三、一斗二升交麻叶并一斗三升斗科 ……………………… 348
　　四、三滴水品字科 …………………………………………… 349
第二节　斗科安装做法 …………………………………………… 355
　　一、挑金造溜金斗科 ………………………………………… 361
　　二、落金造溜金斗科 ………………………………………… 362
第三节　清《工程做法》斗口制 ………………………………… 363
第四节　大斗、小斗图样一 ……………………………………… 364
第五节　卷杀、昂头、蚂蚱头、六分头、菊花头、桃尖梁头图样二 …… 365
第六节　单栱交麻叶云、重栱交麻叶云、内里品字科 ………… 366
　　一、单栱交麻叶云、重栱交麻叶云、内里品字科斗口一寸至六寸各件
　　　　尺寸 ……………………………………………………… 366
　　二、单栱交麻叶云、重栱交麻叶云、内里品字科图样三 … 373
　　三、单栱交麻叶云、重栱交麻叶云、内里品字科各件尺寸权衡表 … 376
第七节　一斗二升交麻叶并一斗三升 …………………………… 377
　　一、一斗二升交麻叶并一斗三升斗口一寸至六寸各件尺寸 … 377
　　二、一斗二升交麻叶并一斗三升平身科图样四 …………… 382

　　三、一斗二升交麻叶并一斗三升柱头科图样五 ・・・・・・・・・・・・・・・ 384

　　四、一斗二升交麻叶并一斗三升角科图样六 ・・・・・・・・・・・・・・・ 386

　　五、一斗二升交麻叶并一斗三升各件尺寸权衡表 ・・・・・・・・・・ 388

第八节　斗口单昂 ・・・・・・・・・・・・・・・・・・・・・・・・・・ 389

　　一、斗口单昂斗口一寸至六寸各件尺寸 ・・・・・・・・・・・・・・・ 389

　　二、斗口单昂平身科图样七 ・・・・・・・・・・・・・・・・・・・・ 397

　　三、斗口单昂柱头科图样八 ・・・・・・・・・・・・・・・・・・・・ 399

　　四、斗口单昂角科图样九 ・・・・・・・・・・・・・・・・・・・・・ 402

　　五、斗口单昂各件尺寸权衡表 ・・・・・・・・・・・・・・・・・・・ 407

第九节　斗口重昂 ・・・・・・・・・・・・・・・・・・・・・・・・・・ 408

　　一、斗口重昂斗口一寸至六寸各件尺寸 ・・・・・・・・・・・・・・・ 408

　　二、斗口重昂平身科图样十 ・・・・・・・・・・・・・・・・・・・・ 420

　　三、斗口重昂柱头科图样十一 ・・・・・・・・・・・・・・・・・・・ 423

　　四、斗口重昂角科图样十二 ・・・・・・・・・・・・・・・・・・・・ 427

　　五、斗口重昂各件尺寸权衡表 ・・・・・・・・・・・・・・・・・・・ 437

第十节　单翘单昂 ・・・・・・・・・・・・・・・・・・・・・・・・・・ 439

　　一、单翘单昂斗口一寸至六寸各件尺寸 ・・・・・・・・・・・・・・・ 439

　　二、单翘单昂平身科图样十三 ・・・・・・・・・・・・・・・・・・・ 451

　　三、单翘单昂柱头科图样十四 ・・・・・・・・・・・・・・・・・・・ 454

　　四、单翘单昂角科图样十五 ・・・・・・・・・・・・・・・・・・・・ 458

　　五、单翘单昂各件尺寸权衡表 ・・・・・・・・・・・・・・・・・・・ 468

第十一节　单翘重昂 ・・・・・・・・・・・・・・・・・・・・・・・・・ 470

　　一、单翘重昂斗口一寸至六寸各件尺寸 ・・・・・・・・・・・・・・・ 470

　　二、单翘重昂平身科图样十六 ・・・・・・・・・・・・・・・・・・・ 485

　　三、单翘重昂柱头科图样十七 ・・・・・・・・・・・・・・・・・・・ 488

　　四、单翘重昂角科图样十八 ・・・・・・・・・・・・・・・・・・・・ 492

　　五、单翘重昂各件尺寸权衡表 ・・・・・・・・・・・・・・・・・・・ 507

第十二节　重翘重昂 ・・・・・・・・・・・・・・・・・・・・・・・・・ 509

　　一、重翘重昂斗口一寸至六寸各件尺寸 ・・・・・・・・・・・・・・・ 509

　　二、重翘重昂平身科图样十九 ・・・・・・・・・・・・・・・・・・・ 526

　　三、重翘重昂柱头科图样二十 ・・・・・・・・・・・・・・・・・・・ 530

　　四、重翘重昂角科图样二十一 ・・・・・・・・・・・・・・・・・・・ 535

　　五、重翘重昂各件尺寸权衡表 ・・・・・・・・・・・・・・・・・・・ 555

第十三节　重翘三昂 ・・・・・・・・・・・・・・・・・・・・・・・・・ 557

　　一、重翘三昂斗口一寸至六寸各件尺寸 ・・・・・・・・・・・・・・・ 557

　　二、重翘三昂平身科图样二十二 ・・・・・・・・・・・・・・・・・・ 577

　　三、重翘三昂柱头科图样二十三 ・・・・・・・・・・・・・・・・・・ 581

　　四、重翘三昂角科图样二十四 ・・・・・・・・・・・・・・・・・・・ 586

　　　五、重翘三昂各件尺寸权衡表 ················ 612

　第十四节　挑金落金造溜金斗科 ················ 615

　　　一、挑金造溜金斗科图样二十五 ·············· 615

　　　二、落金造溜金斗科图样二十六 ·············· 616

　第十五节　隔架科 ·························· 617

　　　一、隔架科斗口一寸至六寸各件尺寸 ·········· 617

　　　二、隔架科图样二十七 ···················· 619

　第十六节　三滴水品字科 ···················· 620

　　　一、三滴水品字科斗口一寸至六寸各件尺寸 ····· 620

　　　二、三滴水品字科图样二十八 ················ 629

　第十七节　品字科 ·························· 630

　　　一、品字科各踩斗口一寸至六寸各件尺寸 ······· 630

　　　二、品字科三踩图样二十九 ·················· 642

　　　三、品字科五踩图样三十 ·················· 644

　　　四、品字科七踩图样三十一 ·················· 647

　　　五、品字科九踩图样三十二 ·················· 650

　　　六、品字科十一踩图样三十三 ··············· 653

清式斗栱模型 ····························· 657

《工程做法》原书图样 ···················· 679

参考书目 ······························· 694

后　记 ································· 695

序1

世界建筑史上，曾经有人把建造的建筑物分为木质材料和砖石材料两大体系，并把它称为东方建筑体系和西方建筑体系。以其材料的性能不同而产生了不同的结构方式，即所称的梁柱和栱券结构方式。当然，这也只是大体的概况而已，东方国家也有砖石结构，西方国家也有木构建筑。至于建筑材料更是种类繁多，结构方式无奇不有。就地取材，因材施用，已成了历代哲匠先贤进行营造活动的一条极为重要的经验。不管是用砖石结构或是木质结构或是砖木石混合结构或其他各种材料各种结构方式营造出的建筑，都各有其特点，都能创造出伟大的奇迹。现在已有不少的砖石和木构建筑，被列入了世界遗产的名录，成为人类共同的财富。

中国的古代建筑，是以木构为主的建筑体系，以其历史悠久、数量最多、科学和文化内涵极为丰富等等，被称为东方建筑体系的代表。这一建筑体系几百年、几千年、上万年来，为现在地球上约三分之一（二十亿）人口的历史生存和繁衍，立下了不朽的功绩。这一结构体系的特色和优点，就像它的弹性框架结构的抗震作用，根据需要，合理安排室内空间的变化，门窗设置的灵活性，施工和维修拆卸的方便，以及出檐深远和它形成的飞檐翘角、复道飞廊、各种各样的屋顶变化等等，都是由于这一结构方式的物质科学原理和民族文化传统所必然产生的结果，也就是这一建筑体系的特色之所在。

在这一木结构体系中，随着社会的进步，科学技术的发展，产生了一种巧妙结合的方法——"榫卯"结构，何时出现的这种结构还不是很清楚。但从浙江余姚河姆渡遗址中所发现的情况来看，至少已有七千年以上的历史。榫卯可以说是一个伟大的创造，使木结构建筑得以传承七千多年（或更长）而不衰。在这一神奇的"榫卯"发展过程中出现了一种十分独特的集榫卯技术大成的组合结构"斗栱"。由早期出现的挑出、撑托、支顶等简单

的构件，逐步发展成为带"模数"的复杂结构系统，成了大型甚至小型重要建筑物的关键性结构部分。它不仅是结构的需要，而且也是构成我国古建筑优秀艺术形象的重要组成部分，是研究中国古代建筑史，研究中国木结构发展、古建筑年代断代鉴定、古代建筑艺术等等问题重要的形象依据之一。因而凡是学习和研究古建筑者，莫不把斗栱作为首先要进行学习与研究的一个重要课题。

在我六十多年从事古建筑的学习和研究以及古建筑保护工作中，斗栱与我结下了不解之缘。我记得六十多年前刚一踏进中国营造学社大门的时候，梁思成、刘敦桢等先生就教我斗栱的知识，让我学画斗栱的图。以后到了清华大学营建系，为帮助梁思成、刘致平先生讲建筑史和建筑构造也画了不少斗栱的教材。二十世纪五十年代初，我调到中央文化部文物局负责古建筑保护和调查研究工作以及为培训班讲课时，也不断地宣传和介绍斗栱在古建筑中的作用。我出去考察古建筑、鉴别其年代，首先看的是斗栱，再逐步观察其梁架、柱子、柱础、门窗、屋顶、瓦饰……的特点，结合碑刻和历史文献记载等来分析判断。因为斗栱是时代特征最为显著的部分之一。由于斗栱在几千年发展过程中的变化，本身结构情况的复杂和民族与地区的差异等等，斗栱的内容实在太丰富了。时至今日，我还没有研究清楚，每引以为憾。

据我所知，几十年来许多古建筑的科研单位、大专院校、企业部门以及古建爱好者们，对斗栱都从各方面进行过调查研究，取得了不少研究成果，可喜可贺。但是从实地测绘并结合古代专书和历史文献，全面地研究"斗栱"的专门著作除梁思成、刘致平先生在六十多年前以《中国建筑设计参考图集》为题的图册之外，尚未曾有过。

今有扬州古建筑自学成才的专家潘德华先生，以他四十七年对古建筑的学习和从事古建筑实践、专心钻研的成果，写出了《斗栱》一书。本书把斗栱的起源及两汉、魏晋南北朝、隋唐、宋辽金、元、明清各代斗栱的演变，做了概括的分析。特别是根据我国古建筑的两部经典著作，被梁思成先生称为"文法课本"的官书宋《营造法式》、清《工程做法》及实物和其他的历史文献相结合，进行了详细的分析研究，除对两书作了高度评价之外，还对其中斗栱部分做了增补和纠正。书中还附了大量作者亲手绘制的图纸和做法。据我所知，作者为此费了十二年的时间，对国内遗留下来的著名古建筑及有关书籍进行考察、阅读和分析研究，在施工实践中不断进行总结。最值得称赞的是他以其高超的技艺，手工绘制了三百多幅墨线图，一千余件斗栱分件图，同时对自汉至明清十多个朝代有代表性的斗栱，按实物缩小比例做成了一百二十攒"斗栱"模型，从中取得了许多经验，得到了斗栱榫卯制做、安装组合的实践知识与技法，使这本《斗栱》专书，真正来源于亲手的实践，这正是本书的重要特点。

　　本书的作者潘德华先生知我和他同出"班门"，有同样的学习、成长的经历，而且对斗栱情有独钟，又是多年"以古建会友"志同道合的朋友，特嘱我为序，于是写了以上几点认识和意见，请教方家高明，至于书中丰富的内容和精彩的图纸照片，还请读者自己去鉴赏与评说，不作多赘。

罗哲文

二〇〇三年五月

序 2

　　"斗栱"是中国古建筑特有的技术成就,也是美化建筑的一种装饰艺术,它常被宫殿、坛庙等豪华建筑所采用,起着引人注目的标志性作用,在建筑结构上占有突出地位。从国内现存若干古建遗例来讲,斗栱因有多种功能需要,因时因地不同,形式丰富多彩,有着显著的地方性和时代性的风貌特征,历史烙印十分清晰。因此,建筑史家往往把斗栱特征作为断代的依据,不惜功力地进行分析研究,每能从中发现许多颇有说服力的历史信息。据前辈师长们说,学习古建筑,若能通晓斗栱,就等于拿到了一把金钥匙,否则,难以入门。

　　宋代《营造法式》和清代《工程做法》两部官书中都将"斗栱"列为大木作的重点。宋代的"材、栔"和清代的"斗口"则是设计模数等级化的标准。宋制分八等材,清制分十一等材,皆根据房屋规模体量的大小,量度采用,都有严格的制度要求,就跟裁缝一样,必须量体裁衣,才能恰如其分。

　　潘德华同志,现任扬州市德华古建筑研究所所长、高级工程师,对于中国古建筑素有研究,多年来在古建维修、仿古建筑设计施工和古建筑测绘工作中积累了丰富的实践经验。对于斗栱的历史演变,通过长期研究、探索,有着深刻研究心得,学术理论水平大为提高,是一位颇有朝气的实干家。

　　为了撰写《斗栱》一书,潘德华同志倾注了大量心血,用了十二年时间,绘制了三百余张墨线图,一千多件斗栱分件图,并制作了一百二十攒斗栱模型,成绩斐然可观。

　　书稿的总论部分,对于历代斗栱的演变和《营造法式》《工程做法》两部专书的学术价值,都做了简明扼要的介绍与评估,有着较好的可读性。使人感到头痛的那些斗栱,类型繁多,结构复杂,绝非书面文字所能解说明白,读者每有"望而却步"之感。作者有鉴于此,明智地采用了"以图代言"

的方式,分章分节地画出真实图像,结构关系一目了然,能产生很强的直观感受。那些艰涩难懂的名词术语,通过图文对照,加深了印象,许多疑难问题,从而"茅塞顿开"。这种贴近生活,贴近实际的工作方法,值得赞扬。

我们盼望《斗栱》一书,能够早日出版面世,以飨读者。不揣谫陋,略述拙见数则,奉以为序。

中国文物研究所　杜仙洲

二〇〇三年四月　于北京

序 3

斗栱在很大程度上代表了木架建筑的技术水平，是研究中国古代建筑的焦点问题之一，也是跨入该研究领域的一门必修课。

斗栱在大木作的工序中占的比重很大：构件数量最多，构造复杂，制作费工费时，是木工活的重中之重。如果以一座三开间采用六铺作斗栱的宋式分心槽殿堂为例来分析，主体大木构件约有二千件（屋面椽望除外），其中斗栱占百分之九十左右。如此众多的构件，榫卯又十分繁杂，调校、组装的难度可想而知（即《营造法式》所称"安勘、绞割、展拽"各道工序）。如果在施工中没有一种统一、易行的尺度标准加以规范，那么，想把成千分散加工制作的零件组装到一起，形成一个结实可靠的铺作结构层，将是难以想象的事。工程的实际需要，呼唤着"以材为祖"制度的产生。我想，斗栱在官式建筑中的重要地位以及它的不断发展应是催生木架建筑模数制——宋代材分制和明清斗口制的重要原因。

建筑是一门实践性很强的技术科学。在古代道器分离的社会中，士大夫阶层不屑于从事建筑工程的技术研究，认为那是工匠们的事。李诫编写《营造法式》，固然为中国古代建筑留下了一份弥足珍贵的历史遗产，对当时建筑业的发展也有积极意义。但他也仅仅是为了完成皇帝的敕命，制订一份能有效控制工程预算的用工、用料定额，目的并不在于对技术本身的研究。所以，在中国古代社会里，真正推动建筑技术进步的是在生产第一线的匠师们，他们共有三个层次：工匠、作头和都料。"工匠"是基层生产者，"作头"是各工种的头头，"都料"是工地的技术总负责人。李诫《营造法式》的真正价值，就在于忠实、准确地记录并整理了当时官式建筑各工种的工程实践经验，正如他在该书的"总诸作看详"所写，全书共收集了 3555 条素材，其中 3272 条是"来自工作相传，并是经久可以行用之法"，而且都是"与诸作谙会经历造作工匠，详悉讲究规矩，比较诸作利害，随物之大小，有增减之法"。这就清楚地说明了这部中国古代最伟大的建筑著作原是北宋建筑工匠的工程实践经验的汇集与总结。

因此，今天我们在研究中国古代建筑技术时应该多注重从匠师的创造和工程实践的视角去审视各种问题，而不是凭自己设定的某种框框去推、去套，那样的研究方法难免会使似乎有创意的见解流于脱离事物本身实际而失去意义。

本书作者潘德华同志，是一位从工程实践中成长起来的优秀技术人员。他从亲自制作扬州鉴真纪念堂大木构架及斗栱起，数十年间，完成了江苏靖江岳王庙宋式大殿的施工以及扬州大明寺仿唐栖灵塔的设计与施工等众多工程，积累了丰富的经验。在此基础上又潜心研究，梳理总结，并制作大量斗栱模型，推敲其榫卯结构，"十年磨一剑"，著成《斗栱》一书。相信本书对斗栱结构的剖析，必将超越某些相关著作，以其深入、翔实、准确度高而凸显其自身的价值。

潘谷西

二〇〇三年五月　于南京

序 4

　　斗栱是中国古典建筑中最有特色的部分,它在中国木构建筑的发展中具有举足轻重的地位,对于中国木构建筑结构体系的完善起着重要的作用。由于斗栱的使用,使得中国木构建筑在世界木构发展史中具有领先的地位,从而使中国成为保留千年以上木构的惟一国家,同时也是保留古老木构最多的国家。这正是由于中国木构体系以斗栱为节点,从而使得这种体系的建筑能够抵抗狂风、地震等自然灾害,出现了经受几十次地震灾害都能安然无恙的独乐寺观音阁、应县木塔等优秀古代木构建筑遗存。

　　中国古典建筑在伦理型文化的影响下,处处存在严格的等级规范,由于斗栱所具有优异的技术功能,又具有很好的装饰效果,因此格外受到统治者的青睐。在一栋建筑中是否使用斗栱,便成为标志等级高低的手段,大凡是重要的建筑必有斗栱。随着建筑的发展,不同时代的斗栱又出现若干变异,不同地域、不同匠家的派别使斗栱产生了不同的做法,因此历代斗栱又成为在一栋栋建筑中,保留时代信息和地域信息最丰富的部分,从中可以帮助今人认识不同时代建筑的特点,鉴定古代建筑年代。

　　在使用斗栱的建筑中,斗栱的用材是建筑结构的基本模数,建筑用材的大小,直接关乎着建筑结构的强度高低、建筑的尺度大小,因此《营造法式》指出:一位好的匠师不能不掌握"变造用材制度",不能不知晓"以材而定分,乃或倍斗而取长"的法则。掌握斗栱的做法是建造一栋优秀建筑的先决条件。历史上从西周出现斗栱到北宋,经过一千多年的发展,建筑匠师们对斗栱的运用已日趋成熟,于是在北宋崇宁二年(公元 1103 年)编制《营造法式》之时,首次编出了有关斗栱使用和做法的制度。六百多年之后,建筑又有若干发展变化,在清雍正十二年(公元 1734 年)编制清工部《工程做法》时,再次编订了中国古典建筑晚期的斗栱形制和做法。宋《营造法式》和清工部《工程做法》被誉为中国古典建筑的两部"文法课本"。

潘德华同志完成的《斗栱》一书不但对历代斗栱进行了考察,而且对宋《营造法式》和清《工程做法》所列斗栱深入钻研、详尽剖析,为我们认识历代斗栱的同时,进一步解读宋、清官式建筑所用斗栱提供了宝贵资料,并使我们能以此为基础,进而对中国古典建筑中出现的种种形式发生变异的斗栱,能够举一反三而知其所以然。尤其可贵的是潘德华同志基于几十年的实践经验,亲手建造过仿唐、仿宋建筑,自己又进一步钻研,制作了汉至清各个时代的斗栱模型一百二十攒,并绘出一千余件斗栱分件图。

回想扬州鉴真和尚纪念堂的建设,可知潘德华同志是如何开始他的斗栱研究历程的。我在 1963 年曾经在梁思成教授的指导下参与扬州鉴真和尚纪念堂的方案设计,但自从上世纪五十年代批判复古主义之后,已经有若干年不敢搞这种类型的建筑了,当时我们对设计方案将来会有怎样的结果,不得而知。十年后在周恩来总理的直接关怀下,作为中日文化交流纪念的项目,决定进行鉴真和尚纪念堂的建造,这时梁思成先生已经逝世,这是一项受到中日两国瞩目的工程,而当时的外部政治环境极其困难,可以说会做这类建筑的人已经难以寻觅,我校虽派出莫宗江、吴焕加教授赴扬州作了进一步深化方案图,但如何制作仍是难题。就在这种情况之下,潘德华同志接受了主持"扬州鉴真和尚纪念堂"的施工的艰巨任务,其时遇到的困难可想可知。他们虽然专门考察了唐代建筑佛光寺大殿,但只能得到建筑外部形式的感性认识,至于木构建筑中的榫卯如何,由几十个构件组成装在一起的斗栱榫卯如何,则不得而知。经过潘德华同志细心钻研,反复琢磨、大胆实践,先制作出纪念堂的二分之一比例的模型,在此基础上再行正式施工。最后终于完美地完成了鉴真和尚纪念堂工程。不但造型风格准确,而且榫卯结构精确,其中斗栱的制作是这项工程成败的关键。此后,潘德华同志又进行过多项工程的设计和施工,并潜心钻研历代斗栱,终

于完成了《斗栱》一书。实践出真知,这次潘德华同志所著《斗栱》一书是一本富有真知灼见的好书,是他几十年工程实践的智慧结晶,也是首次将宋、清两代官式建筑斗栱表达得最为详尽、研究得最为透彻的书。今年正值宋《营造法式》一书出版九百周年之际,研究《营造法式》斗栱的书能在此时出版,更有它不寻常的意义。在此让我预祝此书的成功问世。

郭黛姮

二〇〇三年五月　于清华园

前言

因我国年轻人不怎么认识繁体字，给他们阅读繁体字版《斗栱》带来很多不便，故应广大读者需求，本书修订为简体字出版。

中国古建筑在世界建筑之林中占有杰出的地位，它以木构为主的建筑体系历史悠久，数量繁多，结构复杂，科学文化内涵极为丰富，抗震性能最好。唐宋时期，木构架之立柱做有"生起"、"侧脚"，柱头向中心倾斜推抵，受力后榫卯收紧，其榫卯结合，既严密而又不固死。当地震来临的时候，构架即随着震波来回晃动，发出"咯咯"的声音，构件榫卯因可以相对活动而不致折断，震波消失了，构架又恢复原位，这就是中国古建筑中特有的弹性框架结构。在这里"榫卯"起了重要作用。

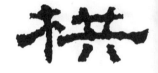

"榫卯"何时出现还不很清楚，但从浙江余姚河姆渡遗址出土的木构件来看，至少已有七千年以上的历史，当时榫卯已出现了平身柱两侧插梁榫卯、转角柱直角梁榫卯、直棂栏杆榫卯和企板榫卯。榫卯的出现是中国建筑史上的一个伟大的创举，它使中国古代构架获得了发展的生命力。中国古建筑是以木构架为骨干，柱梁承重，墙壁、门窗仅作围护，并不负担屋顶的重量。这种木构架，下有立柱、上有梁桁，在梁桁与立柱之间的过渡部分还有一种构件，这种构件全面运用榫卯技术，使出檐向外远伸，这便是中国建筑数千年来所特有的"斗栱"体系。

"斗栱"的出现，约在三千年前的商周，那时的青铜器中往往反映当时建筑的局部形象。如"令毁"的四足做成方形短柱，柱上置栌斗，再在两柱之间，于栌斗斗口内施横枋，枋上置二方块，类似散斗和栌斗一起承载上部版形的座子。斗栱在中国古建筑中占有特殊的地位，凡是重要建筑、纪念性建筑必须用斗栱。北宋崇宁二年（公元 1103 年）李诫著《营造法式》和清雍正十二年（公元 1734 年）工部《工程做法》，被誉为中国古典建筑的两部"文法课本"。《营造法式》中，斗栱分八等材，以"材分°制"之用材等级作建筑设计的基本模数，"凡构屋之制，皆以材为祖，材有八等，度屋之大小，因而用

之"。清代《工程做法》中，斗栱分十一等材，以"斗口"为设计模数。

斗栱的造型优美，玲珑剔透，种类繁多，现存世界上最高的木构建筑，中国的应县木塔就有斗栱六十余种。斗栱的造型变化无穷，如宋式斗栱，通常运用补间铺作、柱头铺作、转角铺作三种，若全"计心造"，只要在其中减"一计"或"两计"改成"偷心"，斗栱的造型就变了样；如铺作较多，里转减"一铺"或"两铺"亦变了样，榫卯也随着变化。就同下棋一样，只要移动一子，全盘走法即另有一种走作。斗栱榫卯结构在古建筑中最为复杂，组合构件数量也最多。潘谷西先生曾说过，如以宋式"六铺作重栱出单抄双下昂，里转五铺作重栱出双抄，并计心"转角铺作一朵为例：其构件名称有28种，构件数量107件，单件榫卯98个。再以清式"单翘重昂"角科一攒为例：其构件名称计34种，构件数量101件，单件榫卯120个。

"斗栱"是东方建筑艺术宝库中一颗璀璨的明珠，斗栱知识亦是中国古建筑研究中的一门必修课。有人感到斗栱类型繁多，结构复杂，艰涩难懂，事实上只要肯下功夫，是不会弄不懂的。我曾目睹不少外国的留学生和爱好中国传统建筑的建筑学者考察中国古建筑的情景，他们对斗栱的复杂性充满兴趣，乐意深入研究，他们拍摄斗栱构造时的那种认真程度，可以说就差钻进斗栱肚子里去了。有些研究中国传统建筑的国外专家，一到中国就讲中国古建。现在日本的唐代建筑，保存得比中国多。斗栱中的"方头昂"原是中国昂头形式的一种，汉明器上经常见到，后来才传到日本，而我国已基本不用了。我以为中国的古建筑应该发扬光大地继承下去，不能让我们前辈劳动智慧的结晶失传。

我们的前辈朱启钤先生，于1930年创办了"中国营造学社"，梁思成、刘敦桢等先生先后加入了学社。30年代曾由两位先生带领社员，分为两组，对中国古建筑进行调查、考察、测绘。那时我们的国家和民族还处于多难、贫穷落后的境地，两位先生披荆斩棘，吃尽了千辛万苦。仅从 1932 年至 1937 年这短短的五年时间里，调查的县市即有 137 个，经调查的古建筑殿堂、房舍有 1823 座，详细测绘的建筑有 206 组，完成测绘图稿 1898 张，工程浩大、数量可观。我们的前辈，为保护和研究中国古建筑立下了不可磨灭的功绩，为后人留下一笔珍贵的财富。六十多年前，梁思成、刘致平、罗哲文先生编写了《中国建筑设计参考图集》图册，书中有罗哲文先生亲手绘制的大量"斗栱"图，专供设计参考与讲学作教材，也是一份十分珍贵的资料。

20 世纪五六十年代以后他们以及建筑史学界的其他学者继续作了不少探讨，随着古建筑维修工作的全面展开，人们对斗栱的认识日益深入，但因为斗栱的构造及木工工艺，尤其是榫卯技术，若非深入绝难知其全貌，若再要从历史上从营造法式上深究，自然更非易事。因而系统地全面地阐述与分析斗栱沿革与做法的书一直未能问世。

我自 16 岁起学习木工，涉猎古建筑后渐有所得，每每惊讶其斗栱既简单又千姿百态的特点。20 世纪 70 年代主持梁思成先生生前设计的扬州大明寺"鉴真和尚纪念堂"工程，更感受到唐代斗栱的气势，期间不断阅读有关书籍，请教专家之外反复揣摩与实践，燃起深入研究斗栱的兴趣，那时读 1954 年上海商务印书馆重印的原《万有文库》中载的由南宋王晚在苏州重刊的宋《营造法式》，读到了刘敦桢先生的校勘，该书虽列有栌斗、散斗及少数栱件的分件简图，但稍复杂如"八铺作重栱出双抄三下昂"者，尺寸及开卯如何确定仍不能了然于心，遂产生自己探讨的愿望，又读清雍正十二年（公元 1734 年）武英殿本《工程做法》逐渐发现其中错讹甚多，这促成了我后来在《古建园林技术》上连续发了五篇论文指出这些错误。《工程做法》没有斗栱分件图，只有文字陈述，我于是也决心探讨清式斗栱分件做法。

通过对宋与清两朝斗栱的研究,我认识到,各朝各代斗栱虽不断嬗变,但变化仍不出宋、清两代斗栱的樊篱。我决心将自己数十年实践中的认识,将宋、清两代官式建筑斗栱榫卯作法写成一本专著,于是开始了长达12年的艰苦写作,这对我并非易事。我在此书中特别附上了《营造法式》中的原文,凡加引号者均为《营造法式》的原文,凡不加引号者,均为我自己的文字,凡字下加横线者,均为刘敦桢先生的校勘。

本书是在继承前人经验和技术成果的基础上写成的,它包含着一代代古建筑技术人员的辛勤劳动和近现代古建筑专家梁思成、刘敦桢、林徽因、刘致平、莫宗江、罗哲文等先生的智慧和汗水。这里特别要提及我的恩师——扬州著名的木工老匠师陶裕寿先生和篆刻家桑愉先生,没有他们对我的教导和帮助,我不可能获得今日的成绩。在历经12年的日日夜夜,竭尽全力撰写之后,《斗栱》一书终于脱稿,我愿将它奉献给祖国和人民。本书由罗哲文先生题写书名。但由于本人的经历与知识结构及各方面水平的局限,书中必然存在很多不足,借此书出版之机,求教于方家,期盼古建筑界的专家、前辈和同行们不吝赐教,以期再获改进,付承后人。

在本书出版简体版时,其子潘叶祥对原繁体字版做了进一步的校勘。

2006年《斗栱(上下册)》荣获江苏第十届优秀图书奖精品奖。

2007年《斗栱(上下册)》荣获第一届中国出版政府奖图书奖。

潘德华　潘叶祥

2017年1月　于扬州斧斋

Preface

Chinese traditional architecture holds a very important position in the world with its timber structure, long history, large quantity, complex structure, rich scientific and cultural content, and excellent quality of anti-earthquake. In Tang and Song dynasties, shengqi [生起] and cejiao [侧脚] (corner columns standing taller and leaning to the center slightly) were made for timber columns to make upper part of columns leaning together and sunmao [榫卯] (mortise and joint) tight but not fixed. When earthquake came, structure shook with earthquake waves but won't break, for structure parts could move against each other because of the sunmao function, and whole structure could restore to the original condition after the earthquake. The sunmao greatly contributes to special elastic structure part in Chinese traditional architecture.

It is still not quite clear when sunmao first appeared. But in remnant timber struture excavated in Hemudu [河姆渡], Yuyao [余姚], Zhejiang Province, which is over 7000 years old, many different kinds of sunmao can be seen. Sunmao's appearance is rather a great event in Chinese architectural history, and Chinese ancient architecture gained much vitality from it. For Chinese architecture, timber makes main structure, while walls, doors and windows are just enclosure parts not holding weight of the roof. In such a timber structure, with columns as lower part and beams as upper part, there is a middle part between columns and beams which helps eaves stretching out. This is the special part of dougong [斗栱] in the history of Chinese architecture for thousands of years.

Dougong might have appeared in Shang or Zhou about 3000 years ago, with the image in building parts on bronze utensils of that time. For instance, in linggui [令毁] (a kind of bronze utensils), the four pods were two square blocks like small dou [斗] on the beam which was between every two columns and on the ludou, supporting the upper pedal. Dougong has special status in chinese traditional architecture, for it has been used in important buildings. The books of *Yingzao Fashi* [营造法式] (*Building Regulation*) by LI Jie [李诫] published in the second year of Chongning [崇宁] period in North Song(1103) and *Gongcheng Zuofa* [工程做法] (*Methods for Construction*) by government in the twelfth year of Yongzheng [雍正] period in Qing (1734), are regarded as two "grammar books" for Chinese traditional architecture. In *Yingzao Fashi*, there are eight classes for dougong, and cai [材] and fen [分°] of dougong are basic modules for architectural design. And in *Gongcheng Zuofa*, dougong has eleven classes with doukou [斗口] as design module. This shows that dougong has a leading role in these two books.

Dougong has beautiful appearance and various types. There are over sixty types of dougong in the woodn pagoda in Yingxian [应县] which is the tallest timber structure building. There are various ways of form changing of dougong. For example, for dougong of Song style, there are usually three types of dougong according to its locations which are of the top of column, of the corner, and of the middle of beam. When the jixin [计心] style turns into touxin [偷心] style, or one or two layers are reduced, the appearance of dougong can be greatly changed. While the number of dougong changes, the sunmao system also changes. Just like playing Chinese chess game, the whole condition can be changed greatly with only one piece moving. In Chinese traditional architecture, dougong, as well as sunmao in it, has most complicated combination and largest quantity of parts. For instance, in one kind of dougong of Song style, there are 28 different names of its parts, 107 constituting parts, and 98 sunmao parts. In another example of dougong of Qing style, there are 34 names of the parts, 101 constituting parts, and 120 sunmao parts.

Dougong is a bright pearl in art treasury of oriental architecture, as well as a compulsory study for learners of Chinese traditional architecture. Some feel that dougong is too various and complicated to be understood. But in fact, it is well understandable with study efforts. As I have seen, many foreign students and scholars of Chinese traditional architecture are so interested in dougong research with photography, and they can talk a lot about Chinese tradtional architecture. With the spreading of Chinese architectural culture, dougong has much influence on architecture of East Asia. There are many buildings of Chinese Tang style in Japan, with some Chinese architectural features which have been lost in China now. For instance, Square Head Ang [昂], one type of part in dougong which can be often seen in models of Han Dynasty but no longer found in Chinese architecture, is still preserved in Japanese ancient buildings which had copied ancient Chinese style. In my opinion, the Chinese architectural heritages should be well kept and passed down, and also efforts should be made to develop it so as not to lose the wisdom of our ancestors.

The study of dougong was started by modern scholars in the thirties of the 20th century. In 1930, Zhongguo Yingzao Xueshe [中国营造学社] (Chinese Architectural Society) was founded by respected Mr. ZHU Qiqian [朱启钤]. Mr LIANG Sicheng [梁思成] and Mr. LIU Dunzhen [刘敦桢] joined afterwards. They carried investigations and surveys for Chinese ancient buildings with assistants, although they encountered much difficulty and sufferings when the country was in poverty and disasters at that time. Just during the period from 1932 to 1937, 1823 ancient buildings in 137 cities and counties were investigated, 206 groups of buildings were carefully surveyed, and 1898 pages of drawing were done. It was such a huge project and the achievements were so great. In the book of Reference Drawings for Design of Chinese Architecture by LIANG Sicheng, LIU Zhiping [刘致平] and LUO Zhewen [罗哲文], there are many drawings of their works of dougong, which were precious cultural heritage for later generations.

The study of dougong has been developed a lot with further research by these predecessors and other scholars and with much repairing work done since 1950s. However, it is difficult to master entire knowledge of dougong because the techniques of dougong involve carpentry craftwork, especially for techniques of sunmao, and it is even harder to research further from building regulations in the history. Therefore, never has a book been written about description and analysis of history and techniques of dougong in a fully systematic way.

I have been studying carpentry since I was 16. With my more knowledge about traditional architecture, I was even more surprised by dougong's simplicity in structure and variety in its feature. During the period of a project in Daming Temple [大明寺] of Yangzhou directed by LIANG Sicheng in 1970s, I felt the great attraction from dougong of Tang style. And I read a lot of books, consulted many experts and engaged myself in thinking and practicing. Thus I became more and more interested in dougong study. At that time, when I read the book of *Yingzao Fashi* which was repinted by WANG Huan in Southern Song, included in Wanyou Wenku [万有文库] by Shanghai Shangwu Press [商务印书馆] in December of 1954, with annotation by LIU Dunzhen, I met much difficulty in understanding complex set of dougong, and its measuring and sunmao, although some brief drawings of parts were shown in the book. But I came to have my intention of self-study. I also read the book of *Gongcheng Zuofa* ［工程做法］ of Wuyingdian ［武英殿］ version printed in 1734, I found there were many mistakes, which led to my 5 essays of their corrections published in Journal of *Technique of Traditional Architecture and Garden* (issue of 71 - 75). In addition, there are only words but no drawings of dougong parts in *Gongcheng Zuofa*, so I was determined to study them too. By examining dougong of both Song and Qing dynasties, I realized that the variation of dougong in different dynasties was still in the field of dougong of Song and Qing styles. Finally, I decided to wirte a book on dougong and sunmao of official style in Song and Qing based on my knowledge and practice of decades of years, and this has started my hard and diligent work for twelve years. Besides those words by myself, original texts in *Yingzao Fashi* are attached in quotation marks, and annotations by Mr. LIU Dunzhen are underlined.

This book has been written on the basis of experience and research results of forerunners, and it contains hard work of generations of traditional architectural researchers, especially of the experts of modern time such as LIANG Sicheng, LIU Dunzhen, LIN Huiying ［林徽因］, LIU Zhiping, MO Zongjiang ［莫宗江］ and LUO Zhewen. I shall especially express my gratitude for my dear teacher Mr. TAO Yushou ［陶裕寿］, a famous carpenter in Yangzhou, and famous seal cutter SANG Yu ［桑愉］. It would be impossible for me to attain such achievements without their instruction and help. During the days and nights of 12 years, I was trying all out on this book for my homeland and the people. But there must be some deficiency in the book because of limitation of my exeperience and knowledge. I would appreciate greatly some comments and criticism from experts and friends in the field of traditional Chinese architecture.

For Dougong (two volumes), I was awarded the High-quality Prize of the tenth Jiangsu Excellent Book Prize in 2006 and the Book Prize of the first Chinese Publishing Government Prize.

Pan Dehua

Pan Yexiang

In FuZhai(Axe Study) of Yangzhou, January 2017

作者简介

潘德华，1941年生，字皓，号木匠潘。江苏省扬州市人。高级工程师。从事古建筑木工、放样、施工、设计、研究、教学四十余年。曾主持扬州大明寺鉴真和尚纪念堂工程木作施工和江苏靖江岳王庙、扬州大明寺栖灵塔、高旻寺天中塔、江都开元寺万佛塔、哈尔滨楞严寺楞严塔、南京江浦林散之故居笔塔等重大工程的设计。测绘、修缮了全国重点文物保护单位和省级文物保护单位古建筑各十几座，撰写论文二十余篇。曾任扬州市第二建筑工程公司技术科长、技术主任等职务。现任扬州市德华古建筑研究所所长、古建筑设计有限公司总工程师、《古建园林技术》杂志编委、扬州市土木建筑学会副理事长、中国古建筑学会顾问专家、中国民族建筑研究会理事。1990年度被扬州市人民政府授予"扬州市有突出贡献的中青年专家"称号；2000年荣获第四届"江苏省优秀科技工作者"称号，当年又被授予"全国职工自学成才者"荣誉称号，并荣获全国职工自学成才奖。

Author Introduction

Mr. PAN Dehua was born in 1941, with Hao as his zi [字] and Carpenter Pan as his hao [号]. He is from Yangzhou city in Jiangsu Province, and he is entitled as Senior Engineer. For over forty years, he has been working on traditional architectural carpentry involving designing, constructing, researching and teaching. Some important construction projects were mainly under his direction, such as timber construction of Memorial Hall for Monk Jianzhen in Daming Temple of Yangzhou, Yuewang Temple in Jingjiang, Xiling Pagoda in Daming Temple in Yangzhou, Jiangsu Province, Tianzhong Pagoda in Gaomin Temple, Wanfo Pagoda in Kaiyuan Temple in Jiangdu, Lenyan Pagoda in Harbin, and writing Brush Pagoda in LIN Sanzhi Former Residence in Jiangpu, Nanjing. Much work of surveying and conservation of more than ten ancient buildings which belong to national key units of preservation of cultural relics and provincial units of preservation of cultural relics respectively has been done and more than twenty essays have been written by him. He was once designated as head of technique section of No. 2 Architectural Engineering Company in Yangzhou, and at present is head of Dehua Traditional Architectural Research Institute in Yangzhou, chief engineer of Ancient Building Design Company Limited, editor of the journal of *Technique of Traditional Architecture and Garden*, and vice director of Architectural Engineering School in Yangzhou consultant of Chinese Ancient Building Academy and Director of Ethnologic Building Society. He was awarded as Youth Expert with Outstanding Contribution in Yangzhou by Yangzhou government in 1990, as Excellent Science and Technology Worker of Jiangsu Province in 2000, and as National Self-educating Excellent Worker in 2000.

作者与罗哲文先生（左）合影

向作者颁发中国出版政府奖图书奖证书

中国出版政府奖图书奖证书

江苏省优秀图书奖精品奖证书

作者设计、施工、测绘的部分工程照片

扬州大明寺鉴真和尚纪念堂

（1973 年施工，孙化奎摄）

扬州大明寺栖灵塔

（1993 年设计）

扬州高旻寺天中塔

（1994 年设计）

靖江生祠镇岳王庙仿宋大殿

(1986 年设计、施工)

哈尔滨楞严寺楞严塔

(1998 年设计)

南京江浦林散之故居笔塔

(2006 年设计)

扬州琼花园"无双亭"

（1998 年设计）

扬州琼花园"玉钩洞天"井亭

（1998 年设计）

扬州瘦西湖五亭桥

（1990 年测绘）

扬州西方寺大殿

（1991 年测绘）

扬州凤凰岛"护国禅寺"

（2004 年设计）

扬州隋炀帝陵

（1998 年修复设计）

张家港永庆寺"文昌阁"

（2008 年设计）

泰州"都天行宫"

（2005 年测绘修缮方案设计）

江都真武庙"楠木大殿"

（2009 年测绘修缮方案设计）

扬州教场牌楼

（2004 年设计）

第一章
总　论

第一节 科栱的起源

《梁思成文集二》科栱中写到:中国建筑,自有史以前,即以木构架为骨干,墙壁隔肩以维护,不负担屋顶的重量。这种木构架,下有立柱,上有梁檩。在梁檩与立柱之间,有一种过渡部分的许多科型木块,与肋型曲木,层层垫托,向外伸张,在檐下可以使出檐加远,这便是中国建筑数千年来所特有的"科栱"部分。

《论语》中"科":山节藻棁(节栭也)。《尔雅》:栭谓之楶(即栌也)。《说文》:栌,柱上柎也;栭,枅上标也。《释名》:栌在柱端。都栌,负屋之重也。科在栾两头,如科,负上檼也。《博雅》:楶谓之栌(节、楶古文通用)。《鲁灵光殿赋》:层栌科佹荨哀(栌科也)。《义训》:柱科谓之楮(图1)。

公元前商周青铜器中往往反映当时建筑的局部形象,如"令毁"的四足做成方形短柱,柱上置栌科,再在两柱之间,于栌科科口内施横枋,枋上置二方块,类似散科,和栌科一起承载上部版形的座子。这些构件的形状和组合与后代檐柱的构造方法大体相同。更重要的是"令毁"的制作年代,上距武王灭商仅二十多年,因此我们有充分理由推测商朝末期柱上可能已有栌科,不过栱的出现应在此以后(图2)。

栱、科据《营造法式》中记载:

《尔雅》中"栱":阛谓之槉(柱上槉也,亦名枅,又曰楮。阛:音"弁"。槉:音"疾")。《苍颉篇》:枅,柱上方木(图3)。《释名》:栾,挛也;其体上曲,挛拳然也。王延寿《鲁灵光殿赋》:曲枅要绍而环句。曲枅栱也(图片1)。《博雅》:欂谓之枅(枅:音古妍切,又音"鸡"),曲枅谓之挛。薛综《西京赋》:雕栾镂楶(栾栱也)。

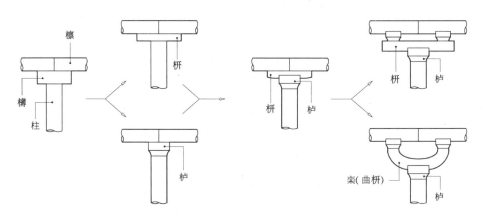

图1　由欂到栌的发展示意图

注:图引用杨鸿勋先生《建筑考古论文集》

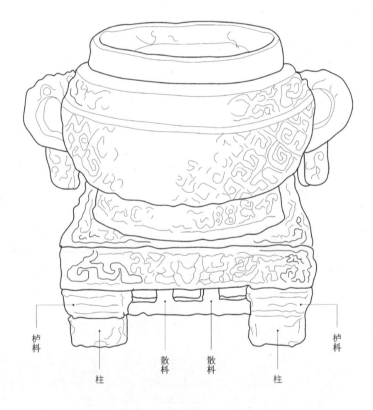

栌科   栌科

柱   散科   散科   柱

令 殷

图 2　商周青铜器中表现的建筑构件

注:图引用刘敦桢先生《中国古代建筑史》

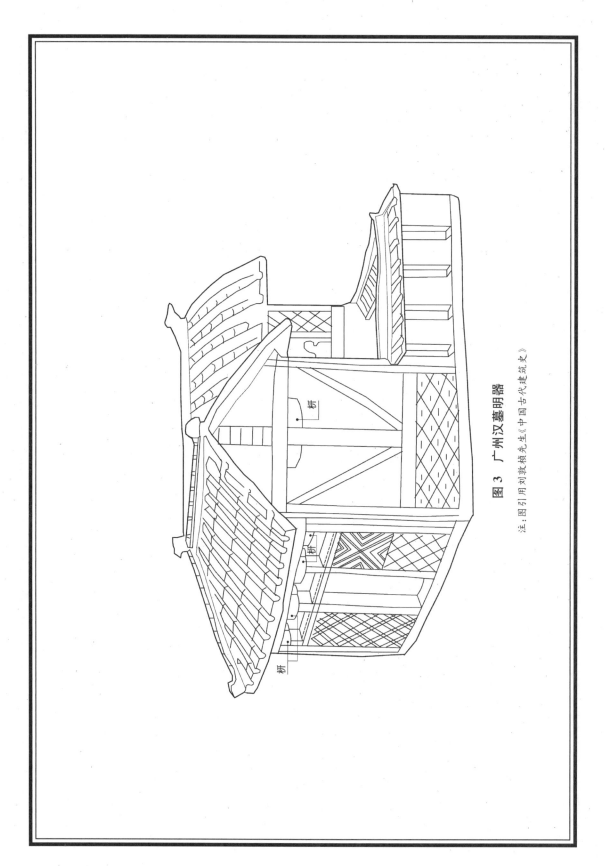

图 3　广州汉墓明器

注：图引用刘敦桢先生《中国古代建筑史》

第二节　汉、南北朝、隋斗栱的演变

中国建筑，自宋以前斗栱及各部的名称，因无专书存在，故难以知详；有之自李明仲《营造法式》始，故本书内关于宋以前者，均用宋名。宋式斗栱各部（图4），可分为"斗、栱、昂、方"四大项。其分布在最下层全朵重量集中处最大的斗为"栌斗"。由栌斗口向外伸出的栱为"华栱"，华栱可用单层或双层，每一层称一抄，故称"单抄"或"双抄"。华栱以上斜垂向外伸出的称为"下昂"，下昂之数可以用到三层：用一层，称"单下昂"；用两层，称"双下昂"；用三层，称"三下昂"。凡是华栱及下昂均向外伸出，其伸出每加高一层，便出一"跳"，每跳"跳头"（即华栱或下昂的外端）上安一小斗，称"交互斗"，以承横栱。其横栱与华栱或下昂成为正角，与建筑物表面平行的栱有五种：（一）在栌斗口内与华栱十字相交者，称为"泥道栱"。（二）在泥道栱之上，与第二层华栱相交者，称"壁内慢栱"。（三）在每跳跳头上者，称"瓜子栱"。（四）在瓜子栱之上，称为"慢栱"。（五）在最上一跳跳头上者，称"令栱"，以承橑檐方或平棊方。在横栱上两头的小斗，皆称为"散斗"。在华栱或昂头上承托上一层横栱的小斗，称为"交互斗"。在最上一跳即令栱中心的小斗，称"齐心斗"。在第一层昂之下，即华栱前部分斜削，自交互斗外伸出两卷瓣以承下昂者，称为"华头子"。在最上一跳，与令栱相交而向外伸出的蚂蚱头形者，称为"耍头"。在各跳横栱之上均施横方者：如施在柱头中线上者，称为"柱头方"。施在令栱之上者，外跳称"橑檐方"，内跳称"平棊方"。施在内外慢栱之上者，称"罗汉方"。这许多名称，仅绘单抄双下昂六铺作对照（图4）。

在古文献里，《论语》在臧文仲的"三节藻棁"，《鲁灵光殿赋》有记载文字。自汉代起，在墓阙、壁画、明器上，随处可以见到斗栱的施用，而且可以看出在这个时期斗栱之结构，已达到成熟之境，而成为中国建筑最主要而且独有的特征，数千年来，直至今日。

（一）汉代斗栱

遗物之中，有汉墓、汉阙、明器、壁画几种。在山东、四川的东汉墓中发现较多，柱高一般约2米，是在柱上用斗栱承檐枋及横梁，模拟木构很真实。柱、栱比例很大，都是在栌斗上用一个单栱，栱两端各用个散斗。其结构方式亦有多种：四川彭山355号崖墓（图5-1）墓门栌斗上用圆形曲栱，檐方由栱端散斗承托叠压于栱上，栱中部雕出一个方头（似为耍头）。由另一墓——彭山460号崖墓（图5-2）石柱，栱上可以看出有一块方头，是栌斗上横向短栱的出头。此短栱里端亦用小斗，应为承托横梁或横梁的构件。其栌斗、散斗下用"皿版"（皿版从汉沿袭至今），栌斗上用方形曲。彭山530号崖墓石柱上似为转角斗栱（图5-3），它由两个半栱交叠而成，转角斜缝上不用角栱或角梁。其栌斗、散斗下亦用皿版。还有山东沂南汉墓内（图5-4），在石柱的栌斗顶上用一斜头折角卷杀栱，栱两头亦用散斗，栱中用侏儒柱，栱上有低矮的替木表现（图5）。

汉阙在全国仅存二十九处，四川境内就有二十处，数量居全国之冠。汉阙中，四川雅安县高颐墓阙（图6），建子母石阙两座。阙身都浮雕柱、方、斗栱与各种人物花纹。其斗栱、栌斗下用蜀柱，母阙中心与子阙均用一斗二升单栱，颇为进化，母阙转角用曲栱。母阙楼部第二层一周的斗栱共二十朵,子阙三面的科栱共八朵。该阙是摹仿木建筑形式,是汉代墓阙的典型作品。其至,渠县沈府君阙(图7)、蒲家湾无铭阙、忠县滝井沟无铭阙等有鸳鸯交手栱。鸳鸯交手栱从汉演变至清。四川渠县冯焕阙,用一科二升科栱,卷杀两大瓣(图5-5)。渠县沈府君阙,亦用一科二升科栱,栱头下垂,中出要头(图5-6)。

汉明器之中,广州出土明器,实拍栱,其卷杀上留栱头下杀一瓣,无科,柱栱直接承托上枋或梁。河北望都出土明器,重叠无卷杀出跳科栱。河南三门峡出土明器,一科三升科栱,栱的卷杀同实拍栱,下科用皿版(图8)。

(二) 南北朝科栱

南北朝时期出现了人字栱,山西大同云冈9窟,有直脚人字栱,栱顶上用皿版,版上用科,以承上枋。甘肃天水麦积山5窟,有曲脚人字栱。河南洛阳龙门古阳洞,有人字栱中间加柱,栱上科下用皿版。甘肃敦煌莫高窟275窟,有人字栱和一科二升组合,中间用侏儒柱。河北磁县南响堂山7窟,有一科三升科栱,卷杀用颤面,颤面卷杀沿袭至明。山西大同云冈9窟,有一科三升科栱,栱端圆形卷杀,科下皆用皿版。河南洛阳龙门古阳洞,有一科六升重栱,小科下皆用皿版。山西大同云冈9窟,有栌科下用皿版,栌科上用替木,替木上阑额,有七朱八白(图9)。南北朝遗留下来的建筑极少,现存仅有北魏正光年间(520—525)河南登封嵩岳寺塔,全塔无科栱表现。从石窟中看,南北朝比起汉代科栱较有进步,有了人字栱,人字栱与科二升的组合,栱的卷杀逐步规矩,出现了颤面卷杀及额枋的七朱八白。

(三) 隋代科栱

隋朝年代较短,遗留下来的建筑亦较少,仅有山东历城四门塔,是一层石塔,无科栱表明。创建于隋开皇十一至十九年(公元591—599年)河北赵县安济桥,钩栏内用卷叶人字科栱(图片2)。山西太原天龙山石窟第16窟外观,是一较为简单的柱头和补间单栱,即一科三升皆不出跳,颤面卷杀。补间中同柱头科栱,两边相隔人字栱(图10)。敦煌莫高窟第420窟,西龛外北侧,壁画中龛檐科栱与太原天龙山第16窟外观相似。据历史记载,唐会昌三年(公元843年),全国灭释,无数建筑毁于火中。建于隋仁寿元年(公元601年)的扬州大明寺栖灵塔就是其中之一,而建于隋大业三年(公元607年)时的日本法隆寺五重塔,比栖灵塔晚六年,依然存在,五重塔现已成为世界上最古老的木构建筑。法隆寺五重塔和法隆寺金堂同建于公元607年,所用科栱亦为相同。法隆寺金堂,柱头栌科下用皿版。上、下檐栌科口出云栱,五重塔亦同。云栱上用出跳枋;枋上用方头昂。其金堂内槽,栱端做凹曲线。华栱上两头用云栱代替交互科(图11)。这是日本所建于隋代科栱的实例,我国已无一留存。

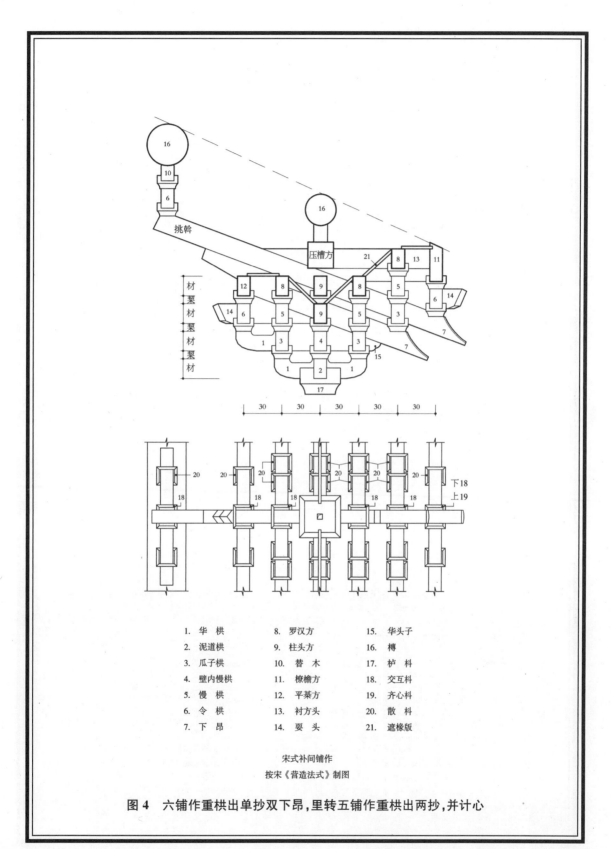

1. 华 栱	8. 罗汉方	15. 华头子
2. 泥道栱	9. 柱头方	16. 橑
3. 瓜子栱	10. 替 木	17. 栌 枓
4. 壁内慢栱	11. 橑檐方	18. 交互枓
5. 慢 栱	12. 平棊方	19. 齐心枓
6. 令 栱	13. 衬方头	20. 散 枓
7. 下 昂	14. 耍 头	21. 遮椽版

宋式补间铺作

按宋《营造法式》制图

图4 六铺作重栱出单抄双下昂,里转五铺作重栱出两抄,并计心

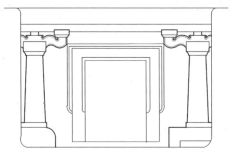

汉·四川彭山355号崖墓石枓栱

5-1

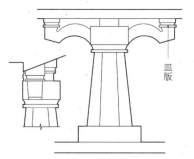

汉·四川彭山460号崖墓石枓栱

5-2

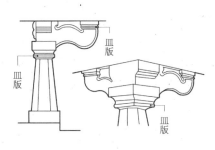

汉·四川彭山530号崖墓石枓栱

5-3

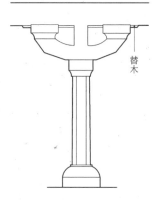

汉·山东沂南汉墓石柱枓栱

5-4

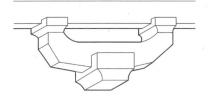

汉·一枓二升枓栱
四川渠县冯焕阙
5-5

汉·一枓二升枓栱
四川渠县冯焕阙
5-6

图 5

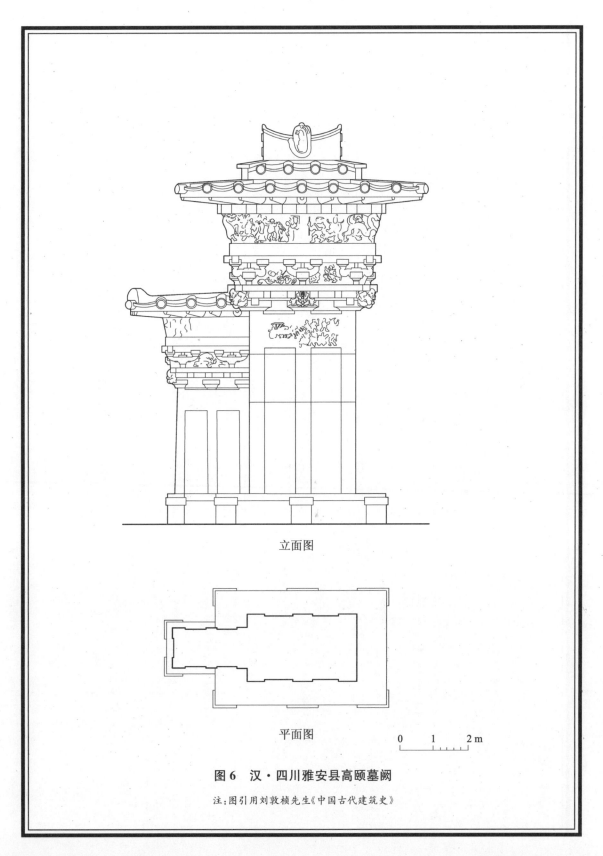

立面图

平面图

0 1 2 m

图6 汉·四川雅安县高颐墓阙

注：图引用刘敦桢先生《中国古代建筑史》

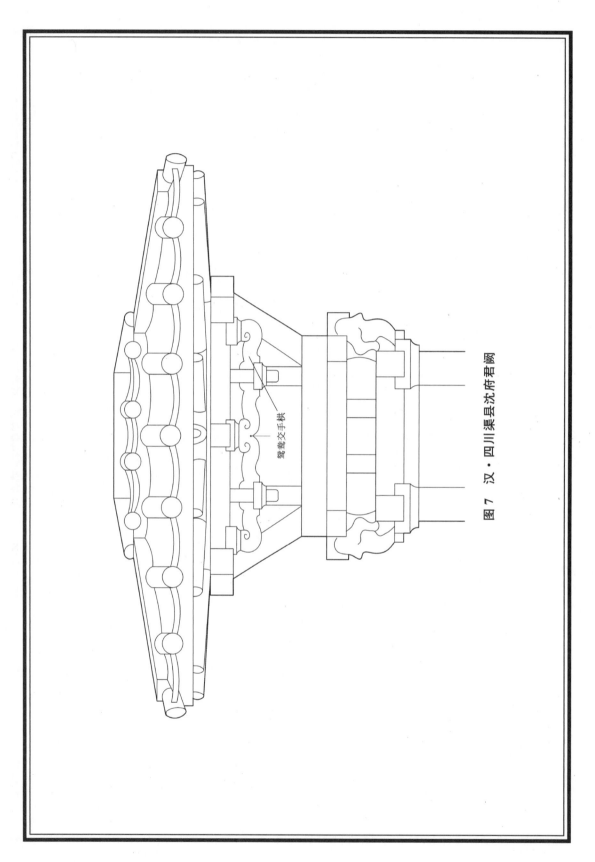

鸳鸯交手栱

图 7 汉·四川渠县沈府君阙

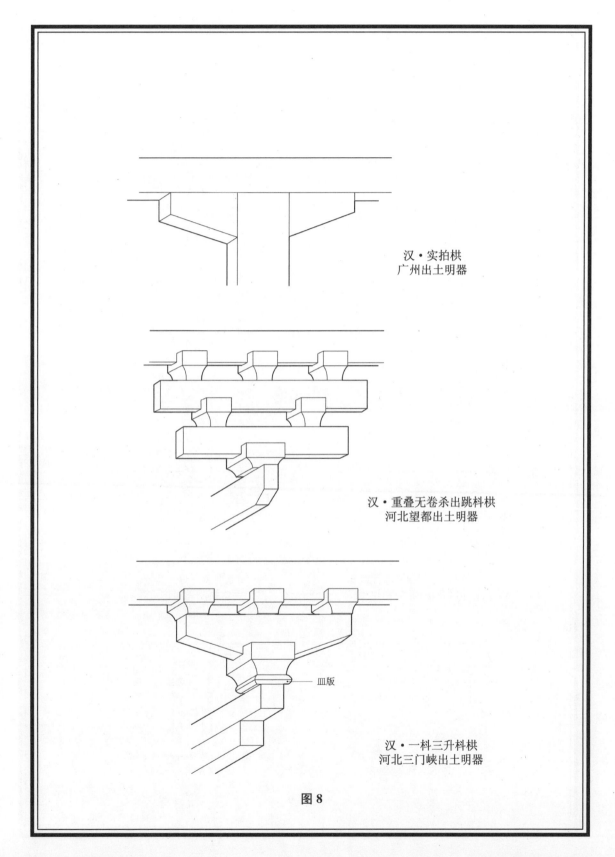

汉·实拍栱
广州出土明器

汉·重叠无卷杀出跳斗栱
河北望都出土明器

皿版

汉·一斗三升斗栱
河北三门峡出土明器

图8

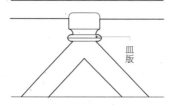

南北朝·直脚人字栱
山西大同云冈9窟

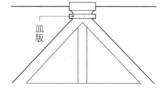

南北朝·人字栱加柱
河南洛阳龙门古阳洞

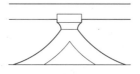

南北朝·曲脚人字栱
甘肃天水麦积山5窟

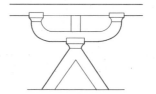

南北朝·人字栱和一枓二升组合
甘肃敦煌莫高窟275窟

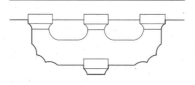

南北朝·枓栱卷杀用顱面
河北磁县南响堂山7窟

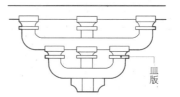

南北朝·一枓六升重栱
河南洛阳龙门古阳洞

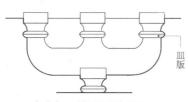

南北朝·栱端圆形卷杀
山西大同云冈9窟

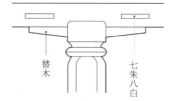

南北朝·栌枓替木承阑额
山西大同云冈9窟

图9

图 10 隋·天龙山石窟第 16 窟外观

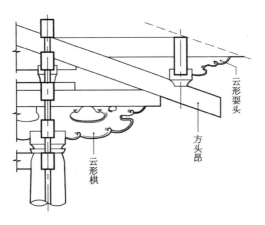

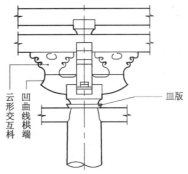

日本法隆寺金堂下层云形栱
隋（公元607年）

日本法隆寺金堂云形栱
隋（公元607年）

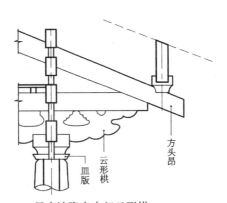

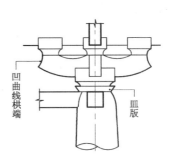

日本法隆寺中门云形栱
隋（公元607年）

日本法隆寺金堂内槽枓栱
隋（公元607年）

图11

注:图引用刘敦桢《刘敦桢文集(一)》

第三节 唐、宋、辽、金、元枓栱的演变

（一）唐代枓栱

我国现存的唐代建筑有两座，建于唐德宗建中三年(公元 782 年)的山西五台县南禅寺大殿(图片 3)和建于唐宣宗大中十一年(公元 857 年)的山西五台县佛光寺东大殿(图片 4)。日本现存的唐代建筑一座，建于唐上元元年(公元 760 年)的奈良唐招提寺金堂(图片 5)。这三座大殿枓栱，说明自唐以来，我国枓栱具有完整的体系(图 12)：柱头铺作、补间铺作、转角铺作，并有了"计心造"与"偷心造"两种做法。即在跳头上施横栱谓之"计心"，跳头上不施横栱谓之"偷心"。招提寺金堂枓栱，出双抄单下昂六铺作(偷心)。佛光寺大殿，出双抄双下昂七铺作(下抄下昂偷心，上抄上昂计心)。南禅寺大殿，出双抄五铺作，偷心。

昂：招提寺金堂用方头昂，方头昂从汉至唐，以后未见所用了。佛光寺大殿用批竹昂，批竹昂唐代使用较多，特别是敦煌壁画中第 172 窟盛唐南壁前殿，第 231 窟、8 窟中唐和第 85 窟晚唐壁画中均所绘批竹昂(图 13)。批竹昂沿袭至宋，《营造法式》中，造昂之制："亦有自枓外，斜杀至尖者，其昂面平直谓之批竹昂(宋铺作图样 2)。"实例中有山西应县佛宫寺木塔、天津蓟县独乐寺观音阁、辽宁义县奉国寺大殿以及山西五台县佛光寺大殿、山西榆次永寿寺雨花宫、山西太原晋祠圣母殿、山西平顺龙门寺大殿等皆用批竹昂(图 14，图片 6、7、8)。

耍头：招提寺金堂不用耍头。佛光寺大殿前檐用翼形耍头，后檐用批竹耍头，南禅寺大殿亦用批竹耍头(图 15，图片 9、10、11)。批竹耍头沿袭至宋，建于辽统和二年(公元 984 年)天津蓟县独乐寺山门、观音阁，建于北宋明道二年(公元 1033 年)新城县开善寺大殿明间俱用批竹耍头。

内槽偷心造：佛光寺大殿内槽柱头铺作用四抄偷心。一般连续偷心，抄数较多的用于内槽或外槽内。建于北宋大中祥符六年(公元 1013 年)，浙江宁波保国寺大殿补间铺作内用四抄偷心。建于辽统和二年(公元 984 年)，独乐寺观音阁外槽内用四抄偷心。建于辽圣宗开泰九年(公元 1020 年)，辽宁义县奉国寺大殿内槽柱头铺作用四抄偷心(图 16，图片 12、13)。

外檐出抄栱：南禅寺大殿外檐出双抄上施耍头(图 12，图片 11)。出抄栱不出昂多用于副阶，实例中，外檐抄栱一般不越两抄，越者别施计心。如独乐寺观音阁下檐柱头铺作(图 17，图片 14)，出四跳华栱，上、下偷心，中隔计心。但是，隋代出土的明器有外檐柱头连出三跳抄栱(图片 15)。其补间铺作：南禅寺大殿未施补间铺作，招提寺金堂补间用蜀柱枓，大雁塔门楣石刻中，下人字栱，上蜀柱枓(图 18)。惟有佛光寺大殿补间铺作出跳，但是，是从第二跳华栱开始出跳；而不用栌枓，这是唐代仅存实物一例(图 19，图片 16)。在敦煌第 231 窟中唐壁画中，绘有补间铺作出单抄双下昂。这说明自盛唐后期起，补间终于有了从栌枓口出跳做法，具有断代意义(图 20)。

重叠柱头枋：佛光寺大殿，内槽柱头枋五层、外槽四层相叠，小枓(栔)相隔，转角处，昂尾压于柱头枋下(宋铺作图样 20，图片 17)。由于柱头枋层层隔枓相叠，其补间铺作、柱头铺作、转角

铺作柱头枋的位置出栱,须隐出栱头(图片18)。枋上隐出栱头的做法甚广,从唐一直沿袭至元,如五代末、宋、辽:镇国寺大殿、独乐寺山门观音阁、奉国寺大殿、应县木塔、正定隆兴寺摩尼殿、晋祠圣母殿、保国寺大殿。金:晋祠献殿。元:永乐宫三清殿等等均为同类做法。

(二)宋、辽、金、元时期枓栱

北宋崇宁二年(公元1103年)李诫著《营造法式》,是总结了崇宁二年之前的营造实践。这部经典巨作问世后,枓栱有了制度、等级、名称、次序、尺寸、规定的做法。其枓栱等级,《营造法式》中规定:"凡构屋之制,皆以材为祖,材有八等,度屋之大小,因而用之。"其枓栱次序,即总铺作次序:"凡铺作自柱头上栌枓下口内出一栱或一昂,皆谓之一跳;传至五跳止。"

铺作出跳偷心与计心:《营造法式》中所绘枓栱出跳图皆为全计心造,如用偷心即在出跳中减去计心,从唐至元均有减计(减计心改为偷心)做法。《营造法式》中总铺作次序规定:五铺作出一抄一昂者,一抄偷心,一昂计心;六铺作出一抄两昂者,一抄偷心,两昂计心;或六铺作出两抄一昂者,下一抄偷心,上一抄一昂计心(图21)。七铺作出两抄两昂者,下一抄下一昂偷心,上一抄上一昂计心。八铺作出两抄三昂者,两抄二昂偷心,一昂三昂计心(图22)。

总铺作次序所规定的八铺作向下至五铺作外,还有简单枓栱的做法:如四铺作外出一昂,里出一抄;四铺作里、外各出一抄;枓口跳、把头绞项造,以及重栱、单栱做法(图23)。

华头子的演变:华头子自北宋演变至明。从《营造法式》问世九十年前,建于北宋大中祥符六年(公元1013年)浙江宁波保国寺大殿补间铺作就出现了华头子。《营造法式》问世后,华头子有了规定的做法。建于金章宗明昌年间(公元1190—1194年)山东曲阜孔庙第十一号碑亭下檐补间铺作华头子。建于元至正十七年(公元1357年)河北正定县阳和楼补间铺作下昂一隐出华头子。建于元代曲阳北岳庙德宁殿重昂隐出华头子。建于明代北平智化寺如来殿单昂隐出华头子(图24)。

耍头的演变:历代枓栱中耍头变化较多,从汉至清各有不同,总体上来讲,汉至南北朝耍头多为方形,隋为云形,唐多为批竹形,宋以后多为蚂蚱头形(图25)。

下昂的演变:下昂从唐演变至明。唐:招提寺金堂用方头单下昂,佛光寺大殿用批竹双下昂。辽:独乐寺观音阁、奉国寺大殿、应县木塔一层上檐皆用批竹双下昂。宋:保国寺大殿用琴面双下昂,《营造法式》用琴面昂。晋祠圣母殿用琴面双昂(昂是指昂身平行之昂,下昂是指昂身斜行之昂)。金:孔庙第十一号碑亭下檐用琴面单下昂,晋祠献殿用琴面双昂。元:正定县阳和楼。明:北京社稷坛享殿,下用琴面昂;上用琴面下昂(图26)。这些实例,说明在清《工程做法》问世前711年山西晋祠圣母殿就有将昂身平行的做法(续图26)。

插昂的沿袭:插昂从宋沿袭至元,《营造法式》中插昂用于四铺作,而实例中用于五铺作的有宋登封少林寺初祖庵,金大同善化寺山门。用于六铺作有金大同善化寺三圣殿。用于四铺作亦有元角直保圣寺天王殿。为此,作者在宋铺作图样中加绘插昂转角五铺作(宋图样14,图27)。

上昂的演变:上昂从宋演变至明。《营造法式》中,上昂做法从五铺作至八铺作有明确规定。上昂多用于平坐、内槽或外槽内。《营造法式》中造平坐之制,用缠柱造有七铺作、重栱、出上昂、偷心、跳内当中施骑枓栱(图28)。宋苏州玄妙观三清内槽里外用上昂。元浙江金华天宁寺大殿外槽内用上昂,曲阳北岳庙德宁殿用上、下隐出上昂,永乐宫三清殿内槽隐出上昂。明北平智化寺如来殿外槽内隐出上昂。清《工程做法》已无上昂(图 29,图片 19)。这些实例,可以看出从宋上昂演变至明隐出上昂之过程。其上昂、鞾楔演变至明,六分头代替上昂头,菊花头代替鞾楔的全过程。

蝉肚绰幕的演变:建于宋宣和七年(公元 1125 年)登封少林寺初祖庵,柱头铺作内,第一跳华栱上,丁栿下用蝉肚绰幕。建于元中统三年(公元 1262 年)山西芮城永乐宫三清殿柱头铺作内,第三跳华栱上,椽栿下用楷头压跳。清雍正十二年(公元 1734 年)《工程做法》柱头科内,重翘上,桃尖梁下用雀替(图 30)。这些实例中,说明从宋蝉肚绰幕演变至清雀替的做法。

丁华抹颏栱的沿袭:丁华抹颏栱在《营造法式》侏儒柱中有规定:"若叉手上角内安栱,两面出耍头者,谓之丁华抹颏栱。"到了金代,山西晋祠献殿,将丁华抹颏栱用于上跳华栱端,山东曲阜孔庙第十一号碑亭,将丁华抹颏栱用于下昂的挑斡上端(图 31,图片 20)。元代就很少见到。

襻间栱的演变:襻间在《营造法式》中有规定。襻间栱用于彻上明造(无天花),于蜀柱之上,随间襻间,或一材,或两材;襻间广厚并如材,长随间广,出半栱在外,半栱连身对隐。若两材造,即每间各用一材,隔间上下相闪,令慢栱在上,瓜子栱在下。若一材造,只有令栱,隔间一材,如屋内遍用襻间一材或两材,并与梁头相交(或于两际随槫作楷头以承替木)。凡襻间如在平棊上者,谓之草襻间,并用全条枋。在《营造法式》问世前 140 年,建于北宋乾德一年(公元 963 年)山西平遥镇国寺大殿,彻上明造,襻间用一材对隐栱头(图 32,图片 21)。在《营造法式》问世前 119 年,建于辽统和二年(公元 984 年)蓟县独乐寺山门,彻上明造,襻间亦用一材对隐栱头(图片 22)。宋以后,建于金天会十五年(公元 1137 年)佛光寺文殊殿襻间,用一材通长对隐栱头。建于元世祖三十一年(公元 1294 年)芮城永乐宫无极门,明间正脊襻间一材对隐栱头。从北宋至元襻间实例较多,不一一赘举。到了明清襻间,往往在金枋或脊枋上用单栱或重栱排置,上承桁枋(图 33,图片 23)。

斜栱的演变:斜栱角度有 45°与 60°两种,在金代建筑中使用普遍,如建于金天眷三年(公元 1140 年)山西华严寺大雄宝殿,补间铺作用 45°斜栱。建于金天会十五年(公元 1137 年)佛光寺文殊殿,补间铺作用 45°斜栱。建于金皇统三年(公元 1143 年)朔州崇福寺弥陀殿,前檐柱头铺作,后檐补间铺作都用 45°斜栱。此类较多,不一一赘举。在金代之前,现存的辽代建筑亦有出现,如善化寺大雄宝殿,补间铺作用 60°斜栱。山西应县木塔,补间铺作用 60°与 45°两种斜栱(图 34,图片 24、25)。金亡元兴,斜栱渐少使用,已废去斜栱之制,斜栱是金代建筑的一大特征。

科栱藻井的演变:唐以前,在石窟中多见到四方造者,斗四藻井,上绘有莲花、飞天等纹样,未见科栱出现。到了唐代,有了斗栱藻井,极为简单,如招提寺金堂和佛光寺大殿,上在平棊枋下施十字单栱;平阁方格,下用峻脚椽支于柱头枋上。

唐以后至宋、辽,有了斗八藻井,独乐寺观音阁、应县木塔皆用斗八阳马,网形藻井。《营造法式》问世后,小木作中,有了斗八藻井和小斗八藻井的做法:"斗八藻井,其名有三:一曰藻井,二曰圜泉,三曰方井,今谓之斗八藻井。造斗八藻井之制:共高五尺三寸,其下曰方井,方八尺,高一尺六寸。其中曰八角井,径六尺四寸,高二尺二寸。其上曰斗八,径四尺二寸,高一尺五寸,于顶心之下。施垂莲或雕华云栱,背内安明镜,其名件广厚皆以每尺之径积而为法。方井于算桯方之上,施六铺作下昂重栱(材广一寸八分,厚一寸二分,其枓栱等分数制度,并准大木做法)。四入角,每面用补间铺作五朵(凡所用枓栱并立旌枓槽板,枓栱之上用压厦板,八角井同此)。枓槽板:长随方面之广,每面广一尺,则广一寸七分,厚二分五厘。压厦板长厚同上,其广一寸五分。八角井于方井铺作之上施随瓣方,抹角勒作八角(八角之外四角谓之角蝉)。于随瓣方之上施七铺作上昂重栱(材分°等并同方井法)。八入角,每瓣用补间铺作一朵。随瓣方:每直径一尺,则长四寸,广四分,厚三分。枓槽板:长随瓣广二寸,厚二分五厘。压厦板:长随瓣斜,二寸五分,厚二分七厘。斗八:于八角井铺作之上用随瓣方,方上施斗八阳马(阳马今俗谓之梁抹),阳马之内施背板,贴络华文。阳马:每斗八径一尺,则长七寸,曲广一寸五分,厚五分。随瓣方:长随每瓣之广,其广五分,厚二分五厘。背板:长视瓣高,广随阳马之内,其用贴并难子,并准平棊之法(华子每方一尺,用十六枚或二十五枚)。凡藻井施之于殿内照壁屏风之前,或殿身内前门之前平棊之内。"(图35)《营造法式》问世前九十年,浙江宁波保国寺大殿内即有较为复杂的斗八藻井(图36)。其下:补间铺作承方井,井口施算桯方。其中:算桯方内斗八,方上施双抄(无上昂出现)。其上:外用斗八随瓣方;内施随圜方,方上斗八阳台,七环收顶(图片26)。与《营造法式》中藻井相似较为简洁的苏州报恩寺,北寺塔内藻井,其中:用五铺作单抄单上昂;其上:亦同保国寺大殿藻井相似,用随圜方,方上斗八阳马,三环收顶(图片27)。

到了金代,建于金大定二十四年(公元1184年)山西应县净土寺大殿,殿内藻井及天宫楼阁造型美观,结构复杂,玲珑剔透,金碧辉煌。井底金龙盘绕,气势磅礴。天宫楼阁实为金代精致的建筑模型与工艺品,价值极高(图片28)。

元代,建于元中统三年(公元1262年)山西芮城永乐宫三清殿,天圆地方藻井。其下:方井算桯方上施四抄计心,承上随圆方。其上:圆方上施五抄计心环栱,井顶浮雕盘龙(图片29)。

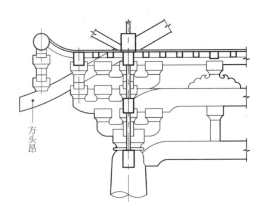

日本奈良唐招提寺金堂柱头科栱
唐·上元元年（公元760年）

山西五台县南禅寺大殿柱头铺作
唐·德宗建中三年（公元782年）

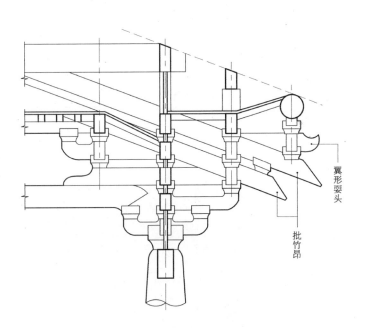

山西五台县佛光寺东大殿柱头铺作
唐·宣宗大中十一年（公元857年）

图 12

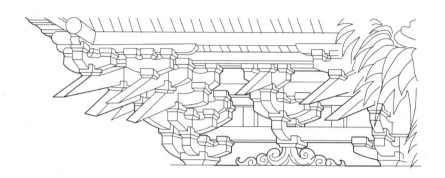

敦煌第172窟盛唐壁画（南壁前殿）

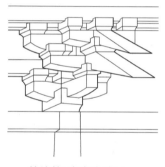

敦煌第8窟中唐壁画

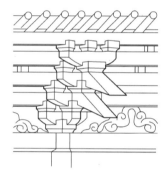

敦煌第231窟中唐壁画

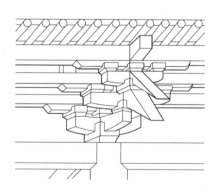

敦煌第85窟晚唐壁画

图 13

注:《文物》1995 年第 10 期中插画

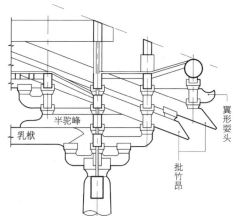

山西五台县佛光寺东大殿柱头铺作
唐·宣宗大中十一年（公元857年）

天津蓟县独乐寺观音阁上檐柱头铺作
辽·统和二年（公元984年）

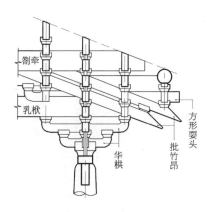

辽宁义县奉国寺大殿柱头铺作
辽·盛宗开泰九年（公元1020年）

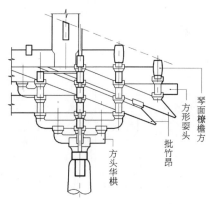

山西应县佛宫寺木塔一层上檐铺作
辽·道宗清宁二年（公元1056年）

图 14

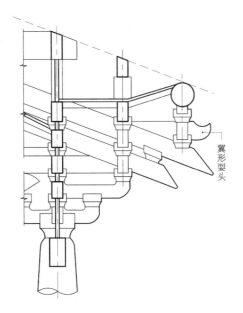

山西五台县佛光寺东大殿柱头铺作
唐·宣宗大中十一年（公元857年）

日本奈良唐招提寺柱头铺作
唐·上元元年（公元760年）

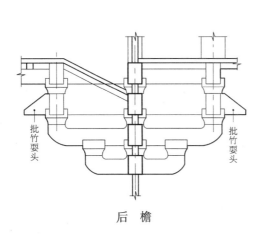

后　檐

山西五台县佛光寺东大殿补间铺作
唐·宣宗大中十一年（公元857年）

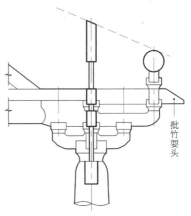

山西五台县南禅寺大殿柱头铺作
唐·德宗建中三年（公元782年）

图 15

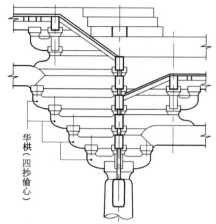

山西五台县佛光寺
东大殿内槽柱头铺作
唐·宣宗大中十一年
（公元857年）

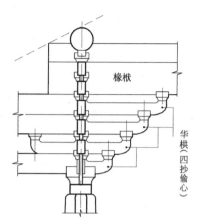

辽宁义县奉国寺
大殿内槽柱头铺作
辽·圣宗开泰九年
（公元1020年）

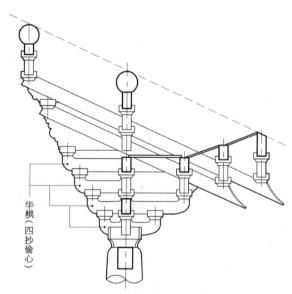

浙江宁波保国寺大殿外槽补间铺作
北宋·大中祥符六年（公元1013年）

图16

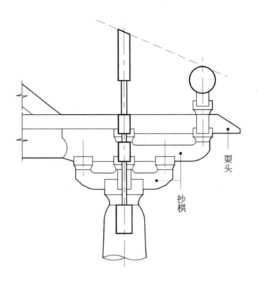

山西五台县南禅寺大殿柱头铺作
唐·德宗建中三年（公元782年）

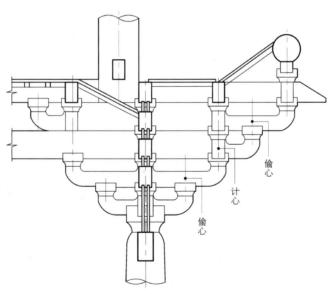

天津蓟县独乐寺观音阁下檐柱头铺作
辽·统和二年（公元984年）

图 17

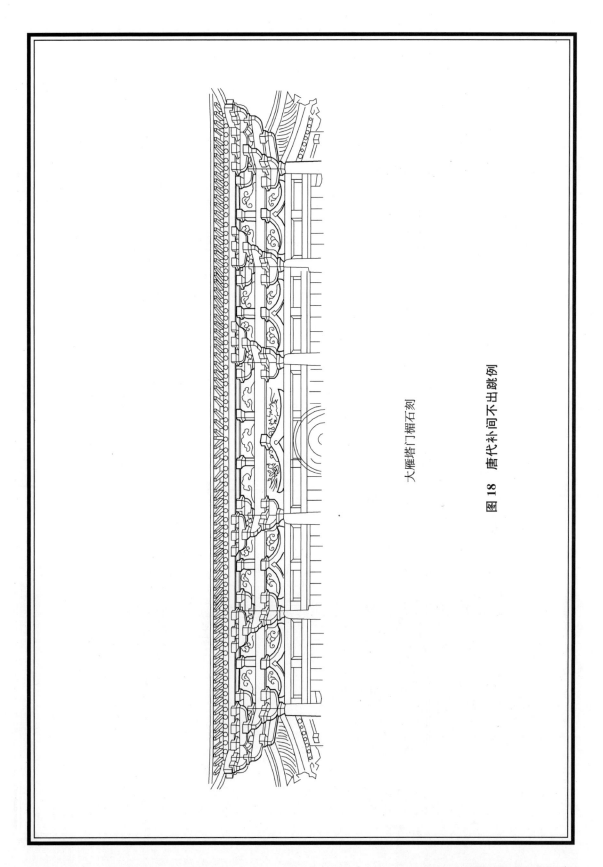

大雁塔门楣石刻

图 18 唐代补间不出跳例

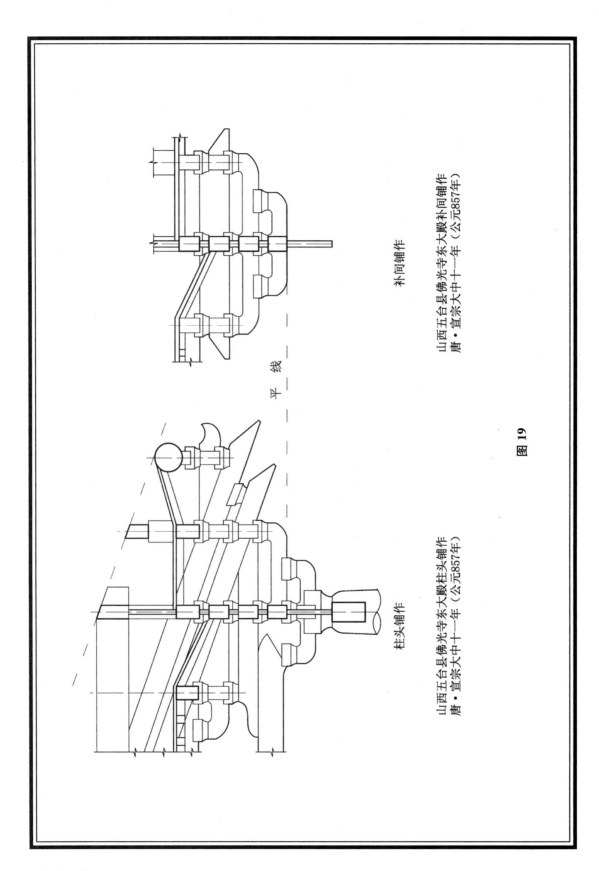

补间铺作

山西五台县佛光寺东大殿补间铺作
唐·宣宗大中十一年（公元857年）

平 线

柱头铺作

山西五台县佛光寺东大殿柱头铺作
唐·宣宗大中十一年（公元857年）

图 19

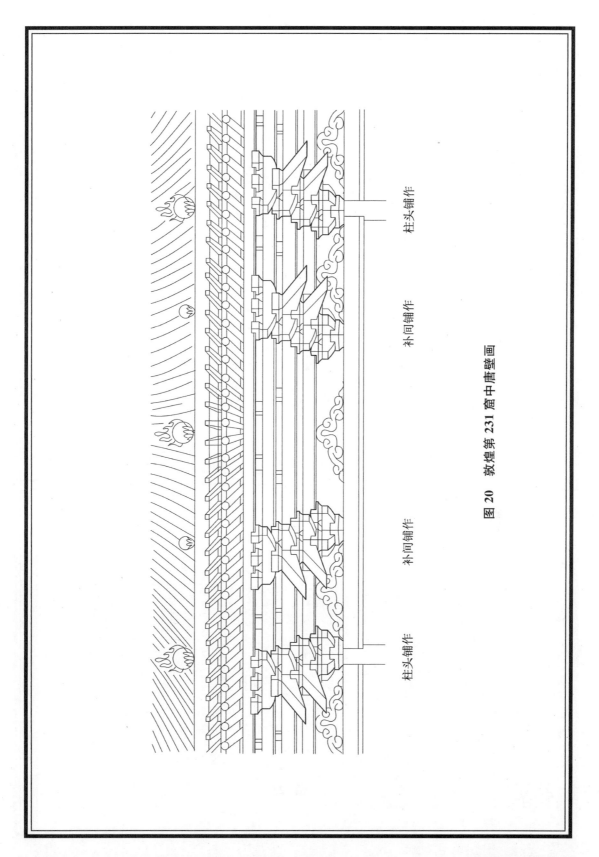

图 20 敦煌第 231 窟中唐壁画

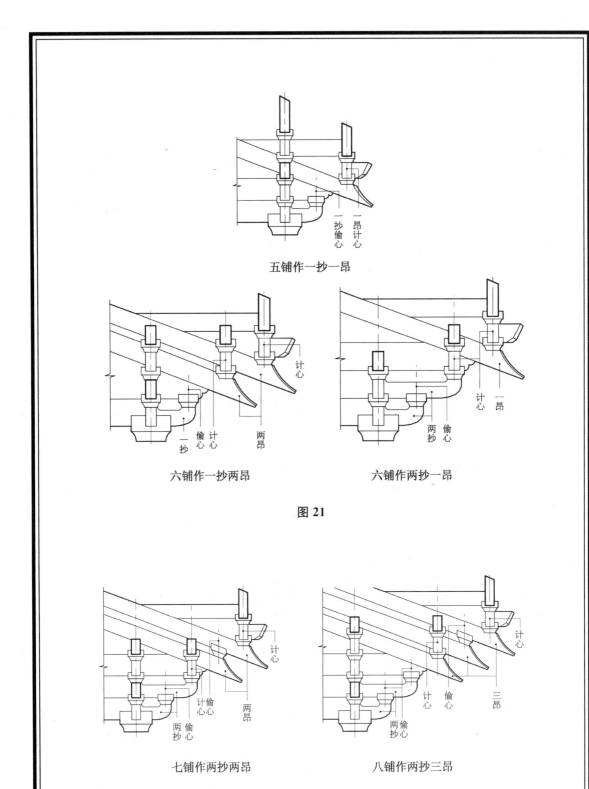

五铺作一抄一昂

六铺作一抄两昂

六铺作两抄一昂

图 21

七铺作两抄两昂

八铺作两抄三昂

图 22

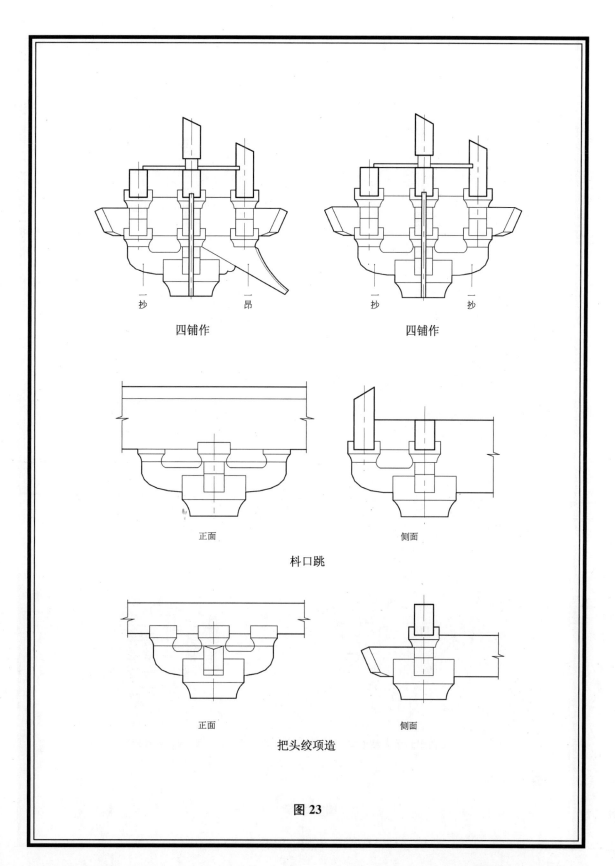

四铺作　　　　　　　　　　　　四铺作

一抄　　　一昂　　　　　　　　一抄　　　一抄

料口跳

正面　　　　　　　　　　　　侧面

把头绞项造

正面　　　　　　　　　　　　侧面

图 23

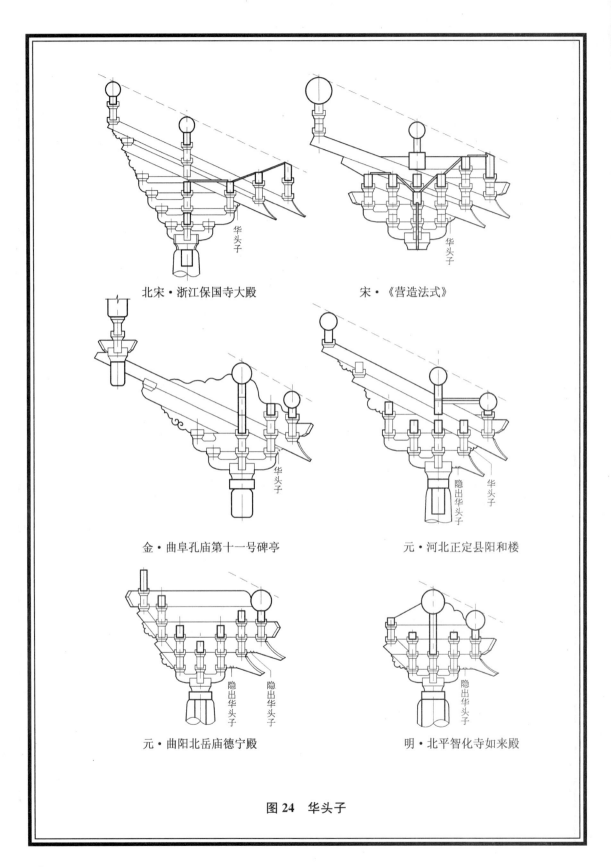

北宋·浙江保国寺大殿

宋·《营造法式》

金·曲阜孔庙第十一号碑亭

元·河北正定县阳和楼

元·曲阳北岳庙德宁殿

明·北平智化寺如来殿

图24 华头子

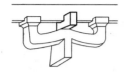 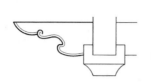

汉·四川渠县沈府君阙　　隋·日本法隆寺金堂　　唐·南禅寺大殿

   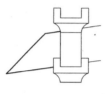

唐·佛光寺正殿　　辽·独乐寺观音阁　辽·华严寺薄伽教藏殿　宋·永寿寺雨花宫

  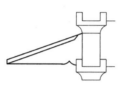 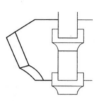

宋·《营造法式》　宋·少林寺初祖庵　　宋·晋祠圣母殿　　宋·少林寺初祖庵

  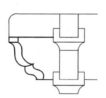

金·善化寺三圣殿　　金·善化寺山门　　　元·阳和楼　　　明·智化寺大殿

  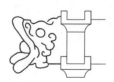

明·万年寺无梁殿　　清·《工程做法》则例　　清·飞云楼

图25　历代耍头演变图

注:图引用刘敦桢《刘敦桢文集(四)》

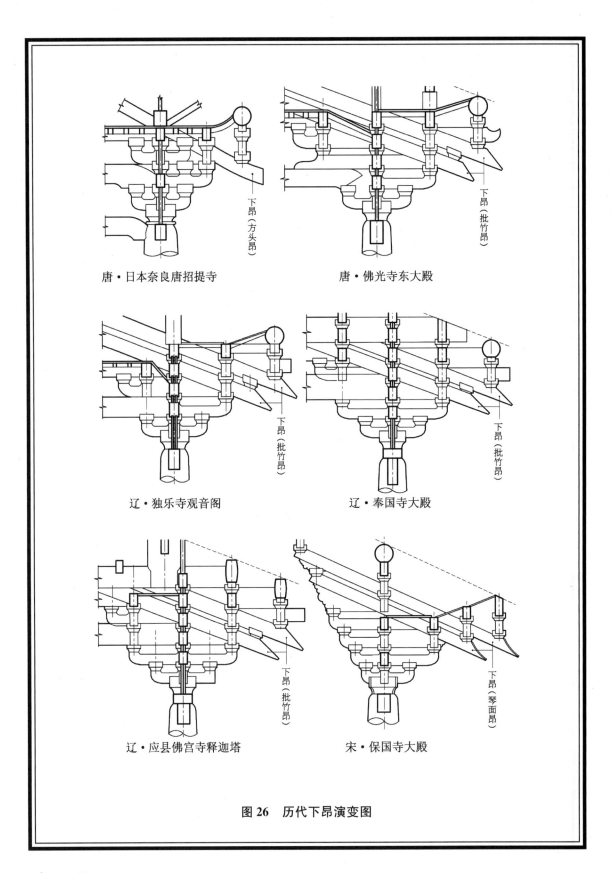

唐·日本奈良唐招提寺

下昂（方头昂）

唐·佛光寺东大殿

下昂（批竹昂）

辽·独乐寺观音阁

下昂（批竹昂）

辽·奉国寺大殿

下昂（批竹昂）

辽·应县佛宫寺释迦塔

下昂（批竹昂）

宋·保国寺大殿

下昂（琴面昂）

图26 历代下昂演变图

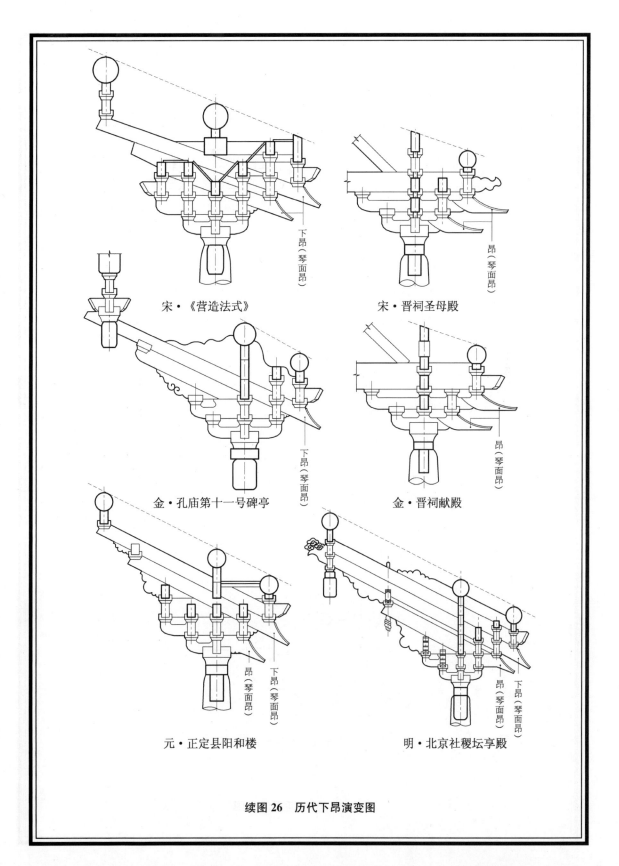

宋·《营造法式》

宋·晋祠圣母殿

金·孔庙第十一号碑亭

金·晋祠献殿

元·正定县阳和楼

明·北京社稷坛享殿

续图 26　历代下昂演变图

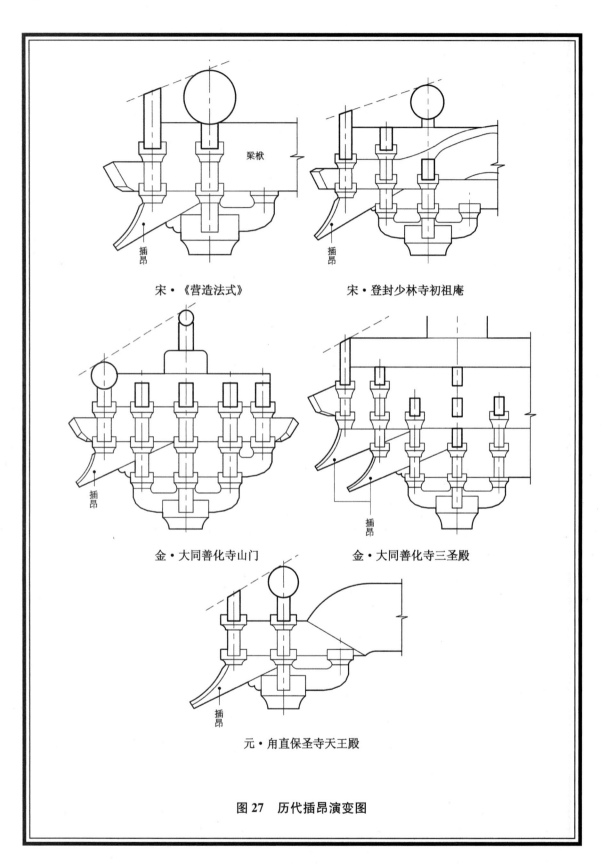

图27　历代插昂演变图

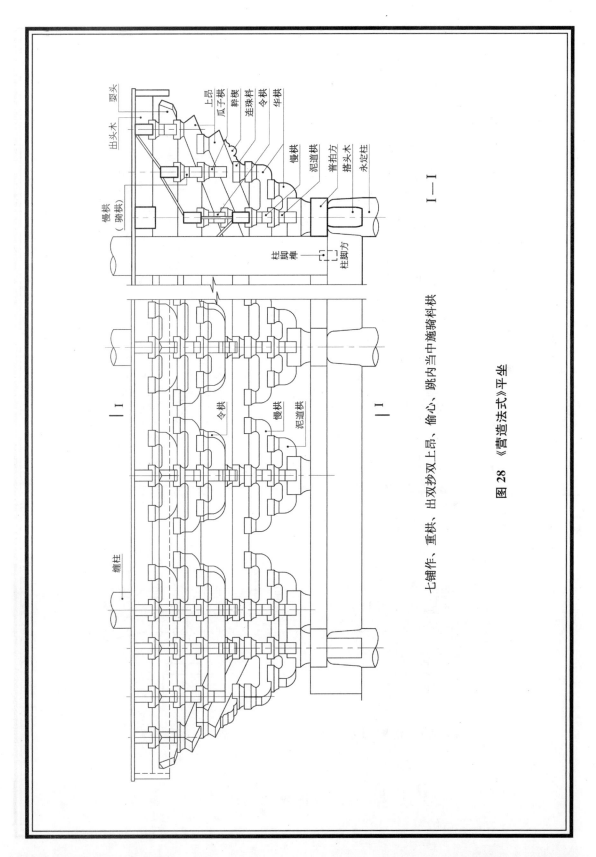

图 28 《营造法式》平坐

七铺作、重栱、出双抄双上昂、偷心、跳内当中施骑斗栱

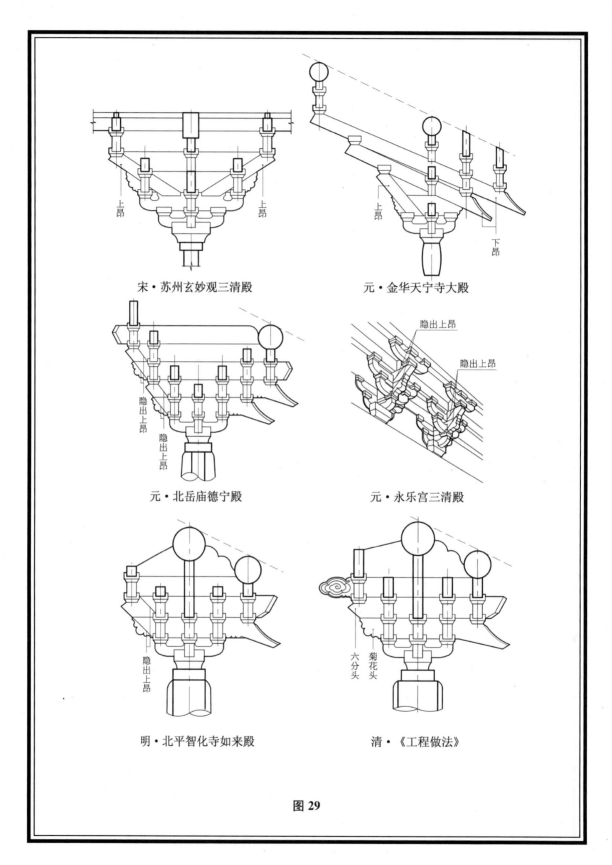

宋·苏州玄妙观三清殿

元·金华天宁寺大殿

元·北岳庙德宁殿

元·永乐宫三清殿

明·北平智化寺如来殿

清·《工程做法》

图 29

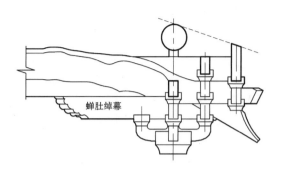

宋·登封少林寺初祖庵柱头铺作

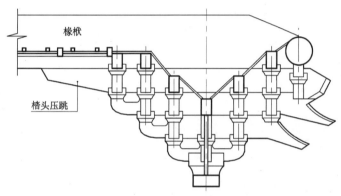

元·永乐宫三清殿柱头铺作

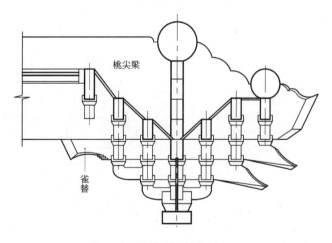

清·《工程做法》柱头科

图30

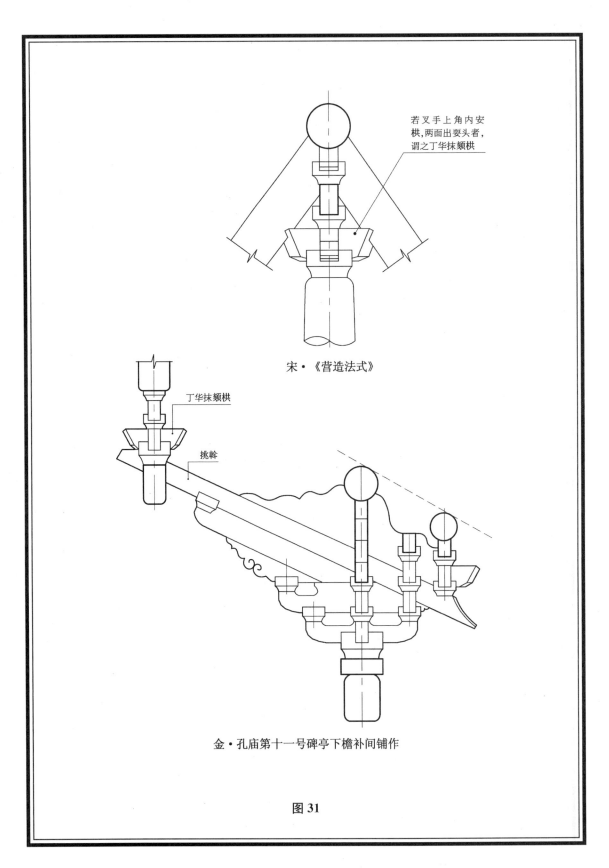

宋·《营造法式》

若叉手上角内安栱,两面出耍头者,谓之丁华抹颏栱

丁华抹颏栱

挑斡

金·孔庙第十一号碑亭下檐补间铺作

图31

槫缝襻间之制：

凡屋如彻上明造，即于蜀柱之上安枓。（若叉手上角内安栱，两面出耍头者，谓之丁华抹颏栱）上安随间襻间，或一材，或两材；襻间广厚并如材，长随间广，出半栱在外，半栱连身对隐。若两材造，即每间各用一材，隔间上下相闪。即每间各用一材，隔间上下相闪，令慢栱在上、瓜子栱在下。若一材造，只用令栱，隔间内遍用襻间一材或两材，并与梁头相交。或于两际随槫作楂头以承替木。

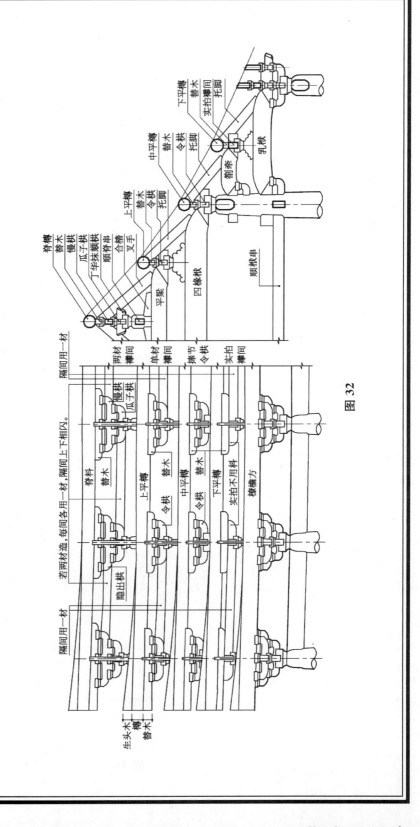

图 32

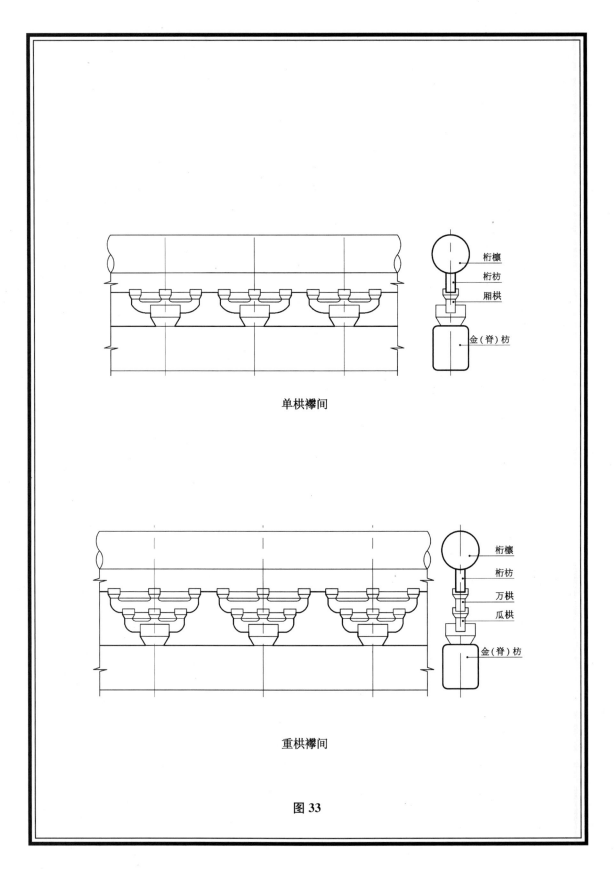

单栱襻间

桁檩
桁枋
厢栱
金（脊）枋

重栱襻间

桁檩
桁枋
万栱
瓜栱
金（脊）枋

图 33

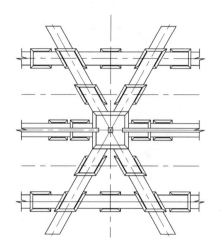

60°斜栱仰视平面　　　　　　　　　　　45°斜栱仰视平面

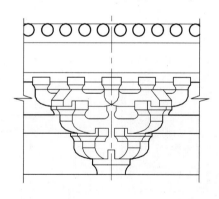

山西善化寺
大雄宝殿补间铺作
金·12世纪

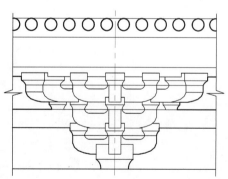

山西华严寺
大雄宝殿补间铺作
金·天眷三年（公元1140年）

图34

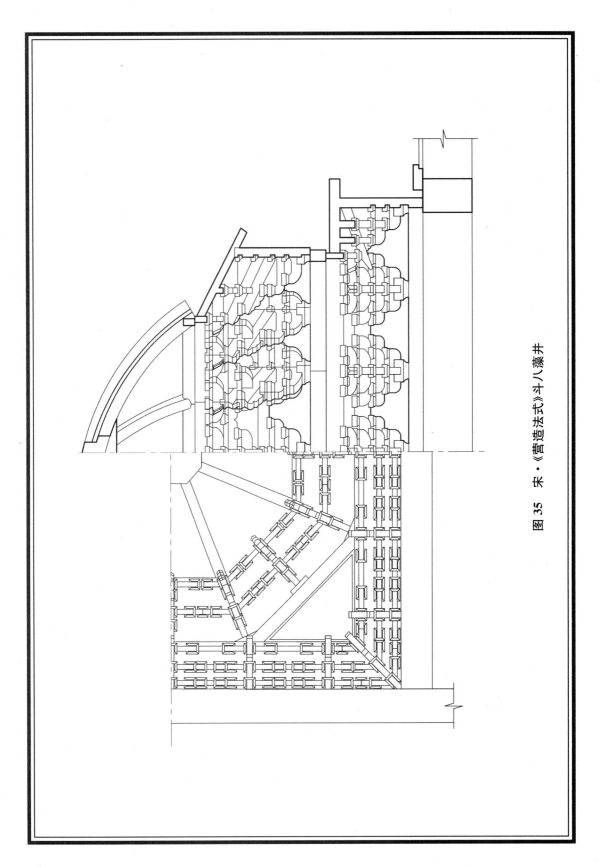

图35 宋·《营造法式》斗八藻井

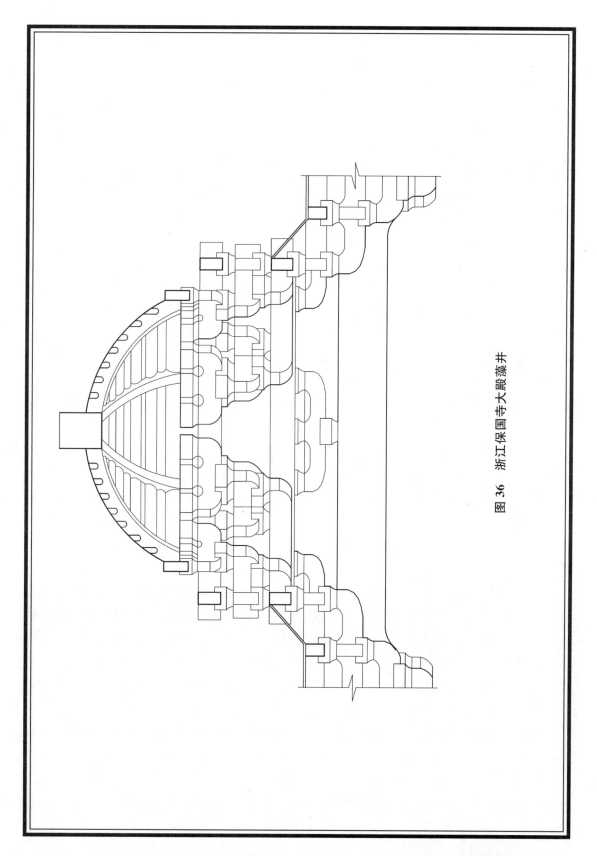

图 36　浙江保国寺大殿藻井

第四节　明、清斗栱的演变

　　明代斗栱是处于向元代斗栱接班，向清代斗栱交班的状况，其柱头铺作、转角铺作与明以前的斗栱相比变化不大。很重要的符号有三点：（一）由下昂演变为昂，即昂身由斜行转变为平行。有代表说明的如，北京社稷坛享殿补间铺作，第一层昂昂身平行，走入清代做法。第二层昂昂身斜行，仍为明代以前的做法。（二）上昂以假象表白真昂，有代表说明的如，北平智化寺如来殿隐出上昂的做法。（三）华头子，宋是一独立构件，与里华栱连做。演变至明，是在昂下刻出象征性的隐出华头子。以上三点特征，以明告终，清不再出现（图37）。

　　清雍正十二年（公元1734年）《工程做法》问世，斗栱从名称、构造、外观、尺寸等方面有了很大的变化，从名称上大多数叫法有别（图38），主要名称亦称呼不同：补间铺作、柱头铺作、转角铺作改为平身科、柱头科、角科。其外观，平身科变化不大。柱头科上面出现了桃尖梁，桃尖梁头较宽，以梁头宽度为准，按下面栱宽向上，渐次生宽。角科亦同样如此，即以老角梁宽为准，按下面斜栱宽向上，渐次生宽。角科中出现闹头昂，变化较大（图39、40）。

　　溜金斗科的演变：溜金斗科分两种做法：一是挑金造，二是落金造。挑金与落金之分，挑金秤杆端下无花台枋；落金是将秤杆落在花台枋上，其明代亦有这样做法。特别是挑金造演变较远，北宋：浙江宁波保国寺大殿，补间铺作用双抄双下昂挑斡挑金（宋昂尾称挑斡，清昂尾称挑杆或秤杆）。《营造法式》中补间铺作，有用单抄双下昂挑斡挑金。金代：曲阜孔庙第十一号碑亭，下檐补间铺作，用单抄单下昂挑斡挑金。元代：浙江金华天宁寺大殿，补间铺作用单抄双下昂挑斡挑金。河北正定县阳和楼，补间铺作用下昂和要头挑斡与挑杆挑金（图41）。明代：北京社稷坛享殿，补间铺作亦用下昂和要头挑斡落金。清：《工程做法》平身科，用单翘单昂挑杆（即秤杆）挑金（图42）。这些实例，可以清楚地看到挑金造从斜昂演变至平昂；从下昂演变至昂；从下昂斜上去的挑斡演变至昂平行到中心；后尾斜插秤杆，以及从鞾楔演变至菊花头的全过程。

　　牌楼斗科的演变：一般有屋面称之牌楼，无屋面称之牌坊。我国古代建筑中，一组建筑的院门就成为建筑中的主要大门，这种大门称之谓"衡门"。衡门极为简陋，二根木柱，加二条横木，两扇竖条门构成衡门，无斗栱。宋《清明上河图》中的院门，有立柱两根，上横阑额，额上施单抄单下昂斗栱三朵，悬山屋面。宋以后，遗留下来的牌楼较少，由于牌楼是纪念性的建筑，立于建筑群最前面或两侧，因此战争时容易毁灭，屡毁屡建，现存的牌楼为明清时较多。牌楼斗栱有着特殊的构造，一般分为平身科与角科两种。其平身科构造，前后两面对称。角科构造比较特殊，它以正面与侧面柱中作二分之一角科，前后对称，形成一组整体角科。南北方清式牌楼角科，在造型上有一定区别，北方牌楼角科，斜头翘向上构件渐次生宽，南方一般同宽。北方在斜昂上施由昂及宝瓶，南方一般不用由昂而出角要头。南方在平身科拽栱端部及小斗做60°斜面，北方一般不做（图43、44）。牌楼斗栱，用材等级较小，出踩较多，一般最高中楼用之十一踩，此斗栱较为特殊。

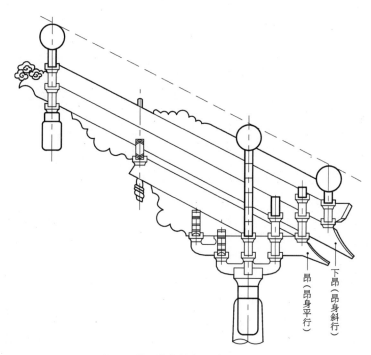

明·北京社稷坛享殿

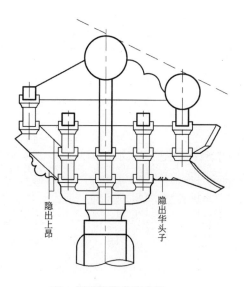

明·北平智化寺如来殿

图 37

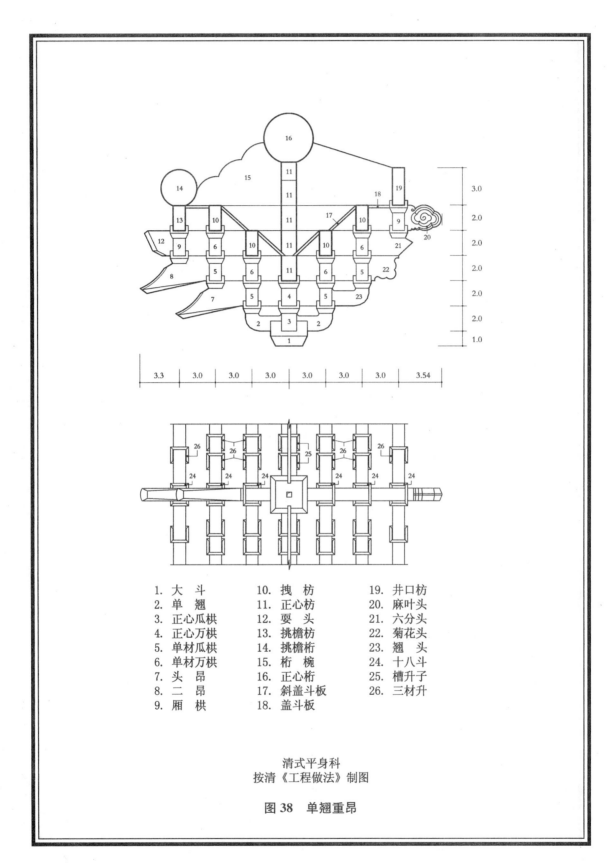

1. 大　斗	10. 拽　枋	19. 井口枋
2. 单　翘	11. 正心枋	20. 麻叶头
3. 正心瓜栱	12. 耍　头	21. 六分头
4. 正心万栱	13. 挑檐枋	22. 菊花头
5. 单材瓜栱	14. 挑檐桁	23. 翘　头
6. 单材万栱	15. 桁　椀	24. 十八斗
7. 头　昂	16. 正心桁	25. 槽升子
8. 二　昂	17. 斜盖斗板	26. 三材升
9. 厢　栱	18. 盖斗板	

清式平身科
按清《工程做法》制图

图38 单翘重昂

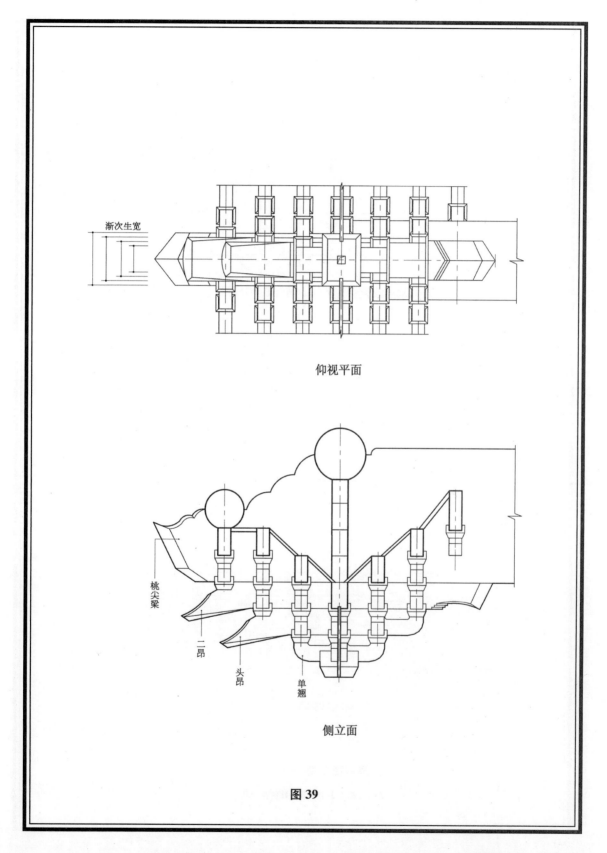

渐次生宽

仰视平面

桃尖梁

二昂

头昂

单翘

侧立面

图 39

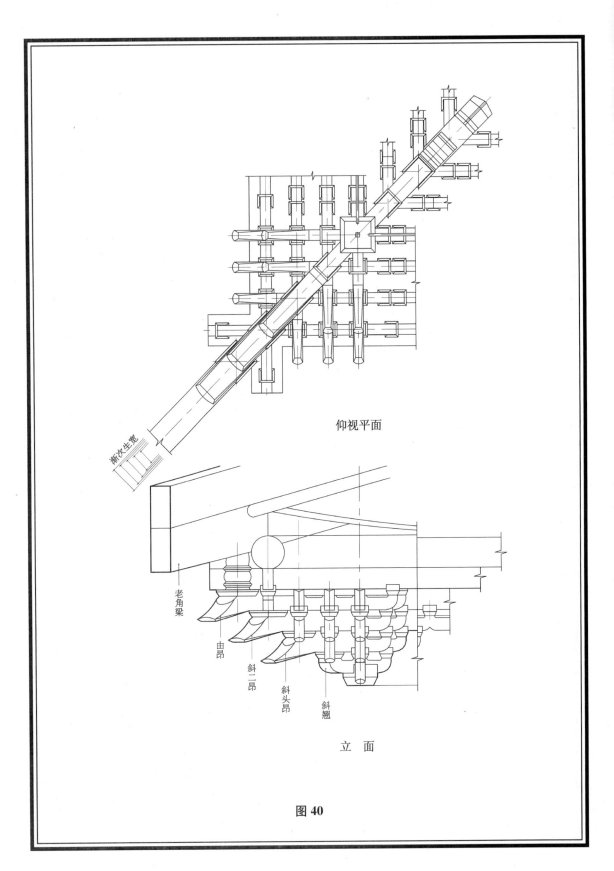

仰视平面

渐次生宽

老角梁

由昂

斜二昂

斜头昂

斜翘

立 面

图40

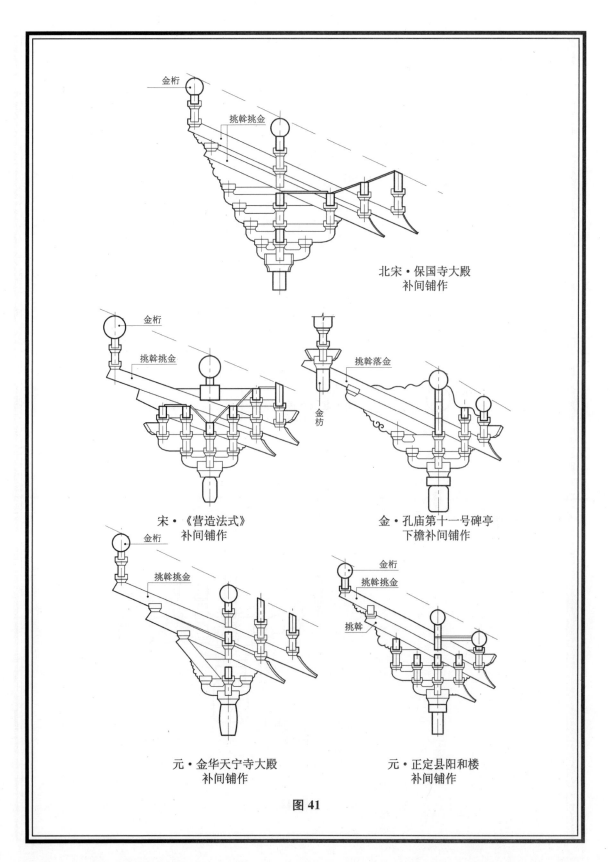

北宋·保国寺大殿
补间铺作

宋·《营造法式》
补间铺作

金·孔庙第十一号碑亭
下檐补间铺作

元·金华天宁寺大殿
补间铺作

元·正定县阳和楼
补间铺作

图 41

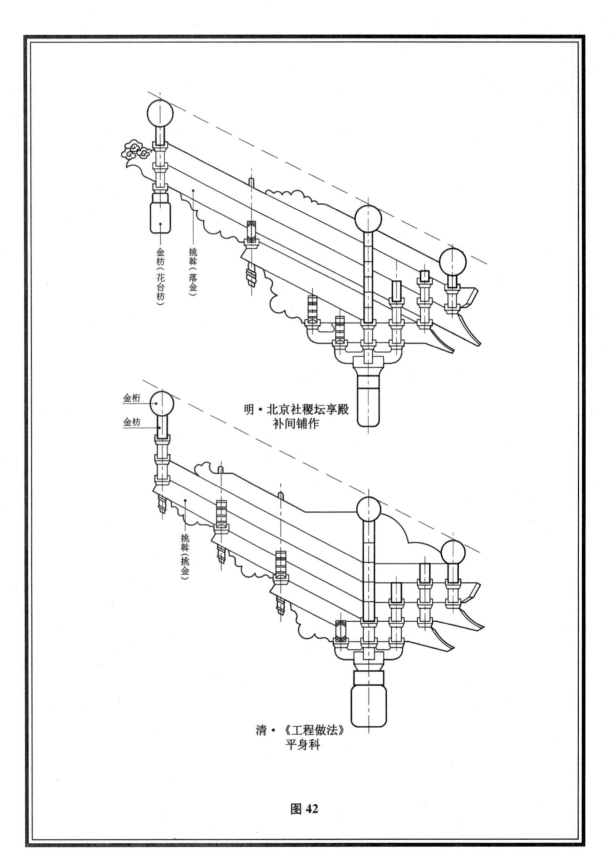

金枋（花台枋）

挑斡（落金）

金桁

金枋

明·北京社稷坛享殿
补间铺作

挑斡（挑金）

清·《工程做法》
平身科

图 42

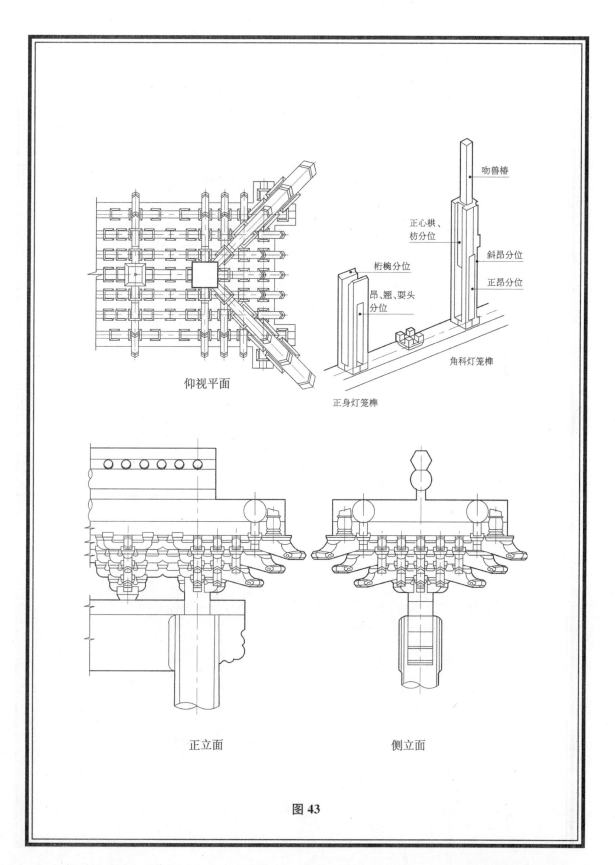

吻兽椿

正心栱、
枋分位

斜昂分位

桁椀分位

正昂分位

昂、翘、耍头
分位

角科灯笼榫

正身灯笼榫

仰视平面

正立面

侧立面

图 43

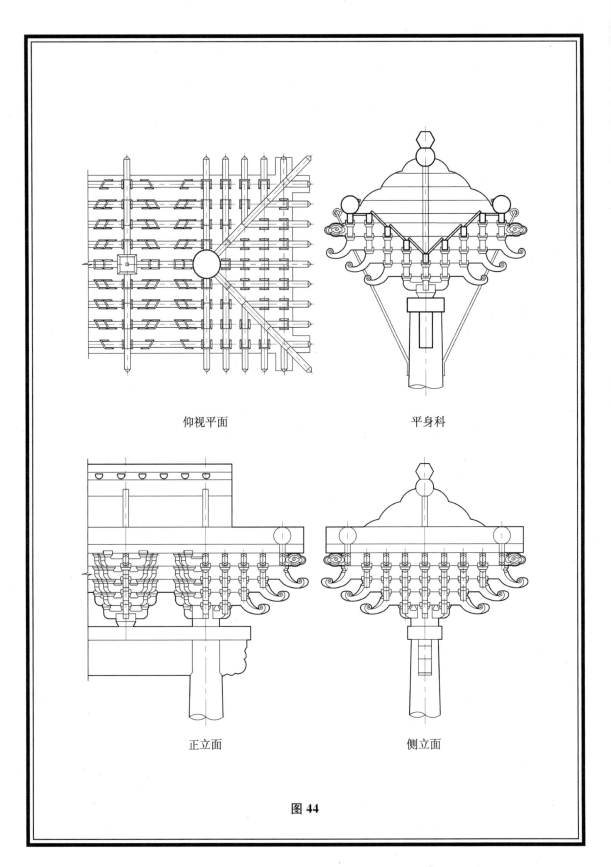

仰视平面

平身科

正立面

侧立面

图44

斗 栱

第五节　宋《营造法式》与清《工程做法》两部官书中的斗栱外形的比较

宋崇宁二年(公元 1103 年)《营造法式》与清雍正十二年(公元 1734 年)《工程做法》两部官书中斗栱的比较。

《营造法式》中把斗栱分为八个等级:"凡构屋之制,皆以'材'为祖,材有八等,度屋之大小,因而用之。各以其材之广,分 15 分°,以 10 分°为其厚。栔广 6 分°,厚 4 分°。材上加栔者,谓之足材。"即栱厚(宽)为 10 分°,单材栱高为 15 分°;单材栱上加栔为足材栱,足材栱高 21 分°。

《工程做法》中把斗栱分为十一个等级:"斗口有头等才(材),二等才,以至十一等才之分。头等才斗口宽六寸,二等才斗口宽五寸五分,自三等才以至十一等才各递减五分,即得斗口尺寸。"即栱厚为 10 分°,单材栱高为 14 分°;单材栱加小斗的腰、底(栔)视为足材栱,足材栱高 20 分°。

《营造法式》以下简称宋,《工程做法》以下简称清。宋称斗栱为铺作,清称斗栱为斗科。其三大部位:(一)用于两柱之间;(二)用于柱头;(三)用于角柱的斗栱。宋称补间铺作、柱头铺作、转角铺作;清称平身科、柱头科、角科。一组斗栱:宋称朵,如一朵、两朵;清称攒,如一攒、两攒。斗栱向内、外伸张:宋用跳,内跳、外跳;清用踩或拽,内拽、外拽。宋斗栱出跳是自栌科心向内,或向外数数:如第一跳、第二跳以至第五跳;出一跳谓之四铺作,出两跳谓之五铺作以至出五跳谓之八铺作。这种出跳是单面的计算方法。而清斗栱出踩是自大斗开始计算就算一踩,向内、外各出一踩即是三踩,各出两踩即为五踩,以至各出五踩即算十一踩。这种出踩是双面的计算方法。

宋、清斗的比较:宋、清对斗的高度分为三部分:宋称上部分为耳,中部分为平,下部分为欹。清称上部分为耳,中部分为腰,下部分为底,其高度的比例皆为四比二比四。大斗的名称:宋称栌科,清称大斗或坐斗。小斗的名称:宋称交互科,清称十八斗,其长度宋为 18 分°,清为 1.8 斗口(十八斗以此得名)。安装的位置是相同的。宋安在华栱的头上或昂头上,清安在翘头上或昂头上。安在看面出跳或出踩的单材栱两头的小斗:宋称散科,清称三才升。安在大斗壁内足材栱两头的小斗:宋亦称散科,清称槽升子。宋安在耍头上面即令栱中间的称齐心科,而清不用。

宋、清栱的比较:宋华栱,清称翘。其长:华栱 72 分°,翘 7.1 斗口。宋瓜子栱、慢栱,清称瓜栱、万栱,其长度同。宋泥道栱、壁内慢栱,清称正心瓜栱、正心万栱,其长度同。惟有宽度不同,宋宽 10 分°,清宽 1.24 斗口。因此,槽升子加大了宽度 1.74 斗口。

宋、清两官书斗栱最大差异有二:一是柱头铺作与柱头科,二是转角铺作与角科。宋柱头铺作之出跳、作法,所用科、栱、昂、方等件,长短、高度尺寸,俱与补间铺作同;而清柱头科与平身科大为不同,清柱头科所用翘、昂变化较大,最下面的头翘,宽 2 斗口,最上面是桃尖梁头,宽 4 斗口,中间所用翘、昂之宽度,是由下而上渐次生宽(见斗科各项尺寸做法中,翘昂本身之宽),其翘、昂上用桶子十八斗。宋转角铺作正面同补间铺作，而清角科从正头昂向角出现闹头昂；从正蚂蚱头向角出现闹蚂蚱头。闹头昂是从外拽瓜栱、外拽万栱伸出的，如闹头昂后带单材瓜栱，闹二昂后带单材万栱等。闹蚂蚱头是从拽枋或单材万栱伸出的。闹昂、闹蚂蚱头位置在宋转角铺作中只用小栱头、切几头。宋衬方头，清称撑头木。撑头木向角出现闹撑头木。宋转角铺作中角华栱、角昂、由昂宽度皆为10分°，而清角科中最下面是斜头翘，宽1.5斗口；最上面是老角梁，宽2.8斗口；中间斜二翘、斜头昂、斜二昂、斜三昂、由昂之宽度，是由下而上渐次生宽（见斗科各项尺寸做法中斜角翘昂本身之宽）。由于斜翘、昂加宽，其斜翘、昂上面平盘斗的贴升耳亦要加长；斜翘、昂相应加长。

第六节　宋铺作、清斗科同位分件与榫卯的比较

宋崇宁二年(公元1103年)李诫著《营造法式》,与清雍正十二年(公元1734年)工部编《工程做法》,两部官书中斗栱同位分件与榫卯的比较。

《营造法式》中把斗栱分为八个等级:"凡构屋之制,皆以'材'为祖,材有八等,度屋之大小,因而用之。各以其材之广(高),分为15分°,以10分°为其厚,栔广6分°,厚4分°,材上加栔者,谓之足材。"即栱厚(宽)为10分°,单材栱高为15分°,单材栱加栔为足材栱,足材栱高21分°。

《工程做法》中把斗栱分为十一个等级:"斗口有头等才(材),二等才,以至十一等才之分。头等才斗口宽六寸,二等才斗口宽五寸五分,自三等才以至十一等才各递减五分,即得斗口尺寸。"即栱厚为10分°,单材栱高为14分°;单材栱加小斗的腰、底(栔)为足材栱(《工程做法》中有单材栱无足材栱之称,为了比较因而述之),足材栱高20分°。

《营造法式》以下简称宋,《工程做法》以下简称清。以上宋、清两斗栱用"材"的比较:宋用材分为八个等级,单材栱高15分°,足材栱高21分°。清用材分为十一个等级,单材栱高14分°,足材栱高20分°。

(一) 正心斗栱的比较

大斗的比较:宋栌枓,分两种:(一)用于柱头铺作、补间铺作栌枓,其长、广俱32分°。(二)用于转角铺作栌枓,长、广俱36分°。而清大斗分三种:(一)用于平身科大斗,长、宽俱3斗口。(二)用于柱头科大斗,长4斗口,宽3斗口,其长较平身科增加1斗口,因为柱头科头翘比平身科头翘厚大1斗口,而所加之。(三)用于角科大斗,长、宽亦为3斗口(同平身科)。如清、宋大枓的尺寸与构件宽度尺寸的比较:清大斗长、宽各3寸(即3斗口),宋大枓长、宽各36分°(即3.6斗口),宋大枓大,清大斗小。大斗内构件尺寸:清大斗搭角正翘后带的正心瓜栱宽1.24斗口,斜翘宽1.5斗口。宋大枓内构件尺寸:华栱后带泥道栱和斜华栱宽度尺寸皆为10分°,即1斗口。宋大枓尺寸大,而内构件尺寸小。清大斗尺寸小,反而内构件尺寸大。因此,清大斗中斜翘无法开口,这样的大斗长、宽尺寸不太合理。从受力上来讲,角科大斗比平身科大斗受力要大几倍,因此,为了合理解决斜翘开口,须加大大斗的长、宽尺寸而调整为3.4斗口。大斗以上重栱,宋称泥道栱、壁内慢栱、清称正心瓜栱、正心万栱。其栱长相同,栱厚有别,宋栱厚10分°,清栱厚1.24斗口。重栱以上,宋用柱头方,单材,小枓相隔,厚10分°。清为正心枋,足材,实叠,厚1.24斗口。

小斗的比较:清式小斗,有十八斗、三才升、槽升子三种,其斗底收分不及宋式小枓那么统一,设计、施工中尺寸计算过于繁杂,亦不顶为合理,故将小斗之宽调整如下:十八斗、三才升原宽1.48斗口,改为1.5斗口;斗底原收0.19斗口,改为0.2斗口。这样与长方向斗底收0.2斗口统一。槽升子原宽1.72斗口,改为1.74斗口,原斗底收0.2斗口不动,其斗底原宽1.32斗口,改为1.34斗口,按计算如1.34斗口减去斗槽板厚0.24斗口,得1.1斗口,与十八斗、三才升

斗底宽度 1.1 斗口统一。所用小斗斗底四面皆收 0.2 斗口,斗耳宽为 0.25 斗口(以下文字中均按修改后尺寸称之)。

小斗安在相同位置的比较:宋安在华栱或昂头上的交互科,长 18 分°,宽 16 分°。清安在平身科中翘或昂头上;安在角科中正翘、闹翘、正昂、闹昂头上的十八科,长 1.8 斗口,宽 1.5 斗口。交互科较十八科宽大 1 分°,即 0.1 斗口。其榫卯:交互科前后里壁各留隔口包耳,即四耳科。十八斗不做四耳,用两耳,须将翘、昂开槽,让斗耳通过。宋安在出跳的瓜子栱、慢栱、令栱上两头的散科,长 14 分°,宽 16 分°。清安在出踩的单材瓜栱、单材万栱、厢栱上两头的三才升,长 1.3 斗口,宽 1.5 斗口。散科长、宽较三才升各大 1 分°,即 0.1 斗口。宋安在泥道栱、壁内慢栱上两头的亦为散科,长 14 分°,宽 16 分°。清安在正心瓜栱、正心万栱上两头的槽升子,长 1.3 斗口,宽 1.74 斗口。散科长较槽升子大 1 分°,即 0.1 斗口,宽小 0.14 斗口。宋安在耍头上口,即令栱中间的齐心科,长、宽皆 16 分°,而清蚂蚱头上因足材而不用。

柱头铺作与柱头科小斗的比较:宋柱头铺作所用小科与补间铺作同。而清柱头科从第一翘,宽度就定为 2 斗口,最上面的桃尖梁头定为 4 斗口,中间的翘、昂由下至上渐次生宽,每个翘、昂头上安桶子十八斗,其斗宽 1.5 斗口,长 3.2 斗口至 4.8 斗口。其榫卯,须将翘、昂下开槽,让斗耳通过。

转角铺作与角科中斜角小斗的比较:宋转角铺作中斜华栱、角昂、由昂宽皆为 10 分°,其栱、昂头上安平盘科,长、宽皆 16 分°。而清角科中斜翘、斜昂、由昂之宽是从斜头翘宽 1.5 斗口向上渐次生宽,翘、昂头上所用贴升耳(正方形平盘斗)之长度是按翘、昂之宽度加 0.48 斗口得长。其长宽 1.98 斗口至 3.06 斗口,远远大于宋平盘科 16 分°。宋、清大、小科高皆是四比二比四,其宋科歃部分做颤面。清斗底部分只做斜平面,不做颤面。这是宋、清两代斗栱明显的特征。

(二)栱相同位置的比较

卷杀的比较:宋栱高 15 分°;栱头上留 6 分°,下杀 9 分°;其 9 分°匀分为四份或五份。清栱高 14 分°;栱头上留 4 分°,下杀 10 分°;其 10 分°匀分为三份至五份。宋华栱、瓜子栱四瓣卷杀,每瓣 4 分°,共长 16 分°,其高 9 分°匀分为四份。清翘、瓜栱四瓣卷杀,每瓣 3 分°,共长 12 分°,其高 10 分°匀分为四份。宋泥道栱四瓣卷杀,每瓣 3.5 分°,共长 14 分°,其高 9 分°匀分为四份。清正心瓜栱同上瓜栱卷杀。宋慢栱四瓣卷杀,每瓣 3 分°,共长 12 分°,其高 9 分°匀分为四份。清万栱三瓣卷杀,每瓣 3.33 分°,共长 10 分,其高 10 分°匀分为三份。宋令栱五瓣卷杀,每瓣 4 分°,共长 20 分°,其高 9 分°匀分为五份。清厢栱五瓣卷杀,每瓣 3 分°,共长 15 分°,其高 10 分°匀分为五份(清 0.1 斗口,即宋 1 分°,为了比较明白,故清斗口同用宋分°)。

栱眼的比较:宋栱眼深 3 分°,隐入 1 分°。清栱眼深 0.2 斗口,隐入 0.1 斗口。

华栱与翘的比较:宋华栱长 72 分°,清翘长 7.1 斗口,华栱较翘长 1 分°。其原因,华栱上两头安交互科,科底宽 12 分°,翘上两头安十八斗,斗底宽 1.1 斗口,交互科宽于十八斗 1 分°;因此,华栱长于翘 1 分°。其榫卯:华栱中十字相交泥道栱,其泥道栱为单材上加栔。华栱上,口宽 4 分°,子廕深 1 分°。翘中十字扣正心瓜栱,材栔连做,口宽 1 斗口,子廕深 0.1 斗口。华栱下面开口,口宽 16 分°,高 5 分°。翘下面开口,口宽 2 斗口,高 0.7 斗口。

泥道栱、壁内慢栱与正心瓜栱、正心万栱的比较：宋泥道栱、壁内慢栱与清正心瓜栱、正心万栱长同,其泥道栱、壁内慢栱宽 10 分°;正心瓜栱、正心万栱宽 1.24 斗口。其榫卯:泥道栱、壁内慢栱为单材上加栔,上面开口,口宽 8 分°,下留 5 分°。正心瓜栱、正心万栱为足材栱,上面开口,口宽 0.8 斗口,下留 0.7 斗口。

瓜子栱、慢栱与单材瓜栱、单材万栱的比较：宋瓜子栱、慢栱与清单材瓜栱、单材万栱长、宽同。其榫卯:瓜子栱、慢栱上面开口,口宽 8 分°,下留 5 分°。单材瓜栱、单材万栱上面开口,口宽 0.8 斗口,下留 0.7 斗口。

令栱与厢栱的比较：宋令栱与清厢栱长、宽同,俱单材。其榫卯:令栱上面开口,口宽 8 分°,下留 5 分°。厢栱上面开口,口宽 0.8 斗口,下留 0.7 斗口。

瓜子栱与令栱相列与搭角把臂厢栱的比较：宋瓜子栱与令栱相列,即内用二分之一令栱,外用二分之一瓜子栱,得长 67 分°(用于六、七、八铺作),俱单材。用于四铺作,中加一跳得长 97 分°。用于五铺作,中加两跳并鸳鸯交手得长 127 分°。清搭角把臂厢栱,内用二分之一厢栱,中加搜架,外用栱长 4.8 斗口得长,俱单材。如搭角把臂厢栱用于斗口单昂者:其长 11.4 斗口。用于斗口重昂并单翘单昂者:长 14.4 斗口。用于单翘重昂者:长 17.4 斗口。用于重翘重昂者:长 20.4 斗口。用于重翘三昂者:长 23.4 斗口。其榫卯:搭角开口,开间方向:上开 0.8 斗口,下留 0.6 斗口。进深方向:上开 0.2 斗口,下开 0.6 斗口,中留 0.6 斗口。余卯,俱开上口,口宽 0.8 斗口,下留 0.6 斗口。

下昂与昂的比较：宋下昂与清昂的做法有着一种根本的区别:宋下昂是从昂尖至挑斡直斜上去;而清昂,昂头向下斜,昂身平做。宋昂下垫华头子(最下面昂),其华头子在补间铺作中是连做在华栱上,将华栱前上部分向下削成斜平面,以承下昂。在柱头铺作中是连做在乳栿上,将乳栿前上部分向下削成斜面平面,以承下昂,或连做在华栱上。在转角铺作中,如四铺作者,其华头子连做在泥道栱上;五、六铺作者,连做在慢栱上;七、八铺作者,连做在下柱头方上。其榫卯:华头子与华栱连做者,同华栱开口,其华头开口,下有交互枓的须做隔口包耳,口宽 13 分°,高 2 分°。下昂用一根者为单材。用两根者,下一根足材,上一根单材。用三根者,下两根足材,上一根单材。其开口:与栱、方相交者,一般开于栔内,昂身子廮,深 1 分°,宽 10 分°。清昂用于平身科中,如斗口单昂者:其单昂后带翘头。斗口重昂者:头昂后带翘头,二昂后带菊花头。单翘单昂者:单昂后带菊花头。单翘重昂者:头昂后带二翘,二昂后带菊花头。重翘重昂者:头昂后带三翘,二昂后带菊花头。重翘三昂者:头昂后带三翘,二昂后带四翘,三昂后带菊花头,俱宽 1 斗口。清昂用于柱头科中,如斗口单昂者:单昂后带翘头,其宽 2 斗口。斗口重昂者:头昂后带翘头,宽 2 斗口。二昂后带雀替,宽 3 斗口。单翘单昂者:单昂后带雀替,宽 3 斗口。单翘重昂者:头昂后带二翘,宽 2.66 斗口。二昂后带雀替,宽 3.33 斗口。重翘重昂者:头昂后带三翘,宽 3 斗口。二昂后带雀替,宽 3.5 斗口。重翘三昂者:头昂后带三翘,宽 2.8 斗口;二昂后带四翘,宽 3.2 斗口;三昂后带雀替,宽 3.6 斗口。其榫卯:用于正心栱分位者,足材,开口宽 1.24 斗口。用于拽枋分位者,足材,开口宽 1 斗口。用于瓜栱分位者,单材,开口宽 1 斗口;外让十八斗两耳通过;开口宽 1.5 斗口,口高 0.4 斗口。用于万栱分位者,单材,开口宽 1 斗口。俱口高 0.7 斗口,口上皆两面子廕各深 0.1 斗口(平身科昂榫卯同)。

角华栱、角昂与斜翘、斜昂的比较:宋转角铺作中角华栱、角昂、由昂宽皆为 10 分°。清角科中斜头翘或斜头昂宽 1.5 斗口,老角梁 2.8 斗口,其斜翘与老角梁之间的斜二翘、斜昂之宽,由下而上渐次生宽。如角科斗口单昂者:其单昂宽 1.5 斗口,由昂 2.1 斗口。斗口重昂者:斜头昂宽 1.5 斗口,斜二昂宽 1.93 斗口,由昂宽 2.36 斗口。单翘单昂者:斜昂宽 1.93 斗口,由昂宽 2.36 斗口。单翘重昂者:斜头昂宽 1.82 斗口,斜二昂宽 2.15 斗口,由昂宽 2.47 斗口。重翘重昂者:斜二翘宽 1.76 斗口,斜头昂宽 2.02 斗口,斜二昂宽 2.28 斗口,由昂宽 2.54 斗口。重翘三昂者:斜二翘宽 1.72 斗口,斜头昂宽 1.93 斗口,斜二昂宽 2.15 斗口,斜三昂宽 2.36 斗口,由昂宽 2.58 斗口。其榫卯:宋下昂、角昂,其昂身斜上去,即两根下昂、一根角昂交汇在一点。下昂压于柱头方下,角昂压于递角栿下。其开口:开间方向下昂开上口,位于下;进深方向下昂开上、下口,位于中;角昂开下口,位于上,昂斜卯平。其下昂、角昂中部各构件分位开口,开于昂下与契间。清搭角正昂、斜昂,其昂身向内平行,即两根正昂、一根斜昂交汇在一点相扣。开间方向正昂开上口,下留 0.6 斗口;进深方向开上、下口,中留 0.6 斗口;斜昂开下口,上留 0.8 斗口。

小栱头、切几头与闹昂或闹二翘、闹蚂蚱头的比较:宋瓜子栱与小栱头相列,慢栱与切几头相列(指外出跳),皆为单材。如转角铺作,用于单抄单下昂五铺作者:第三铺作中,其外瓜子栱与小栱头相列,长 81 分°。第四铺作中,外慢栱与切几头相列,长 106 分°。用于单抄双下昂六铺作者:第三铺作中,外瓜子栱与小栱头相列长 81 分°。第四铺作中,外慢栱与切几头相列,长 101 分°。外瓜子栱与小栱头相列,长 111 分°。第五铺作中,外慢栱与切几头相列,长 101 分°。用于双抄双下昂七铺作者:第三铺作中,外瓜子栱与小栱头相列,长 79 分°。第四铺作中,慢栱与切几头相列,长 97 分°。瓜子栱与小栱头鸳鸯交手,长 105 分°。第五铺作中,慢栱与切几头鸳鸯交手,长 123 分°。外瓜子栱与小栱头相列,长 49 分°。第六铺作中,慢栱与切几头鸳鸯交手,长 149 分°。用于双抄三下昂八铺作者:第三铺作中,外瓜子栱与小栱头相列,长 79 分°。第四铺作中,慢栱与切几头相列,长 97 分°。瓜子栱与小栱头鸳鸯交手,长 105 分°。第五铺作中,慢栱与切几头鸳鸯交手,长 123 分°。瓜子栱与小栱头相列,长 49 分°。第六铺作中,慢栱与切几头鸳鸯交手,长 149 分°。瓜子栱与小栱头相列,长 49 分°。第七铺作中,慢栱与切几头相列,长 65 分°。其榫卯:小栱头、切几头与角昂交汇处:其小栱头或切几头,开间方向开上口,位于下。进深方向开上、下口,位于中。角昂开下口,位于上。小栱头、切几头与瓜子栱、慢栱相列与下昂交汇处,其瓜子栱、慢栱开上口,下留 5 分°,口宽 8 分°。下昂开下口,上口子廕,深 1 分°,宽 10 分°。清闹昂与宋列栱位置相比较:如位于闹头昂后带单材瓜栱的相当宋瓜子栱与小栱头相列之位,闹昂(或闹二昂,或闹蚂蚱头)后带单材瓜栱、万栱的相当慢栱与切几头相列之位。清闹昂:如用于斗口重昂并单翘单昂角科:其第三层中,搭角闹头昂后带单材瓜栱,长 12.4 斗口。第四层中,搭角闹蚂蚱头后带单材万栱,长 13.6 斗口。用于单翘重昂角科者:第三层中,搭角闹头昂后带单材瓜栱,长 12.4 斗口。第四层中,搭角闹二昂后带单材万栱,长 16.9 斗口。搭角闹二昂后带单材瓜栱,长 15.4 斗口。第五层中,搭角闹蚂蚱头后带单材万栱,长 16.6 斗口。用于重翘重昂角科者:第三层中,搭角闹二翘后带单材瓜栱,长 9.65 斗口。第四层中,搭角闹头昂后带单材万栱,长 16.9 斗口。搭角闹头昂后带单材瓜栱,长 15.4 斗口。第五层中,搭角闹二昂后带拽枋,闹二昂长 15.3 斗口。搭角闹二昂后带单材万栱,长 19.9 斗口。搭角闹二昂后带单材瓜栱,长 18.4 斗口。第六层中,搭角闹蚂蚱头,长 15 斗口。搭角闹蚂蚱头后带拽枋,闹蚂蚱头长 15 斗口,搭角闹蚂蚱头后带单材万栱,长 19.6 斗口。用于重翘三昂角科者:第三层中,搭角闹二翘后带单材瓜栱,长 9.65 斗口。第四层中,搭角闹头昂后带单材万栱,长 16.9 斗口。搭角闹头昂后带单材瓜栱,长 15.4 斗口。第五层中,搭角闹二昂后带拽枋,闹二昂长 15.3 斗口。搭角闹二昂后带单材万栱,长 19.9 斗口。搭角闹二昂后带单材瓜栱,长 18.4 斗口。第六层中,搭角闹三昂,长 18.3 斗口。搭角闹三昂后带拽枋,闹三昂长 18.3 斗口。搭角闹三昂后带单材万栱,长 22.9 斗口。搭角闹三昂后带单材瓜栱,长 21.4 斗口。第七层中,搭角闹蚂蚱头(位于第一拽),长 18 斗口。搭角闹蚂蚱头,长 18 斗口(位于第二拽,虽与上拽长度相同但榫卯有别)。搭角闹蚂蚱头后带拽枋,闹蚂蚱头长 18 斗口。搭角闹蚂蚱头后带单材万栱,长 22.6 斗口。其榫卯:凡闹二翘、闹昂、闹蚂蚱头与斜二翘、斜昂交汇处:其闹二翘或闹昂或闹蚂蚱头开间方向开上口,下留 0.6 斗口,位于下。进深方向开上、下口,中留 0.6 斗口,位于中。斜昂开下口,上留 0.8 斗口,位于上。闹昂与斜昂交汇处,其闹昂的前部分榫卯,开下口,口宽 1 斗口;上留 0.8 斗口;后部分闹昂开上口,口宽 0.8 斗口,下留 0.6 斗口。闹蚂蚱头与斜昂交汇处,其蚂蚱头的前部分榫卯开下口,口宽 1 斗口,上留 1.4 斗口;后部分开上口,口宽 0.8 斗口,下留 0.6 斗口。凡闹蚂蚱头与把臂厢栱交汇处:蚂蚱头开下口,口宽 1 斗口;外让十八斗两耳通过;开口宽 1.5 斗口,口高 0.4 斗口。上口两面子荫各深 0.1 斗口,高 0.8 斗口。

耍头与正蚂蚱头的比较:宋耍头在柱头铺作、转角铺作中一般用外耍头。在补间铺作中,一般既用外耍头又用内耍头。耍身用足材,耍头用单材,与耍头十字相交的令栱亦用单材,耍头上面,即令栱中间施齐心枓。四铺作耍头内、外连做,五铺作以至八铺作内耍头从上面向下斜削,以承昂尾。外耍头从下面向上斜削,伏于昂上。其榫卯:耍头与令栱相交处,开口宽 10 分°,口高 5 分°,口上两面子荫,各深 1 分°。下口用交互枓,开口宽 13 分°,口高 2 分°。清正蚂蚱头俱宽 1 斗口,高 2 斗口。蚂蚱头前与厢栱十字相扣,蚂蚱头上无齐心枓。蚂蚱头用于平身科中,除三踩斗口单昂者蚂蚱头后带麻叶头外(长 18.54 斗口),其余五踩至十一踩蚂蚱头后皆带六分头。如三踩斗口单昂者,蚂蚱头长 12.54 斗口。五踩斗口重昂并单翘单昂者,长 16.15 斗口。七踩单翘重昂者,长 22.15 斗口。九踩重翘重昂者,长 28.15 斗口。十一踩重翘三昂者,长 34.15 斗口。其榫卯:位于正心枋分位,开口宽 1.24 斗口。位于拽枋、厢栱分位,开口宽 1 斗口,俱口高 0.7 斗口;外让十八斗两耳通过;开口宽 1.5 斗口,口高 0.4 斗口。正蚂蚱头用于角科中,如斗口单昂者:搭角正蚂蚱头后带正心万栱,其长 10.6 斗口,蚂蚱头宽 1 斗口,万栱宽 1.24 斗口。自斗口重昂至重翘三昂,搭角正蚂蚱头后皆带正心枋,蚂蚱头宽 1 斗口,正心枋宽 1.24 斗口。其长:斗口重昂并单翘单昂者,蚂蚱头长 9 斗口。单翘重昂者,长 12 斗口。重翘重昂者,长 15 斗口。重翘三昂者,长 18 斗口。其榫卯:位于与由昂交汇处,开间方向开上口,位于下。进深方向开上、下口,位于中。由昂开下口,位于上(其余榫卯同闹昂)。其蚂蚱头处榫卯:开口宽 1 斗口,口高 0.6 斗口,外让十八斗两耳通过;开口宽 1.5 斗口,口高 0.4 斗口。

衬方头与撑头木的比较:宋衬方头,单材。如四铺作者:其长60分°,前与橑檐方相交,后与平棊方相交。五铺作者:前与橑檐方相交,后伏于昂尾。六铺作至八铺作,衬方头下垫栔,栔宽8分°。衬方头前与橑檐方相交,后伏于昂上。其榫卯:与橑檐方或平棊方相交用鼓卯榫(五铺作至八铺作其衬方头长度须根据昂的角度而定)。清撑头木:柱头科中不用撑头木(撑头木位置含于桃尖梁内)。平身科:如三踩斗口单昂者:撑头木并桁椀连做,其长6斗口,高3.5斗口,前与挑檐枋相扣,后与井口枋相扣。自五踩斗口重昂并单翘单昂至十一踩重翘三昂者,撑头木后皆带麻叶头,俱宽1斗口,高2斗口。其五踩斗口重昂并单翘单昂者,撑头木长15.54斗口。七踩单翘重昂者,长21.54斗口。九踩重翘重昂者,长27.54斗口。十一踩重翘三昂者,长33.54斗口。其榫卯:位于正心枋分位,开口宽1.24斗口。位于拽枋分位,开口宽1斗口,俱高0.7斗口,口上两面子廕,各深0.1斗口。位于厢栱分位,开口宽1斗口,口高0.7斗口,口上两面子廕,各深0.1斗口,下口外让十八斗两耳通过;开口宽1.5斗口,口高0.4斗口。位于挑檐枋分位,用鼓卯榫与挑檐枋相扣。角科:撑头木用于角科:除斗口单昂无闹撑头木、斜撑头木外,余科皆有。如斗口重昂并单翘单昂者:其搭角正撑头木后带正心枋,撑头木长6斗口,宽1斗口;正心枋宽1.24斗口。搭角闹撑头木后带拽枋,撑头木长6斗口,俱宽1斗口,斜撑头木后带麻叶头,长21.25斗口,宽2.35斗口,俱高2斗口。单翘重昂者:搭角正撑头木后带正心枋,撑头木长9斗口,宽1斗口,正心枋宽1.24斗口。搭角闹撑头木后带拽枋,撑头木长9斗口,俱宽1斗口。斜撑头木后带麻叶头,长29.73斗口,宽2.47斗口,俱高2斗口。重翘重昂者:搭角正撑头木后带正心枋,撑头木长12斗口,宽1斗口,正心枋宽1.24斗口,搭角闹撑头木后带拽枋,撑头木长12斗口,俱宽1斗口。斜撑头木后带麻叶头,长38.21斗口,宽2.54斗口,俱高2斗口。重翘三昂者:搭角正撑头木后带正心枋,撑头木长15斗口,宽1斗口,正心枋宽1.24斗口。搭角闹撑头木后带拽枋,撑头木长15斗口,俱宽1斗口。斜撑头木后带麻叶头,长46.91斗口,宽2.58斗口,俱高2斗口。其榫卯:正撑头木与斜撑头木交汇处榫卯跟正昂与斜昂交汇处同。闹撑头木与斜撑头木交汇处榫卯跟闹昂与斜昂交汇处同。正撑头木、闹撑头木前与搭角挑檐枋相扣。

宋转角铺作内部枓栱,如第二、三跳:角华栱、角耍头与瓜子栱与小栱头相列,慢栱与切几头相列相交,其榫卯同外部枓栱做法。其瓜子栱、慢栱单做或连做,可根据转角铺作与补间铺作距离之远近而定。清角科内部斗栱,如斜二、三、四翘或由昂后尾与里连头合角单材瓜栱、万栱相扣,其榫卯:瓜栱、万栱各扣入斜翘或昂内0.7斗口。其里连头合角单材瓜栱、万栱;或连做,可根据角科与平身科距离之远近而定。

图片1　汉·南京高淳固城出土陶屋

图片2　隋·赵州桥栏板叶形人字栱

图片3 唐·南禅寺大殿正立面

图片4 唐·佛光寺东大殿部分立面

图片 5　唐·日本奈良唐招提寺金堂

图片 6　辽·应县木塔批竹昂

图片 7　辽·天津蓟县独乐寺观音阁批竹昂

图片 8　北宋·山西晋祠圣母殿批竹昂

图片 9　唐·佛光寺大殿前檐翼形耍头

图片 10　唐·佛光寺大殿后檐批竹耍头

图片 11　唐·南禅寺大殿批竹耍头

图片 12　北宋·保国寺大殿外槽内四抄偷心

\斗栱

图片 13　辽·独乐寺观音阁外槽内四抄偷心

图片 14　辽·独乐寺观音阁下檐四抄枓中隔计心

图片 15　隋·出土陶屋出三跳抄栱

图片 16　唐·佛光寺大殿补间铺作

图片 17 唐·佛光寺大殿斜三昂相交，昂尾压柱头方

图片 18 唐·佛光寺大殿斜三昂相交，昂尾压柱头方并隐出栱头

图片19 元·永乐宫三清殿内槽隐出上昂

图片20 金·晋祠献殿丁华抹颏栱

图片 21 北宋·山西平遥镇国寺大殿襻间栱

图片 22 辽·独乐寺山门正脊襻间栱

图片 23　明·泰州庆云寺大殿襻间

图片 24　辽·应县木塔 60°斜栱

图片 25　辽·应县木塔 45°斜栱

图片 26　北宋·保国寺大殿藻井

图片 27　南宋·苏州报恩寺北寺塔藻井

图片 28　金·山西应县净土寺大殿藻井

　斗　栱

图片 29　元·永乐宫三清殿天圆地方藻井

第二章
宋式枓栱

第一节 铺作制度各项尺寸做法

材："材其名有三：一曰章，二曰材，三曰方桁。"

"凡构屋之制，皆以材为祖，材有八等，度屋之大小，因而用之。第一等：广（高）九寸，厚六寸（以六分为1分°），右殿身九间至十一间则用之（若副阶并殿挟屋，材分°减殿身一等；廊屋减挟屋一等。余准此）。第二等：广八寸二分五厘，厚五寸五分（以五分五厘为1分°），右殿身五间至七间则用之。第三等：广七寸五分，厚五寸（以五分为1分°），右殿身三间至殿五间或堂七间则用之。第四等：广七寸二分，厚四寸八分（以四分八厘为1分°），右殿三间厅堂五间则用之。第五等：广六寸六分，厚四寸四分（以四分四厘为1分°），右殿小三间厅堂大三间则用之。第六等：广六寸，厚四寸（以四分为1分°），右亭榭或小厅堂皆用之。第七等：广五寸二分五厘，厚三寸五分（以三分五厘为1分°），右小殿及亭榭等用之。第八等：广四寸五分，厚三寸（以三分为1分°）右殿内藻井或小亭榭，施铺作多则用之。栔广6分°，厚4分°。材上加栔者谓之足材（施之棋眼内两枓之间（原文'闲'者，谓之闇栔））。各以其材之广，分为15分°，以10分°为其厚。凡屋宇之高深，名物之短长，曲直举折之势，规矩绳墨之宜，皆以所用材之分°，以为制度焉。（凡分寸之分°皆如字，材分之分°音符问切。余准此。）"

（一）棋

"棋其名有六：一曰闹（音"卞"），二曰槷（音"疾"），三曰欂（音"博"），四曰曲枅，五曰栾，六曰棋。"

造棋之制有五

[华棋] "一曰华棋：（或谓之抄棋，又谓之卷头，亦谓之跳头。）足材棋也（若补间铺作，则用单材）。两卷头者，其长七十二分。（若铺作数<u>多者</u>（原文'作'下脱'数'字），里跳减长2分°。七铺作以上，即第二里、外跳各减4分°。六铺作以下不减。若八铺作下两跳偷心，则减第三跳，令上下<u>两跳</u>（原文'下'下脱'两'字）上交互枓畔相对。若平坐出跳，抄棋并不减。其第一跳于栌枓口外，添令棋与上跳相应）。每头以四瓣卷杀，每瓣长4分°（如里跳减多，不及四瓣者，只用三瓣，每瓣长4分°）。与泥道棋相交，安于栌枓口内，若累铺作数多，或内外俱匀，或里跳减一铺至两铺。其骑槽檐棋，皆随所出之跳加之。每跳之长，心不过30分°；传跳虽多，不过150分°（若造厅堂，里跳承梁出楷头者，长更加一跳。其楷头或谓之压跳。）交角内外，皆随铺作之数，斜出跳一缝（棋谓之角棋，昂谓之角昂）。其华棋则以斜长加之（假如跳头长五寸，则加<u>二寸七厘</u>（原文'二分五厘'）之类。后称斜长者准此）。"

丁头棋： "若丁头棋其长33分°，出卯长5分°（若只里跳转角者，谓之虾须棋，用<u>鼓</u>（原文'股'）卯到心，以斜长加之。若入柱者，用双卯，长6分°或7分°）。"

[泥道棋] "二曰泥道棋：其长62分°（若枓口跳及铺作全用单棋造者，只用令棋）。每头以四瓣卷杀，每瓣长3.5分°。与华棋相交，安于栌枓口内。"

[瓜子栱]"三曰瓜子栱:施之于跳头。若五铺作以上重栱造,即于令栱内,泥道栱外用之(四铺作以下不用)。其长 62 分°,每头以四瓣卷杀,每瓣长 4 分°。"

[令栱]"四曰令栱(或谓之单栱):施之于里外跳头之上,(外在橑檐方之下,内在算桯方之下)与耍头相交(亦有不用耍头者)。及屋内樽缝之下。其长 72 分°。每头以五瓣卷杀,每瓣长 4 分°。若里跳骑栿,则用足材。"

[慢栱]五曰慢栱(或谓之肾栱):施之于泥道栱、瓜子栱之上,其长 92 分°,每头以四瓣卷杀,每瓣长 3 分°。骑栿及至角,则用足材。(原文中前有"造栱之制有五",但后文仅有其四,完全遗漏了"五曰慢栱至则用足材"一条四十七个字。)

"凡栱之广厚并如材。栱头上留 6 分°,下杀 9 分°。其 9 分°匀分为四大分;又从栱头顺身量为四瓣(瓣又谓之胥,亦谓之枨,或谓之生)。各以逐瓣(原文'分')之首,(自下而至上)与逐瓣之末,(自内而至外)以真尺对斜画定,然后斫造(用五瓣及分数不同者准此)。栱两头及中心,各留坐枓处,余并为栱眼,深 3 分°。如造足材栱,则更加一栔,隐出心枓及栱眼。"

"凡栱至角相交出跳,则谓之列栱。(其过角栱或角昂处,栱眼外长内短,自心向外量出一材分,又栱头量一枓底,余并为小眼。)"

"泥道栱与华栱出跳相列。"

"瓜子栱与小栱头出跳相列。"如出跳 30 分°,即小栱头从心出,其长 20 分°(原文小栱头从心出,其长 23 分°),以三瓣卷杀,每瓣长 3 分°;出跳 28 分°,小栱头从心出 18 分°,以三瓣卷杀,每瓣长 2 分°半;出跳 26 分°,小栱头从心出 16 分°,以三瓣卷杀,每瓣长 2 分°;"上施散枓。若平坐铺作,即不用小栱头,却与华栱头相列。其华栱之上,皆累跳至令栱,于每跳当心上施耍头。"

"慢栱与切几头相列(切几头微刻材下作面卷瓣)。"若鸳鸯交手栱外面隐栱,里面不隐,切几头下,不作面卷杀。"如角内足材下昂造,即与华头子出跳相列(华头子承昂者,在昂制度内)。"

"令栱与瓜子栱出跳相列(承(原文"乘"),替木头或橑檐方头)。"

凡开栱口之法:"凡开栱口之法,华栱于底面开口,深 5 分°,(角华栱深 10 分°)广 16 分°(原文 20 分°)(包栌枓耳在内)。口上当心两面,各开子荫通栱身,各广 10 分°(不含栔),(若角华栱连隐枓通开)深 1 分°。余栱(谓泥道栱、瓜子栱、令栱、慢栱也)上开口,深 10 分°,广 8 分°。(其骑栿,绞昂栿者,各随所用)若角内足材列栱,则上下各开口,上开口深 11 分°(原文 10 分°)(连栔),下开口深 5 分°。"

"凡栱至角相连长两跳者,则当心施枓,枓底两面相交,隐出栱头"(如令栱只用四瓣,即用瓜子栱卷杀),"谓之鸳鸯交手栱(里跳上栱同)"。

(二)飞昂

"飞昂其名有五:一曰櫼,二曰飞昂,三曰英昂,四曰斜角,五曰下昂。"

造昂之制

"造昂之制有二:一曰下昂,二曰上昂。"

注:《营造法式》中"枓"、"方"、"于"、《工程做法》中为"斗"、"枋"、"于",皆是原文。因此,本书中照原文写。

凡用引号者,均为《营造法式》原文;凡不加引号者,均为作者著文;凡字下加横线者,均为刘敦桢先生校勘;凡"分"右上角加°者,均为"材分"之"分°"。

[下昂]"一曰下昂，自上一材，垂尖向下，从枓底心下取直，其长 23 分°。（其昂身上彻屋内）自枓外斜杀向下，留厚 2 分°；昂面中颤 2 分°，令颤势圆和；（亦有于昂面上随颤加 1 分°，讹杀至两棱者，谓之琴面昂；亦有自枓外，斜杀（原文'设'）至尖者，其昂面平直谓之批竹昂）。"

"凡昂安枓处，高下及远近皆准一跳。若从下第一昂，自上一材下出，斜垂向下；枓口内以华头子承之（华头子自枓口外长 9 分°；将昂势尽处匀分，刻作两卷瓣，每瓣长 4 分°半（原文'分'下脱'半'字））。如至第二昂以上，只于枓口内出昂，其承昂枓口及昂身下，皆斜开镫口，令上大下小，与昂身相衔。"

"凡昂上坐枓，四铺作、五铺作并归平；六铺作以上，自五铺作外，"如出跳越 26 分°者，"昂上枓并再向下 2 分°至 5 分°。如逐跳计心造，即于昂身开方斜口，深 2 分°；两面各开子荫深 1 分°。"

角昂："若角昂以斜长加之。"（其广 21 分°，厚 10 分°。）"角昂之上，别施由昂。"（长同角昂，广一材或加 1 分°至 4 分°。（原文广或加 1 分°至 2 分°））"所坐枓上安角神，若宝藏神或宝瓶。"

"若昂身于屋内上出，皆至下平槫。若四铺作用插昂，即其长斜随跳头。（插昂又谓之挣昂；亦谓之矮昂。）"

昂栓："凡昂栓，广 4 分°至 5 分°，厚 2 分°。若四（原文只指四铺作）、五、六铺作，即于第一跳上用之；七铺作至八铺作（原文指五铺作至八铺作），并于第二跳上用之；并上彻昂背（自一昂至三昂，只用一栓；彻上面昂之背）。下入栱身之半或三分之一。"

"若屋内彻上明造，即用挑斡，或只挑一枓，或挑一材两栔（谓一栱上下皆有枓也。若不出昂而用挑斡者，即骑束阑方下昂桯）。如用平棊，即自槫安蜀柱以叉昂尾；如当柱头即以草栿或丁栿压之。"

[上昂]"二曰上昂，头向外留 6 分°。其昂头外出，昂身斜收向里，并通过柱心。"

"如五铺作单抄上用者，自栌枓心出，第一跳华栱心长 25 分°；第二跳上昂心长 22 分°（其第一跳上，枓口内用鞾楔）。其平棊方至栌枓口内，共高五材四栔（其第一跳重栱计心造）。"

"如六铺作重抄上用者，自栌枓心出，第一跳华栱心长 27 分°；第二跳华栱心及上昂心共长 28 分°。（华栱上用连珠枓，其枓口内用鞾楔。七铺作、八铺作同。）其平棊方至栌枓口内，共高六材五栔。于两跳之内，当中施骑枓栱。"

"如七铺作于重抄上用上昂两重者，自栌枓心出，第一跳华栱心长 23 分°；第二跳华栱心长 15 分°（华栱上用连珠枓）；第三跳上昂心（两重上昂共此一跳），长 35 分°。其平棊方至栌枓口内，共高七材六栔（其骑枓栱与六铺作同）（原文遗漏自'其'至'同'一条九个字）。"

"如八铺作于三抄上用上昂两重者，自栌枓心出，第一跳华栱心长 26 分°；第二跳、第三跳并华栱心各长 16 分°（于第三跳华栱上用连珠枓）；第四跳上昂心（两重上昂共此一跳）长 26 分°。其平棊方至栌枓口内，共高八材七栔（其骑枓栱与七铺作同）。"

"凡昂之广、厚并如材。其下昂施之于外跳，或单栱或重栱，或偷心或计心造。上昂施之里跳之上及平坐铺作之内；昂背斜尖，皆至下枓底外；昂底于跳头枓口内出，其枓口外用鞾楔，（刻作三卷瓣）。"

"凡骑枓栱，宜单用；其下跳并偷心造（凡铺作计心、偷心，并在总铺作次序制度之内）。"

（三）爵头

"爵头其名有四：一曰爵头，二曰耍头，三曰胡孙头，四曰蜉蝘头(原文蜉)。"

造耍头之制

"造耍头之制，用足材，自枓心出，长25分°，自上棱斜杀向下6分°，自头上量5分°，斜杀向下2分°(谓之鹊台)。两面留心，各斜抹5分°，下随尖各斜杀向上2分°，长5分°下大棱上，两面开龙牙口(龙牙口未见于实例，位置不详)，广0.5分°，斜梢向尖(又谓之锥眼)。开口与华栱同，与令栱相交，安于齐心枓下。"

"若累铺作数多，皆随所出之跳加长(若角内用，则以斜长加之)。于里外令栱两出安之。如上下有碍昂势处，即随昂势斜杀，放(原文'放'前多'于'字)过昂身。或有不出耍头者，皆于里外令栱之内，安到心鼓卯(原文'股卯')(只用单材)。"

（四）枓

"其名有五：一曰㮇，二曰栌，三曰栌，四曰楷，五曰枓。"

造枓之制有四

[栌枓]"一曰栌枓，施之与柱头，其长与广皆32分°。若施于角柱之上者，方36分°。如造角圜枓，则面径36分°，底径28分°，高20分°；上8分°为耳，中4分°为平，下8分°为欹(今俗谓之溪者非)。开口广10分°，深8分°。(出跳则十字开口，四耳；如不出跳，则顺身开口，两耳。)底四面各杀4分°，欹颥1分°(如柱头用圜枓，即补间铺作用讹角箱(原文'角'下脱'箱'字)枓)。"

[交互枓]"二曰交互枓(亦谓之长开枓)，施之于华栱出跳之上。(十字开口，四耳。如施之于替木下者，顺身开口，两耳)其长十八分，广十六分。(若屋内梁栿上(原文'梁栿下')用者，其长34分°(原文'长24分°')，广18分°，厚12.5分°，谓之骑(原文谓之'交')栿枓；于梁栿下用者(原文'于梁栿头横用之')。"(其长24分°，宽18分°，厚12.5分°，谓之交栿枓。)"如梁栿项归一材之厚者，只用交互枓。如柱大小不等，其枓量柱材随意加减。"

[齐心枓]"三曰齐心枓(亦谓之华心枓)，施之于栱心之上。(顺身开口，两耳。若施之于平坐出头木之下，则十字开口，四耳)其长与广皆16分°(如施由昂及内外转角出跳之上，则不用耳，谓之平盘枓；其高6分°)。"

[散枓]"四曰散枓(亦谓之小枓，或谓之顺桁枓，又谓之骑互枓)，施之于栱两头(横开口，两耳，以广为面。如铺作偷心，则施之于华栱出跳之上)。其长16分°，广14分°。"

"凡交互枓、齐心枓、散枓皆高10分°。上4分°为耳，中2分°为平，下4分°为欹。开口皆广10分°，深4分°，底四面各杀2分°，欹颥0.5分°。"

"凡四耳枓，于顺跳口内前后里壁，各留隔口包耳，高2分°，厚1.5分°。栌枓则倍之(角内栌枓，于出角栱口内留隔口包耳，其高随耳，抹角内荫入0.5分°)。"

（五）总铺作次序

总铺作次序之制

"总铺作次序之制：凡铺作自柱头上栌枓口内出一栱或一昂，皆谓之一跳；传至五跳止。"

"铺作"：这一个名词，在《营造法式》"总释上"中解释为"今以枓栱层数相叠，出跳多寡次序谓之铺作"。这两句中,第一句很明确,用"今以枓栱层数相叠"来计算铺作数字;第二句"出跳多寡次序"。铺作中出跳最少的就是出一跳;层数最少的即是四铺作;四铺作便是四层。因此,"出一跳谓之四铺作"这是最寡基数,如向上加数,就为"出两跳谓之五铺作,至出五跳谓之八铺作。"

[出一跳谓之四铺作]"出一跳谓之四铺作(或用华头子,上出一昂)。"如四铺作里、外并出一抄卷头(出一跳华栱),壁内用重栱(中心施泥道栱、慢栱),或四铺作用华头子插昂者。四铺作:第一铺作为栌枓,第二铺作为出第一跳华栱或华头子插昂,第三铺作为耍头,第四铺作为衬方头。其出跳分°数:出一跳,里、外各出 30 分°(图样七、八)。

[出两跳谓之五铺作]"出两跳谓之五铺作(下出一卷头,上施一昂)。"如五铺作重栱,出单抄单下昂;里转五铺作重栱出两抄,并计心(跳头上施横栱谓之计心;不施横栱谓之偷心)。外五铺作:第一铺作为栌枓,第二铺作为出第一跳华栱,第三铺作为出第二跳华栱带华头子、下昂,第四铺作为耍头,第五铺作为衬方头。其出跳分°数:出两跳,里、外各跳各出 30 分°(图样十一)。

[出三跳谓之六铺作]"出三跳谓之六铺作(下出一卷头,上施两昂)。"如六铺作重栱,出单抄双下昂;里转五铺作(较外减一铺)重栱出两抄(出两跳华栱),并计心。外六铺作:第一铺作为栌枓,第二铺作为出第一跳华栱,第三铺作为出第二跳的第一根下昂,第四铺作为出第三跳的第二根下昂,第五铺作为耍头,第六铺作为衬方头。里转五铺作:第一铺作亦为栌枓,第二铺作也为出第一跳华栱,第三铺作为出第二跳华栱,第四铺作为耍头,第五铺作为下昂后尾(衬方)。其出跳分°数:出三跳,里、外各跳各出 30 分°(图样十五)。

[出四跳谓之七铺作]"出四跳谓之七铺作(下出两卷头,上施两昂)。"如七铺作重栱,出双抄双下昂;里转六铺作(较外减一铺)重栱出三抄,并计心。外七铺作:第一铺作为栌枓,第二、三铺作为出两跳华栱,第四、五铺作为出两跳下昂,第六铺作为耍头,第七铺作为衬方头。里转六铺作:第一铺作亦为栌枓,第二、三、四铺作为出三跳华栱,第五铺作为耍头,第六铺作为下昂后尾下垫衬方。其出跳分°数:外出四跳:第一跳出 30 分°,第二、三、四跳各出 26 分°;里出三跳:第一跳出 28 分°,第二、三跳各出 26 分°(图样十八)。

[出五跳谓之八铺作]"出五跳谓之八铺作(下出两卷头,上施三昂)。"如八铺作重栱,出双抄三下昂;里转六铺作(较外减两铺)重栱出三抄,并计心。外八铺作:第一铺作为栌枓,第二、三铺作为出两跳华栱,第四、五、六铺作为出三跳下昂,第七铺作为耍头,第八铺作为衬方头。里转六铺作:第一铺作亦为栌枓,第二、三、四铺作为出三跳华栱,第五铺作为耍头,第六铺作为下昂后尾下垫衬方。其出跳分°数:外出五跳:第一跳出 30 分°,第二、三、四、五跳各出 26 分°。里出三跳:第一跳出 28 分°,第二、三跳各出 26 分°(图样二十一)。

"自四铺作至八铺作,皆于上跳之上,横施令栱与耍头相交,以承橑檐方;至角,各于角昂之上,别施一昂,谓之由昂,以坐角神。"

"凡于阑额上坐栌枓安铺作者,谓之补间铺作(今俗谓之步间者非)。"

[铺作分档]"当心间须用补间铺作两朵,次间及梢间各用一朵。其铺作分布,令远近皆匀(若逐间皆用双补间,则每间之广,丈尺皆同。如只心间用双补间者,假如心间用一丈五尺,则次间用一丈之类。或间广不匀,即每补间铺作一朵,不得过一丈(原文'尺'))。"

"凡铺作逐跳上(下昂之上亦同)安栱,谓之计心;若逐跳上不安栱,而再出跳或出昂者,谓之偷心(凡出一跳,南中谓之出一枝:计心谓之转叶,偷心谓之不转叶,其实一也)。"

"凡铺作逐跳计心,每跳令栱上,只用素方一重,谓之单栱(素方在泥道栱上者,谓之柱头方;在跳上者,谓之罗汉方;方上斜安遮椽板);即每跳上安两材一栔(令栱、素方为两材;令栱上枓为一栔)。"

"若每跳瓜子栱上(至橑檐方下用令栱)施慢栱,慢栱上用素方(应为罗汉方),谓之重栱(方上斜施遮椽版);即每跳上安三材两栔(瓜子栱、慢栱、素方为三材;瓜子栱上枓、慢栱上枓为两栔)。"

"凡铺作,并外跳出昂;里跳及平坐,只用卷头。若铺作数多,里跳恐太远,即里跳减一铺或两铺;或平棊低,即于平棊方下更加慢栱。"

"凡转角铺作,须与补间铺作勿令相犯;或梢间近者,须连栱交隐(即鸳鸯交手栱,'补间铺作不可移远,恐间内不匀');或于次角补间近角处,从上减一跳(指里角)。"

"凡铺作当柱头壁栱,谓之影栱(又谓之扶壁栱)。"

"如铺作重栱全计心造,则于泥道重栱上施素方(应为罗汉方)(方上斜安遮椽版)。"

"五铺作一抄一昂,若下一抄偷心,则泥道重栱上施素方,方上又施令栱,栱上施承椽方。"(图样二十八)

"单栱七铺作两抄两昂,及六铺作一抄两昂或两抄一昂,若下一抄偷心,则于栌枓之上施两令栱两素方(方上平铺遮椽版)。或只于泥道栱上施素方。"(图样二十九)

"单栱八铺作两抄三昂,若下两抄偷心,则泥道栱上施素方,方上又施重栱、素方(方上平铺遮椽版)。"(图样二十九)

"凡楼阁上屋铺作,或减下屋一铺。其副阶缠腰铺作,不得过殿身,或减殿身一铺。"

铺作上昂次序

[五铺作重栱]五铺作重栱:(跳头上施瓜子栱、慢栱)出单抄单上昂(出一跳华栱、一跳上昂)并计心(跳头上施横栱)。五铺作:里第一铺作为栌枓,第二铺作为出第一跳华栱,第三铺作为出第二跳上昂及鞾楔,第四铺作为要头,第五铺作为衬方头。外第一铺作亦为栌枓,第二铺作为出第一跳华栱,第三铺作为出第二跳华栱,第四铺作为要头,第五铺作为外衬方头。里出两跳:第一跳出 25 分°,第二跳出 22 分°。外出两跳:第一跳出 30 分°,第二跳出 26 分°。(图样二十四)

[六铺作重栱]六铺作重栱:出双抄单上昂偷心跳,内当中施骑枓栱。里六铺作:第一铺作为栌枓,第二铺作为出第一跳华栱,第三铺作为出第二跳华栱,第四铺作为出单上昂,第五铺作为要头,第六铺作为衬方头。外第一铺作亦为栌枓,第二、三、四铺作为出三跳华栱,第五铺作为要头,第六铺作为外衬方头。里出三跳:第一跳出 27 分°,第二跳出 14 分°,第三跳出 14 分°;两跳共出 28 分°。外出三跳:第一跳出 30 分°,第二、三跳各出 26 分°。(图样二十五)

[七铺作重栱]七铺作重栱:出双抄双上昂偷心跳,内当中施骑枓栱。里七铺作:第一铺作为栌枓,第二铺作为出第一跳华栱,第三铺作为出第二跳华栱,第四铺作为出第一上昂,第五铺作为出第二上昂,第六铺作为要头,第七铺作为衬方头。外六铺作:第一铺作亦为栌枓,第二、三、

四铺作为出三跳华栱,第五铺作为耍头,第六铺作为衬方头。里出三跳:第一跳出23分°,第二跳出15分°,第三跳出35分°。外第一跳出30分°,第二、三跳各出26分°。(图样二十六)

[八铺作重栱]八铺作重栱:出三抄双上昂偷心跳,内当中施骑枓栱。里八铺作:第一铺作为栌枓,第二、三、四铺作为出三跳华栱,第五铺作为出第一上昂,第六铺作为出第二上昂,第七铺作为耍头,第八铺作为衬方头。外六铺作:第一铺作亦为栌枓,第二、三、四铺作为出三跳华栱,第五铺作为耍头,第六铺作为衬方头。里出四跳:第一跳出26分°,第二、三跳各出16分°,第四跳出26分°。外出三跳:第一跳出30分°,第二、三跳各出26分°。(图样二十七)

平坐

"平坐其名有五:一曰阁道,二曰墱道,三曰飞陛,四曰平坐,五曰鼓坐。"

造平坐之制

"造平坐之制,其铺作减上屋一跳或两跳。其铺作宜用重栱及逐跳计心造作。"

"凡平坐铺作,若叉柱造,即每角用栌枓一枚,其柱根叉于栌枓之上。若缠柱造,即每角于柱外普拍方上安栌枓三枚(每面互见两枓,于附角枓上,各别加铺作一缝)。"

"凡平坐铺作下用普拍方,厚随材广,或更加一栔;其广尽所用方木(若缠柱造(原文'缠柱边造'),即于普拍方里用柱脚方,广三材,厚二材,上生柱脚卯)。"

"凡平坐先自地立柱,谓之永定柱;柱上安搭头木,木上安普拍方;方上坐枓栱。"

"凡平坐四角生起,比角柱减半(生角柱法在柱制度内)。"

"平坐之内,逐间下草栿,前后安地面方,以拘前后铺作。铺作之上安铺版方,用一材。四周安雁翅版,广加材一倍,厚4分°至5分°。"

槫缝襻间之制

"槫缝襻间之制,凡屋如彻上明造,即于蜀柱之上安枓。(若叉手上角内安栱,两面出耍头者,谓之丁华抹颏栱)枓上安随间襻间,或一材或两材;襻间广厚并如材,长随间广,出半栱在外,半栱连身对隐,若两材造,即每间各用一材,隔间上下相闪,令慢栱在上,瓜栱在下。若一材造,只用令栱,隔间一材,如屋内遍用襻间一材或两材,并与梁头相交(或于两际随槫作楂头以承(原文'乘')替木)。"

第二节　铺作安装做法

各项铺作安装之法按次第开后。

（一）四铺作插昂

[补间铺作]

第一铺作：安栌枓一个。**第二铺作**：安插昂连华栱一件，中十字相交泥道栱一件。插昂连华栱上两头安交互枓二个，泥道栱上两头安散枓二个。**第三铺作**：安耍头一件，中十字相交慢栱一件，按慢栱中线里、外俱隔一跳各相交令栱一件。慢栱、令栱上两头安散枓六个，耍头上安齐心枓二个。**第四铺作**：安衬方头一件，中十字相交柱头方一根，按柱头方中线里隔一跳相交平棊方一根，外隔一跳相交橑檐方一根。

[柱头铺作]

第一铺作：按栌枓一个。**第二铺作**：安插昂连华栱一件，中十字相交泥道栱一件。插昂头上安交互枓一个，华栱头上安交栿枓一个，泥道上两头安散枓二个。**第三铺作**：安乳栿一件，中十字相交慢栱一件，按慢栱中线外隔一跳相交令栱一件，里隔一跳安绞栿栱一件。慢栱、令栱上两头安散枓六个，外令栱中间安齐心枓一个。**第四铺作**：安衬方一件，中十字相交柱头方一根，按柱头方中线外隔一跳相交橑檐方一根，里隔一跳相交平棊方一根。

[转角铺作]

第一铺作：安角栌枓一个。**第二铺作**：安插昂与泥道栱相列二件，安角昂与角华栱相列一件。插昂上安交互枓二个；泥道栱上安散枓二个，角昂、角华栱上安平盘枓二个。**第三铺作**：安耍头与慢栱相列二件，安瓜子栱与令栱相列二件，安令栱与小栱头相列二件，安由昂与角耍头相列一件。耍头上、瓜子栱与令栱相列之上安齐心枓三个，慢栱、瓜子栱、令栱、小栱头上安散枓十个，由昂、角耍头上安平盘枓二个。**第四铺作**：安八角柱一根，安柱头方二根，安平棊方二根，安橑檐方二根，由昂平盘枓上安宝瓶一件。

（二）五铺作重栱出单抄单下昂，里转五铺作重栱出两抄，并计心

[补间铺作]

第一铺作：安栌枓一个。**第二铺作**：安华栱一件，中十字相交泥道栱一件。华栱上两头安交互枓二个，泥道栱上两头安散枓二个。**第三铺作**：安华栱连华头子一件，安下昂一件，中十字相交壁内慢栱一件，按慢栱中线里、外俱隔一跳各相交瓜子栱一件。华栱、下昂头上各安交互枓一个，慢栱、瓜子栱上两头安散枓六个。**第四铺作**：安耍头二件，中十字相交柱头方一根，按柱头方中线俱隔一跳各相交慢栱一件，俱隔两跳各相交令栱一件。耍头上安齐心枓二个，慢栱、令栱上两头安散枓八个。**第五铺作**：安衬方头一件，按柱头方中线里、外俱隔一跳各相交罗汉方一根，俱隔两跳里相交平棊方一根，外相交橑檐方一根。

[柱头铺作]

第一铺作:安栌斗一个。第二铺作:安华栱一件,中十字相交泥道栱一件。华栱头上外安交互斗一个,内安交栿斗一个。泥道栱上两头安散斗二个。第三铺作:安乳栿(或橑栿)一件,安下昂一件,中十字相交壁内慢栱一件,按慢栱中线外隔一跳相交瓜子栱一件。下昂上安交互斗一个,慢栱、瓜子栱上两头安散斗四个。第四铺作:安耍头一件,中十字相交柱头方一根,按柱头方中线外隔一跳相交慢栱一件,隔两跳相交令栱一件。耍头上安齐心斗一个,慢栱、令栱上两头安散斗四个,栿背上安骑栿斗二个。第五铺作:安衬方头一件,按柱头方中线里、外俱隔一跳各相交罗汉方一根,俱隔两跳里相交平棊方一根,外相交橑檐方一根。

[转角铺作]

第一铺作:安角栌斗一个。第二铺作:安华栱与泥道栱相列二件,安角华栱一件。华栱上安交互斗二个,泥道栱上安散斗二个,角华斗栱上两头安平盘斗二个。第三铺作:安慢栱与华头子相列二件,安外瓜子栱与小栱头相列二件,安里瓜子栱与小栱头相列二件,安第二跳角华栱一件。角华栱上安平盘斗一个,慢栱、瓜子栱、小栱头上安散斗十个。第四铺作:安下昂与下柱头方相列二件;安耍头二件,安外慢栱与切几头相列二件,安瓜子栱与令栱相列二件,安里慢栱与切几头相列二件,安瓜子栱与小栱头相列二件,安角昂、角耍头各一件。下昂上安交互斗二个,耍头上、瓜子栱与令栱相列之上安齐心斗三个,慢栱、切几头、瓜子栱、令栱、鸳鸯交手、小栱头上安散斗十六个,角昂、角耍头上安平盘斗二个。第五铺作:安由昂一件,安衬方头与上柱头方相列二件,安外罗汉方二根,安橑檐方二根,安内罗汉方二根,安平棊方二根,由昂上安平盘斗一个,斗上安宝瓶一件。

(三)六铺作重栱出单抄双下昂,里转五铺作重栱出两抄,并计心

[补间铺作]

第一铺作:安栌斗一个。第二铺作:安第一跳华栱一件,中十字相交泥道栱一件。华栱上两头安交互斗二个,泥道栱上两头安散斗二个。第三铺作:安第二跳华栱一件,安下昂一一件,中十字相交壁内慢栱一件,按慢栱中线里、外俱隔一跳各相交瓜子栱一件。华栱、下昂头上各安交互斗一个,慢栱、瓜子栱上两头安散斗六个。第四铺作:安里耍头一件,安下昂二一件,中十字相交柱头方一根,按柱头方中线里、外俱隔一跳各相交慢栱一件,俱隔两跳里相交令栱一件,外相交瓜子栱一件。下昂头上安交互斗一个,里耍头上安齐心斗一个,令栱、慢栱、瓜子栱上两头安散斗十个(其中两个用于垫柱头方)。第五铺作:安外耍头一件,中十字相交柱头方一根,按柱头方中线里、外俱隔一跳各相交罗汉方一根,俱隔两跳里相交平棊方一根,外相交慢栱一件,外隔三跳相交令栱一件。耍头上安齐心斗一个,令栱、慢栱上两头安散斗四个。第六铺作:安衬方头一件,中十字相交压槽方一根,按压槽方中线外隔两跳相交罗汉方一根,隔三跳相交橑檐方一根(挑斡上件安装不含)。

[柱头铺作]

第一铺作:安栌斗一个。第二铺作:安华栱一件,中十字相交泥道栱一件。华栱上两头外安交互斗一个,里安交栿斗一个,泥道栱上两头安散斗二个。第三铺作:安乳栿一件,安下昂一一

件,中十字相交壁内慢栱一件,按慢栱中线外隔一跳相交瓜子栱一件。下昂头上安交互枓一个,慢栱、瓜子栱上两头安散枓四个。**第四铺作:**安下昂二一件,中十字相交柱头方一根,按柱头方中线外隔一跳相交慢栱一件,隔两跳相交瓜子栱一件。下昂头上安交互枓一个,慢栱、瓜子栱上两头安散枓六个(其中有两个用于垫柱头方)。**第五铺作:**安外耍头一件,中十字相交柱头方一根,按柱头方中线里、外俱隔一跳各相交罗汉方一根,俱隔两跳里相交平棊方一根,外相交慢栱一件,外隔三跳相交令栱一件。耍头上安齐心枓一个,慢栱、令栱上两头安散枓四个,栿背上安骑栿枓二个。**第六铺作:**安衬方头一件,按柱头方中线外隔二跳相交罗汉方一根,隔三跳相交橑檐方一根。

[转角铺角]

第一铺作:安角栌枓一个。**第二铺作:**安华栱与泥道栱相列二件,安角华栱一件。华栱头上安交互枓二个,泥道栱上安散枓二个,角华栱头上安平盘枓二个。**第三铺作:**安慢栱与华头子相列二件,安外瓜子栱与小栱头相列二件,安里瓜子栱与小栱头相列二件,安第二跳角华栱一件。角华栱头上安平盘枓一个,慢栱、瓜子栱、小栱头上安散枓十个。**第四铺作:**安下昂一与下柱头方相列二件,安外慢栱与切几头相列二件,安外瓜子栱与小栱头相列二件,安里慢栱与切几头相列二件,安令栱与小栱头或鸳鸯交手二件,安角昂一、角耍头各一件。下昂头上安交互枓二个,角昂、角耍头头上安平盘枓二个,慢栱、切几头、瓜子栱、小栱头、鸳鸯交手上安散枓十八个。**第五铺作:**安下昂二与上柱方相列二件,安耍头二件,安外罗汉方二根,安慢栱与切几头相列二件,安令栱二件,安令栱与瓜子栱相列二件,安内罗汉方二根,安平棊方二根,安角昂二一件。下昂头上安交互枓二个,耍头上、令栱与瓜子栱相列之上安齐心枓三个,角昂头上安平盘枓一个,慢栱、切几头、鸳鸯交手、令栱、瓜子栱上安散枓十四个。**第六铺作:**安由昂一件,安衬方头二件,安罗汉方二根,安橑檐方二根,安由昂头上平盘枓一个,枓上安宝瓶一件。

(四)七铺作重栱出双抄双下昂,里转六铺作重栱出三抄,并计心

[补间铺作]

第一铺作:安栌枓一个。**第二铺作:**安第一跳华栱一件,中十字相交泥道栱一件。华栱上两头安交互枓二个,泥道栱上两头安散枓二个。**第三铺作:**安第二跳华栱一件,中十字相交壁内慢栱一件,按慢栱中线里、外俱隔一跳各相交瓜子栱一件。华栱上两头安交互枓二个,慢栱、瓜子栱上两头安散枓六个。**第四铺作:**安第三跳华栱一件,安下昂一一件,中十字相交柱头方一根,按柱头方中线里、外俱隔一跳各相交慢栱一件,俱隔两跳各相交瓜子栱一件。华栱、下昂头上安交互枓二个,慢栱、瓜子栱上两头安散枓十个(其中二个用于垫柱头方)。**第五铺作:**安里耍头一件,安下昂二一件,中十字相交柱头方一根,按柱头方中线里、外俱隔一跳各相交罗汉方一根,俱隔两跳各相交慢栱一件,俱隔三跳里相交令栱一件,外相交瓜子栱一件。下昂头上安交互枓一个,耍头上安齐心枓一个,慢栱、瓜子栱、令栱上两头安散枓十个(其中二个用于垫柱头方)。**第六铺作:**安外耍头一件,中十字相交柱头方一根,按柱头方中线里、外俱隔两跳各相交罗汉方一根,俱隔三跳里相交平棊方一根,外相交慢栱一件,外隔四跳相交令栱一件。耍头上安齐心枓一个,慢栱、令栱上两头安散枓四个。**第七铺作:**安衬方头一件,中十字相交压槽方一根,按压槽方中线外隔三跳安罗汉方一根,隔四跳安橑檐方一根(挑斡上件安装不含)。

[柱头铺作]

第一铺作:安栌枓一个。第二铺作:安第一跳华栱一件,中十字相交泥道栱一件。华栱上两头安交互枓二个,泥道栱上两头安散枓二个。第三铺作:安第二跳华栱一件,中十字相交壁内慢栱一件,按慢栱中线里、外俱隔一跳各相交瓜子栱一件。华栱上两头外安交互枓一个,里安交栿枓一个。慢栱、瓜子栱上两头安散枓六个。第四铺作:安乳栿(或橡栿)一件,安下昂一一件,中十字相交柱头方一根,按柱头方中线里、外俱隔一跳各相交慢栱一件,外隔两跳相交瓜子栱一件。下昂头上安交互枓一个,慢栱、瓜子栱上两头安散枓八个(其中二个用于垫柱头方)。第五铺作:安下昂二一件,中十字相交柱头方一根,按柱头方中线里、外俱隔一跳各相交罗汉方一根,外隔两跳相交慢栱一件,隔三跳相交瓜子栱一件。下昂头上安交互枓一个,慢栱、瓜子栱上两头安散枓六个(其中二个用于垫柱头方)。第六铺作:安要头一件,中十字相交柱头方一根,按柱头方中线里、外俱隔两跳各相交罗汉方一根,俱隔三跳里相交平棊方一根,外相交慢栱一件,外隔四跳相交令栱一件。要头上安齐心枓一个,慢栱、令栱上两头安散枓四个,栿背上安骑栿枓二个。第七铺作:安衬方头一件,中十字相交压槽方一根,按压槽方中线外隔三跳相交罗汉方一根,隔四跳相交橑檐方一根。

[转角铺作]

第一铺作:安角栌枓一个。第二铺作:安华栱与泥道栱相列二件,安角华栱一件。华栱头上安交互枓二个,泥道栱头上安散枓二个,角华栱上两头安平盘枓二个。第三铺作:安第二跳华栱与慢栱相列二件,安外瓜子栱与小栱头相列二件,安里瓜子栱与小栱头相列二件,安第二跳角华栱一件。华栱头上安交互枓二个,角华栱上两头安平盘枓二个,瓜子栱、慢栱、小栱头上安散枓十个。第四铺作:安华头子与下柱头方相列二件,安外慢栱与切几头相列二件,安瓜子栱与小栱头鸳鸯交手相列二件,安里慢栱与切几头相列(或鸳鸯交手)二件,安瓜子栱与小栱头相列二件,安角华头子与第三跳角华栱相列一件。角华栱头上安平盘枓一个,瓜子栱、慢栱、小栱头、鸳鸯交手、切几头上安散枓十八个。第五铺作:安下昂一与中柱头方相列二件,安下昂二与上柱头方相列二件,安外罗汉方二根,安慢栱与切几头鸳鸯交手二件,安瓜子栱二件,安外瓜子栱与小栱头相列二件,安内罗汉方二根,安慢栱与切几头(或鸳鸯交手)二件,安令栱与小栱头相列二件,安角昂一、角要头各一件,安角昂二一件。下昂一、二头上安交互枓四个,角昂一、二、角要头上安平盘枓三个,慢栱、鸳鸯交手、切几头、瓜子栱、小栱头上安散枓二十二个。第六铺作:安要头二件,安外罗汉方二根,安慢栱与切几头相列鸳鸯交手二件,安令栱二件,安瓜子栱与令栱相列二件,安内罗汉方二根,安平棊方二根,安由昂一件。要头上、瓜子栱与令栱相列之上安齐心枓三个,慢栱、鸳鸯交手、切几头、令栱、瓜子栱头上安散枓十四个,由昂上安平盘枓一个;枓上安宝瓶一件。第七铺作:安衬方头二件,安压槽方二根,安罗汉方二根,安橑檐方二根。

(五)八铺作重栱出双抄三下昂,里转六铺作重栱出三抄,并计心

[补间铺作]

第一铺作:安栌枓一个。第二铺作:安第一跳华栱一件,中十字相交泥道栱一件。华栱上两头安交互枓二个,泥道栱上两头安散枓二个。**第三铺作:**安第二跳华栱一件,中十字相交壁内慢栱一件,按慢栱中线里、外俱隔一跳各相交瓜子栱一件。华栱上两头安交互枓二个,慢栱、瓜子栱上两头安散枓六个。**第四铺作:**安第三跳华栱一件,安下昂一一件,中十字相交柱头方一根,按柱头方中线里、外俱隔一跳各相交慢栱一件,俱隔两跳各相交瓜子栱一件。华栱、下昂头上安交互枓二个,慢栱、瓜子栱上两头安散枓十个(其中二个用于垫柱头方)。**第五铺作:**安里耍头一件,安下昂二一件,中十字相交柱头方一根,按柱头方中线里、外俱隔一跳各相交罗汉方一根,俱隔两跳各相交慢栱一件,俱隔三跳外相交瓜子栱一件,里相交令栱一件。下昂头上安交互枓一个,耍头上安齐心枓一个,慢栱、瓜子栱、令栱上两头安散枓十个(其中二个用于垫柱头方)。**第六铺作:**安下昂三一件,中十字相交柱头方一根,按柱头方中线里、外俱隔两跳各相交罗汉方一根,俱隔三跳外相交慢栱一件,里相交平棊方一根,外隔四跳相交瓜子栱一件。下昂头上安交互枓一个,慢栱、瓜子栱上两头安散枓六个(其中二个用于垫柱头方)。**第七铺作:**安外耍头一件,中十字相交柱头方一根,按柱头方中线外隔三跳相交罗汉方一根,隔四跳相交慢栱一件,隔五跳相交令栱一件。耍头上安齐心枓一个,慢栱、令栱上两头安散枓四个。**第八铺作:**安衬方头一件,中十字相交压槽方一根,按压槽方中线外隔四跳相交罗汉方一根,隔五跳相交橑檐方一根(挑斡上件安装不含)。

[柱头铺作]

第一铺作:安栌枓一个。**第二铺作:**安第一跳华栱一件,中十字相交泥道栱一件。华栱上两头安交互枓二个,泥道栱上两头安散枓二个。**第三铺作:**安第二跳华栱一件,中十字相交壁内慢栱一件,按慢栱中线里、外俱隔一跳各相交瓜子栱一件。华栱上两头外安交互枓一个,里安交栿枓一个。慢栱、瓜子栱上两头安散枓六个。**第四铺作:**安乳栿(或橡栿)一件,安下昂一一件,中十字相交柱头方一根,按柱头方中线里、外俱隔一跳各相交慢栱一件,外隔两跳相交瓜子栱一件。下昂头上安交互枓一个,慢栱、瓜子栱上两头安散枓八个(其中二个用于垫柱头方)。**第五铺作:**安下昂二一件,中十字相交柱头方一根,按柱头方中线里、外俱隔一跳各相交罗汉方一根,外隔两跳相交慢栱一件,隔三跳相交瓜子栱一件。下昂头上安交互枓一个,慢栱、瓜子栱上两头安散枓六个(其中二个用于垫柱头方)。**第六铺作:**安下昂三一件,中十字相交柱头方一根,按柱头方中线里、外俱隔两跳各相交罗汉方一根,俱隔三跳外相交慢栱一件,里相交平棊方一根,外隔四跳相交瓜子栱一件。下昂头上安交互枓一个,慢栱、瓜子栱上两头安散枓六个(其中二个用于垫柱头方),栿背上安骑栿枓二个。**第七铺作:**安外耍头一件,中十字相交柱头方一根,按柱头方中线外隔三跳相交罗汉方一根,隔四跳相交慢栱一件,隔五跳相交令栱一件。耍头上安齐心枓一个,慢栱、令栱上两头安散枓四个。**第八铺作:**安衬方头一件,中十字相交压槽方一根,按压槽方中线外隔四跳相交罗汉方一根,隔五跳相交橑檐方一根(上部橡栿安装不含)。

[转角铺作]

第一铺作:安角栌枓一个。**第二铺作:**安华栱与泥道栱相列二件,安角华栱一件。华栱头上安交互枓二个,泥道栱头上安散枓二个,角华栱上两头安平盘枓二个。**第三铺作:**安第二跳华栱与慢栱相列二件,安外瓜子栱与小栱头相列二件,安里瓜子栱与小栱头相列二件,安第二跳角华栱一件。华栱头上安交互枓二个,角华栱上两头安平盘枓二个,慢栱、瓜子栱、小栱头上安散枓十个。**第四铺作:**安华头子与下柱头方相列二件,安慢栱与切几头相列二件,安瓜子栱与小栱头鸳鸯交手二件,安慢栱与切几头鸳鸯交手二件,安瓜子栱与小栱头相列二件,第三跳角华栱与华头子相列一件。角华栱头上安平盘枓一个,慢栱、切几头、瓜子栱、鸳鸯交手、小栱头上安散枓十八个。**第五铺作:**安下昂一与中下柱头方相列二件,安下昂二与中上柱头方相列二件,安外罗汉方二根,安慢栱与切几头鸳鸯交手二件,安瓜子栱二件,安瓜子栱与小栱头相列二件,安内罗汉方二根,安慢栱与切几头相列二件,安令栱与小栱头相列二件,安角昂一、角昂二、角耍头各一件。下昂一、二头上安交互枓四个,角昂一、角昂二、角耍头上安平盘枓三个,慢栱、鸳鸯交手、切几头、瓜子栱、小栱头上安散枓二十二个。**第六铺作:**安下昂三与上柱头方相列二件,安外罗汉方二根,安慢栱与切几头鸳鸯交手二件,安瓜子栱二件,安瓜子栱与小栱头相列二件,安内罗汉方二根,安内平棊方二根,安角昂三一件。下昂头上安交互枓二个,角昂头上安平盘枓一个,慢栱、鸳鸯交手、切几头、瓜子栱、小栱头上安散枓十四个。**第七铺作:**安耍头二件,安外罗汉方二根,安慢栱二件,安慢栱与切几头相列二件,安令栱二件,安瓜子栱与令栱相列二件,安由昂一件。耍头上、瓜子栱与令栱相列之上安齐心枓三个,慢栱、切几头、令栱、瓜子栱头上安散枓十六个,由昂上安平盘枓一个;枓上安宝瓶一件。**第八铺作:**安衬方头二件,安罗汉方二根,安橑檐方二根,安压槽方二根。

第三节 宋《营造法式》材、分°制

材 其名有三：一曰章，二曰材，三曰方桁。

凡构屋之制，皆以材为祖，材有八等，度屋之大小，因而用之。各以其材之广，分为 15 分°，以 10 分°为其厚。栔广 6 分°，厚 4 分°。材上加栔者，谓之足材。

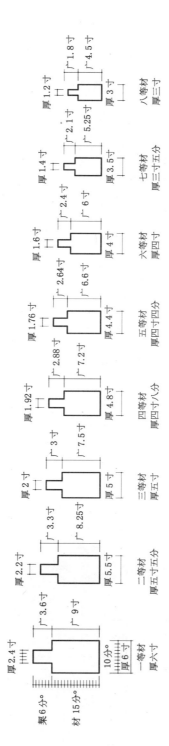

材尺寸换算表

单位：宋营造尺·寸

尺 公：毫米

用尺等级		一等材	二等材	三等材	四等材	五等材	六等材	七等材	八等材
宋尺	广	9	8.25	7.5	7.2	6.6	6	5.25	4.5
	厚	6	5.5	5	4.8	4.4	4	3.5	3
公尺	广	278	255	232	222	204	185	162	139
	厚	185	170	155	148	136	124	108	97

注：宋营造尺，折合公制为 309～329 毫米，本书取 309 毫米。

第四节 大枓、小枓图样一

造枓之制有四

一曰栌枓,二曰交互枓,三曰齐心枓,四曰散枓。

栌枓高20分°;上8分°为耳,中4分°为平,下8分°为欹。开口广10分°,深8分°。底四面各杀4分°。欹頔1分°。交互枓、齐心枓、散枓皆高10分°;上4分°为耳,中2分°为平,下4分°为欹。开口皆广10分°,深4分°。底四面各杀2分°,欹頔0.5分°。凡四耳枓于顺跳口内,前后里壁各留隔口包耳,高2分°,厚1.5分°。栌枓则倍之。角内栌枓,于出角栱口内留隔口包耳,其高随耳,抹角内荫入0.5分°。

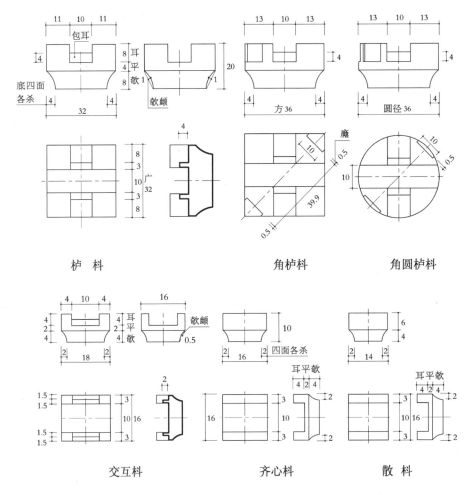

栌枓　　　　　　角栌枓　　　　　角圆栌枓

交互枓　　　　　齐心枓　　　　　散枓

注:所绘枓栱总图,引用梁思成先生著《营造法式注释》。

第五节 下昂、耍头图样二

下昂尖卷杀之制

自上一材,垂尖向下,从枓底心下取直,其长 23 分°;其昂身上彻屋内,自枓外斜杀向下,留厚 2 分°。昂面中䫜 2 分°,令䫜势圜和。

造耍头之制

用足材,自枓心出,长 25 分°。自上棱斜杀向下 6 分°,自头上量 5 分°,斜杀向下 2 分°,谓之鹊台。两面留心各斜抹 5 分°。下随尖各斜杀向上 2 分°,长 5 分°。下大棱上两面开龙牙口(龙牙口未见于实例,位置不详),广 0.5 分°,斜梢向尖(又谓之锥眼)。开口与华栱同,与令栱相交,安于齐心枓下。

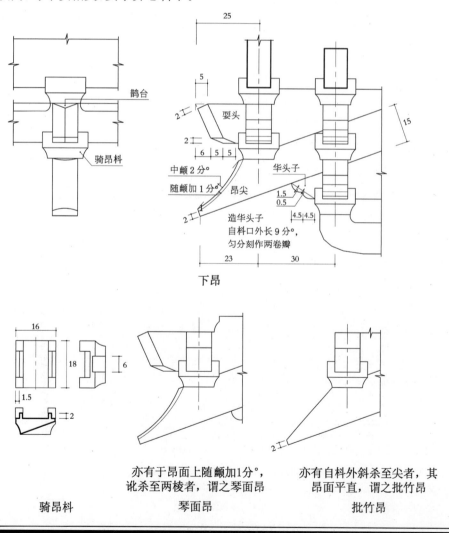

下昂

骑昂枓

亦有于昂面上随䫜加1分°,讹杀至两棱者,谓之琴面昂
琴面昂

亦有自枓外斜杀至尖者,其昂面平直,谓之批竹昂
批竹昂

第六节　卷杀、单栱图样三

造栱之制有五

一曰华栱，二曰泥道栱，三曰瓜子栱，四曰令栱，五曰慢栱。

凡栱之广厚并如材。栱头上留 6 分°，下杀 9 分°；其 9 分°匀为四（或五）大分。又从栱头顺身量为四（或五）瓣。各以逐瓣之首，自下而至上，与逐瓣之末，自内而至外，以真尺对斜画定，然后斫造。栱两头及中心，各留坐枓处，余并为栱眼，深 3 分°。如造足材栱，则更加一栔，隐出心枓及栱眼。

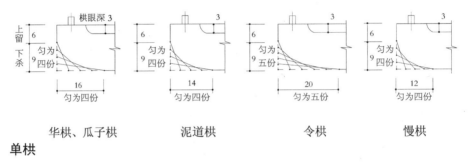

华栱、瓜子栱　　　泥道栱　　　令栱　　　慢栱

单栱

每跳令栱上只用素方；令栱、素方为两材。令栱上枓为一栔。令栱若用于屋内彻上明造，即挑斡，令栱上则用替木。素方如在泥道重栱上者谓之柱头方。在跳上者谓之罗汉方，或平棊方。

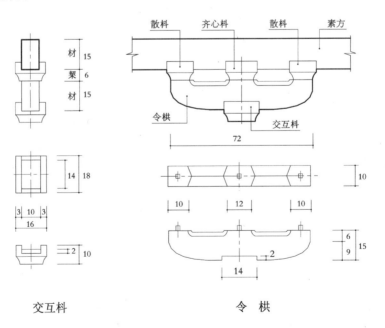

交互枓　　　　　　令　栱

第七节　重栱图样四

重栱

每跳瓜子栱上施慢栱。慢栱上用罗汉方或素方,谓之重栱。即每跳上安三材两栔。瓜子栱、慢栱、罗汉方或素方为三材,瓜子栱上枓、慢栱上枓为两栔。

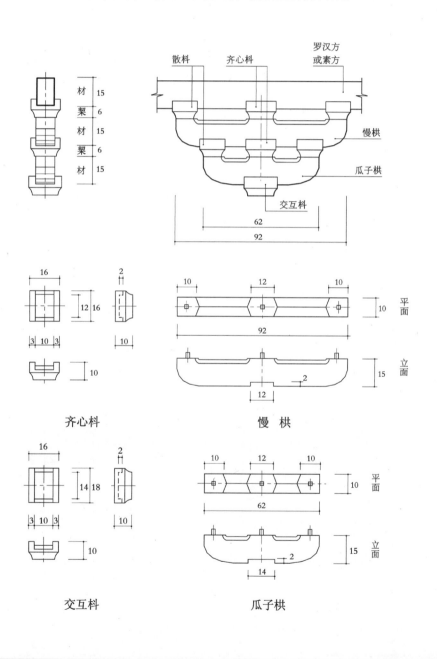

第八节 把头绞项造图样五

把头绞项造之制

大木作制度中未详,谨按大木作功限中所载补图。

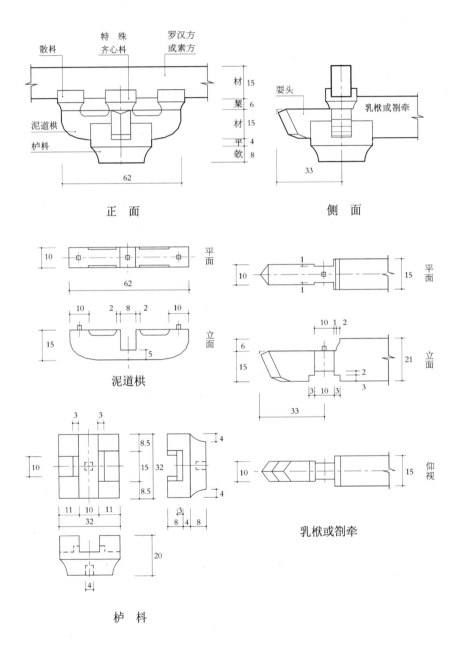

正　面　　　　　　　　　　　　　侧　面

泥道栱

栌　料

乳栿或劄牵

第九节　枓口跳图样六

枓口跳之制

大木作制度中未详，谨按大木作功限中所载补图。

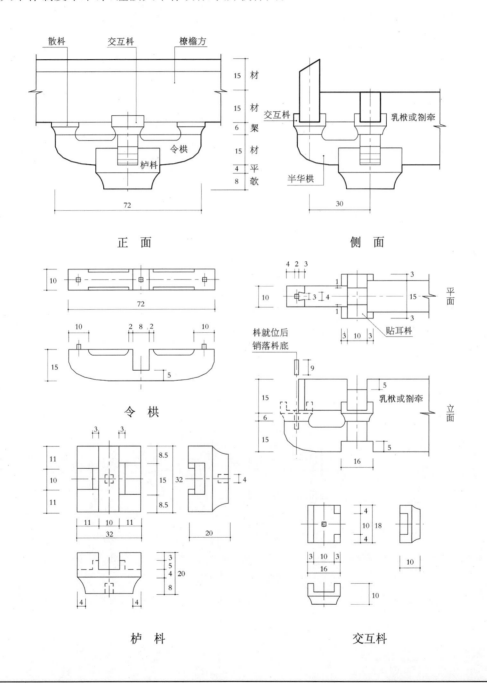

第十节 四铺作里外并一抄卷头,壁内用重栱图样七

造栱眼壁版之制

于材下额上,两栱眼相对处,凿池槽,随其曲直安版于池槽之内,其长广皆以枓栱材分°为法。重栱眼壁版,其广56分°,厚2.5分°。单栱眼壁版,其广35分°,厚同上。

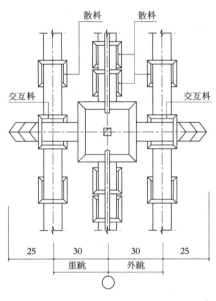

散枓　散枓

交互枓　交互枓

25	30	30	25
	里跳	外跳	

仰视平面

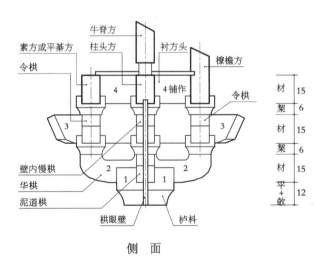

素方或平棊方　牛脊方
令栱　柱头方　衬方头
　　　　　橑檐方
　　　4　4铺作
　　　　　　令栱
3　　　　　　3

壁内慢栱　2　　　2
华栱
泥道栱

栱眼壁　栌枓

材	15
栔	6
材	15
栔	6
材	15
平+欹	12

侧　面

注:图中1—4编号均为铺作次序。

四铺作里外并一抄卷头,壁内用重栱图样七 分件图

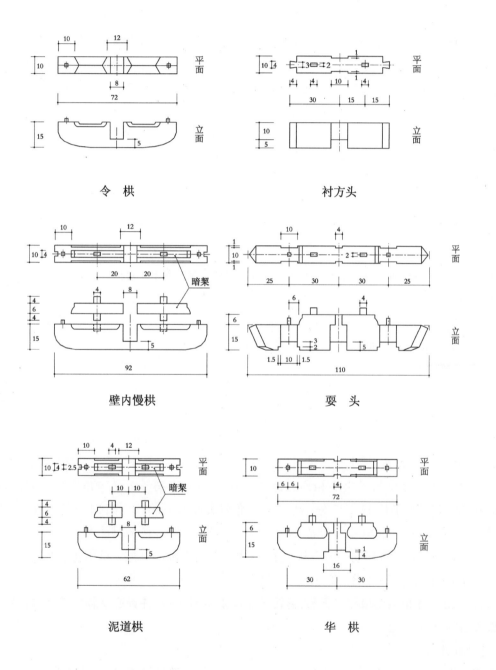

令　栱

衬方头

壁内慢栱

耍　头

泥道栱

华　栱

第十一节　铺作各项分件分°数

(一) 四铺作插昂补间铺作、柱头铺作、转角铺作各件材分°开后

[补间铺作]

第一铺作:栌枓一个,长 32 分°,高 20 分°,宽(广)32 分°。**第二铺作:**插昂连华栱一件,共长 89 分°;其插昂平长 58 分°,高 15 分°;华栱长 61 分°,高 21 分°,俱宽 10 分°。泥道栱一件,长 62 分°,高 15 分°,宽 10 分°;加栔长 42 分°,高 6 分°,宽 4 分°。**第三铺作:**耍头一件,长 110 分°,高 21 分°,宽 10 分°。慢栱一件,长 92 分°,高 15 分°,宽 10 分°;加栔长 72 分°,高 6 分°,宽 4 分°。令栱二件,长 72 分°,高 15 分°,宽 10 分°。**第四铺作:**衬方头一件,长 60 分°,高 15 分°,宽 10 分°。交互枓二个,长 18 分°,宽 16 分°;齐心枓二个,长 16 分°,宽 16 分°;散枓八个,长 14 分°,宽 16 分°。俱高 10 分°。

[柱头铺作]

第一铺作:栌枓一个,长 32 分°,高 20 分°,宽 32 分°。**第二铺作:**插昂连华栱一件,共长 89 分°;其插昂平长 58 分°,高 15 分°;华栱长 61 分°,高 21 分°,俱宽 10 分°。泥道栱一件,长 62 分°,高 15 分°,宽 10 分°;加栔长 42 分°,高 6 分°,宽 4 分°。**第三铺作:**慢栱一件,长 92 分°,高 15 分°,宽 10 分°;加栔长 72 分°,高 6 分°,宽 4 分°。令栱二件,长 72 分°,高 15 分°,宽 10 分°。**第四铺作:**衬方头一件,长 55.1 分°,高 15 分°,宽 10 分°。交互枓二个,长 18 分°,宽 16 分°;齐心枓一个,长 16 分°,宽 16 分°;散枓八个,长 14 分°,宽 16 分°。俱高 10 分°。

[转角铺作]

第一铺作:角栌枓一个,长 36 分°,高 20 分°,宽 36 分°。**第二铺作:**插昂与泥道栱相列二件,共长 84 分°;其插昂平长 58 分°,高 15 分°;泥道栱长 56 分°,高 21 分°。俱宽 10 分°。角昂与角华栱相列一件,共长 123.34 分°;其角昂平长 82.02 分°,高 15 分°;角华栱长 84.77 分°,高 21 分°。俱宽 10 分°。**第三铺作:**耍头与慢栱相列二件,长 101 分°,高 21 分°;瓜子栱与令栱相列二件,长 97 分°,高 15 分°;令栱与小栱头相列二件,长 56 分°,高 15 分°;由昂与角耍头相列一件,共长 194.76 分°;其由昂平长 115.22 分°,高 15 分°;角耍头长 131.94 分°,高 21 分°。俱宽 10 分°。**第四铺作:**八角柱一根,高 51 分°,俱宽 24.14 分°。平盘枓四个,长 16 分°,宽 16 分°,高 6 分°。交互枓二个,长 18 分°,宽 16 分°;齐心枓三个(其中一个用于瓜子栱与令栱相列之上),长 16 分°,宽 16 分°;散枓十二个,长 14 分°,宽 16 分°。俱高 10 分°。

(二) 五铺作重栱出单抄单下昂,里转五铺作重栱出两抄,并计心。补间铺作、柱头铺作、转角铺作各件材分°开后

[补间铺作]

第一铺作:栌枓一个,长 32 分°,高 20 分°,宽 32 分°。**第二铺作:**第一跳华栱一件,长 72 分°,高 21 分°,宽 10 分°。泥道栱一件,长 62 分°,高 15 分°,宽 10 分°;加栔长 42 分°,高 6 分°,宽 4

分°。**第三铺作:**第二跳华栱一件,长 113 分°,高 21 分°,宽 10 分°。下昂一件,平长 143 分°,高 15 分°,宽 10 分°。壁内慢栱一件,长 92 分°,高 15 分°,宽 10 分°;加契长 72 分°,高 6 分°,宽 4 分°。瓜子栱二件,长 62 分°,高 15 分°,宽 10 分°。**第四铺作:**里、外要头各一件,外长 93.4 分°,里长 90.5 分°,高 21 分°;慢栱二件,长 92 分°,高 15 分°;令栱二件,长 72 分°,高 15 分°。俱宽 10 分°。

第五铺作:衬方头一件,长 109.7 分°,高 15 分°,宽 10 分°。交互枓四个,长 18 分°,宽 16 分°;齐心枓二个,长 16 分°,宽 16 分°;散枓十六个,长 14 分°,宽 16 分°。俱高 10 分°。

[柱头铺作]

第一铺作:栌枓一个,长 32 分°,高 20 分°,宽 32 分°。**第二铺作:**华栱一件,长 72 分°,高 21 分°,宽 10 分°。泥道栱一件,长 62 分°,高 15 分°,宽 10 分°;加契长 42 分°,高 6 分°,宽 4 分°。**第三铺作:**下昂一件,平长 143 分°,高 15 分°,宽 10 分°。壁内慢栱一件,长 92 分°,高 15 分°,宽 10 分°;加契长 72 分°,高 6 分°,宽 4 分°。瓜子栱一件,长 62 分°,高 15 分°,宽 10 分°。**第四铺作:**要头一件,长 93.4 分°,高 21 分°;慢栱一件,长 92 分°,高 15 分°;令栱一件,长 72 分°,高 15 分°。俱宽 10 分°。**第五铺作:**衬方头一件,长 109.7 分°,高 15 分°,宽 10 分°。骑栿枓二个,长 34 分°,宽 18 分°,高 12.5 分°。交互枓三个,长 18 分°,宽 16 分°;齐心枓一个,长 16 分°,宽 16 分°;散枓十个,长 14 分°,宽 16 分°。俱高 10 分°。

[转角铺作]

第一铺作:角栌枓一个,长 36 分°,高 20 分°,宽 36 分°。**第二铺作:**华栱与泥道栱相列二件,长 67 分°,高 21 分°,宽 10 分°。角华栱一件,长 96.84 分°,高 21 分°,宽 10 分°。**第三铺作:**慢栱与华头子相列二件,长 93 分°,高 21 分°;外瓜子栱与小栱头相列二件,长 81 分°,高 15 分°;里瓜子栱与小栱头相列二件,长 51 分°,高 15 分°;第二跳角华栱一件,长 157.26 分°,高 21 分°。俱宽 10 分°。**第四铺作:**下昂与下柱头方相列二件,昂平长 134.9 分°,高 15 分°;要头二件,长 85 分°,高 21 分°;外慢栱与切几头相列二件,长 106 分°,高 15 分°;瓜子栱与令栱相列二件,长 127 分°,高 15 分°;里慢栱与切几头相列二件,长 71 分°,高 15 分°;令栱与小栱头相列二件,长 56 分°,高 15 分°;角昂连角要头一件:角昂平长 252.2 分°,高 21 分°;角要头长 111.8 分°,高 21 分°。俱宽 10 分°。**第五铺作:**衬方头与上柱头方相列二件,衬方头长 90 分°,高 15 分°;由昂一件,平长 195.1 分°,高 16 分°。俱宽 10 分°。交互枓四个,长 18 分°,宽 16 分°;齐心枓三个(其中一个用于瓜子栱与令栱相列之上),长 16 分°,宽 16 分°;散枓二十八个,长 14 分°,宽 16 分°。俱高 10 分°。平盘枓六个,长 16 分°,宽 16 分°,高 6 分°。

(三)六铺作重栱出单抄双下昂,里转五铺作重栱出两抄,并计心。补间铺作、柱头铺作、转角铺作各件材分°开后

[补间铺作]

第一铺作:栌枓一个,长 32 分°,高 20 分°,宽 32 分°。**第二铺作:**第一跳华栱一件,长 72 分°,高 21 分°,宽 10 分°。泥道栱一件,长 62 分°,高 15 分°,宽 10 分°;加契长 42 分°,高 6 分°,宽 4 分°。**第三铺作:**第二跳华栱一件,长 113 分°,高 21 分°,宽 21 分°。下昂一一件,平长 176 分°,高 15 分°,宽 10 分°;加契平长 145 分°,高 6 分°,宽 8 分°。壁内慢栱一件,长 92 分°,高 15 分°,宽 10

分°；加栔长 72 分°，高 6 分°，宽 4 分°。瓜子栱二件，长 62 分°，高 15 分°，宽 10 分°。**第四铺作**：里要头一件，长 90.5 分°，高 21 分°；下昂二一件，长 244 分°±，高 15 分°；慢栱二件，长 92 分°，高 15 分°；瓜子栱一件，长 62 分°，高 15 分°；令栱一件，长 72 分°，高 15 分°。俱宽 10 分°。**第五铺作**：外要头一件，长 119.7 分°，高 21 分°，宽 10 分°；加栔长 94.7 分°，高 10 分°，宽 8 分°。慢栱一件，长 92 分°，高 15 分°，宽 10 分°。令栱一件，长 72 分°，高 15 分°，宽 10 分°。**第六铺作**：衬方头一件，长 135.8 分°，高 15 分°，宽 10 分°。挑斡令栱一件，长 72 分°，高 15 分°；替木一根，长 104 分°，高 12 分°。俱宽 10 分°。交互枓五个，长 18 分°，宽 16 分°；齐心枓三个，长 16 分°，宽 16 分°；散枓二十四个（其中二个用于垫柱头方），长 14 分°，宽 16 分°。俱高 10 分°。

[柱头铺作]

第一铺作：栌枓一个，长 32 分°，高 20 分°，宽 32 分°。**第二铺作**：华栱一件，长 72 分°，高 21 分°，宽 10 分°。泥道栱一件，长 62 分°，高 15 分°，宽 10 分°；加栔长 42 分°，高 6 分°，宽 4 分°。**第三铺作**：下昂一一件，平长 236.4 分°，高 15 分°，宽 10 分°；加栔平长 158.9 分°，高 6 分°，宽 8 分°。壁内慢栱一件，长 92 分°，高 15 分°，宽 10 分°；加栔长 72 分°，高 6 分°，宽 4 分°。瓜子栱一件，长 62 分°，高 15 分°，宽 10 分°。**第四铺作**：下昂二一件，平长 207.5 分°，高 15 分°；慢栱二件，长 92 分°，高 15 分°；瓜子栱一件，长 62 分°，高 15 分°。俱宽 10 分°。**第五铺作**：要头一件，长 93.8 分°，高 21 分°，宽 10 分°；加栔长 96 分°，高 10 分°，宽 8 分°。慢栱一件，长 92 分°，高 15 分°，宽 10 分°。令栱一件，长 72 分°，高 15 分°，宽 10 分°。**第六铺作**：衬方头一件，长 136.8 分°，高 15 分°，宽 10 分°。骑栿枓二个，长 34 分°，宽 18 分°，高 12.5 分°。交互枓四个，长 18 分°，宽 16 分°；齐心枓一个，长 16 分°，宽 16 分°；散枓十六个（其中两个用于垫柱头方），长 14 分°，宽 16 分°。俱高 10 分°。

[转角铺作]

第一铺作：角栌枓一个，长 36 分°，高 20 分°，宽 36 分°。**第二铺作**：华栱与泥道栱相列二件，长 67 分°，高 21 分°，宽 10 分°。角华栱一件，长 96.84 分°，高 21 分°，宽 10 分°。**第三铺作**：慢栱与华头子相列二件，长 93 分°，高 21 分°；外瓜子栱与小栱头相列二件，长 81 分°，高 15 分°；里瓜子栱与小栱头相列二件，长 51 分°，高 15 分°；第二跳角华栱一件，长 157.26 分°，高 21 分°。俱宽 10 分°。**第四铺作**：下昂一与下柱头方相列二件，昂平长 135.3 分°，高 21 分°；外慢栱与切几头相列二件，长 101 分°，高 15 分°；外瓜子栱与小栱头相列二件，长 111 分°，高 15 分°；里慢栱与切几头相列或鸳鸯交手二件，长 71 分°，高 15 分°；令栱与小栱头相列或鸳鸯交手二件，长 56 分°，高 15 分°；角昂一连角要头一件：角昂平长 290 分°，角要头长 111.8 分°。俱高 21 分°，宽 10 分°。**第五铺作**：下昂二与上柱头方相列二件，昂平长 161 分°，高 15 分°；要头二件，长 93.1 分°，高 21 分°；慢栱与切几头相列二件，长 131 分°，高 15 分°；令栱二件，长 72 分°，高 15 分°；令栱与瓜子栱相列二件，长 67 分°，高 15 分°；角昂二一件，平长 263 分°，高 21 分°。俱宽 10 分°。**第六铺作**：衬方头二件，长 90 分°，高 24.5 分°，宽 10 分°。由昂一件，平长 227.4 分°，高 17 分°，宽 10 分°。平盘枓七个，长 16 分°，宽 16 分°，高 6 分°。交互枓六个，长 18 分°，宽 16 分°；齐心枓三个（其中一个用于令栱与瓜子栱相列之上），长 16 分°，宽 16 分°；散枓四十二个，长 14 分°，宽 16 分°。俱高

10 分°。

（四）七铺作重栱出双抄双下昂，里转六铺作重栱出三抄，并计心。补间铺作、柱头铺作、转角铺作各件材分°开后

[补间铺作]

第一铺作：栌枓一个，长 32 分°，高 20 分°，宽 32 分°。第二铺作：第一跳华栱一件，长 70 分°，高 21 分°，宽 10 分°。泥道栱一件，长 62 分°，高 15 分°，宽 10 分°；加栔长 42 分°，高 6 分°，宽 4 分°。第三铺作：第二跳华栱一件，长 122 分°，高 21 分°，宽 10 分°。壁内慢栱一件，长 92 分°，高 15 分°，宽 10 分°；加栔长 72 分°，高 6 分°，宽 4 分°。瓜子栱二件，长 62 分°，高 15 分°，宽 10 分°。第四铺作：第三跳华栱一件，长 159 分°，高 21 分°，宽 10 分°。下昂一一件，平长 190 分°，高 15 分°，宽 10 分°；加栔平长 159 分°，高 6 分°，宽 8 分°。慢栱二件，长 92 分°，高 15 分°；瓜子栱二件，长 62 分°，高 15 分°。俱宽 10 分°。第五铺作：里耍头一件，长 125 分°，高 21 分°；下昂二一件，平长 266.8 分°±，高 15 分°；慢栱二件，长 92 分°，高 15 分°；瓜子栱一件，长 62 分°，高 15 分°；令栱一件，长 72 分°，高 15 分°。俱宽 10 分°。第六铺作：外耍头一件，长 103.7 分°，高 21 分°，宽 10 分°；加栔长 100.6 分°，高 6.9 分°，宽 8 分°。慢栱一件，长 92 分°，高 15 分°，宽 10 分°。令栱一件，长 72 分°，高 15 分°，宽 10 分。第七铺作：衬方头一件，长 148.2 分°，高 15 分°，宽 10 分°。交互枓七个，长 18 分°，宽 16 分°；齐心枓二个，长 16 分°，宽 16 分°；散枓三十二个（其中四个用于垫柱头方），长 14 分°，宽 16 分°。俱高 10 分°。

[柱头铺作]

第一铺作：栌枓一个，长 32 分°，高 20 分°，宽 32 分°。第二铺作：第一跳华栱一件，长 70 分°，高 21 分°，宽 10 分°。泥道栱一件，长 62 分°，高 15 分°，宽 10 分°；加栔长 42 分°，高 6 分°，宽 4 分°。第三铺作：第二跳华栱一件，长 122 分°，高 21 分°，宽 10 分°。壁内慢栱一件，长 92 分°，高 15 分°，宽 10 分°；加栔长 72 分°，高 6 分°，宽 4 分°。瓜子栱二件，长 62 分°，高 15 分°，宽 10 分°。第四铺作：下昂一一件，平长 190 分°，高 15 分°，宽 10 分°；加栔平长 159 分°，高 6 分°，宽 8 分°。慢栱二件，长 92 分°，高 15 分°；瓜子栱一件，长 62 分°，高 15 分°。俱宽 10 分°。第五铺作：下昂二一件，平长 221 分°，高 15 分°；慢栱一件，长 92 分°，高 15 分°；瓜子栱一件，长 62 分°，高 15 分°。俱宽 10 分°。第六铺作：耍头一件，长 106.8 分°，高 21 分°，宽 10 分°；加栔长 100.8 分°，高 6 分°，宽 8 分°。慢栱一件，长 92 分°，高 15 分°；令栱一件，长 72 分°，高 15 分°。俱宽 10 分°。第七铺作：衬方头一件，长 148 分°，高 15 分°，宽 10 分°。骑栿枓二个，长 34 分°，宽 18 分°，高 12.5 分°。交互枓六个，长 18 分°，宽 16 分°；齐心枓一个，长 16 分°，宽 16 分°；散枓二十六个（其中四个用于垫柱头方），长 14 分°，宽 16 分°。俱高 10 分°。

[转角铺作]

第一铺作：角栌枓一个，长 36 分°，高 20 分°，宽 36 分°。第二铺作：华栱与泥道栱相列二件，长 67 分°，高 21 分°，宽 10 分°。角华栱一件，长 94.01 分°，高 21 分°，宽 10 分°。第三铺作：第二跳华栱与慢栱相列二件，长 108 分°，高 21 分°；外瓜子栱与小栱头相列二件，长 77 分°，高 15 分°；里瓜子栱与小栱头相列二件，长 49 分°，高 15 分°；第二跳角华栱一件，长 167.53 分°，高 21 分°。

俱宽 10 分°。第四铺作:华头子与下柱头方相列二件,前长 73 分°,后长至补间铺作或柱头铺作,高 21 分°;慢栱与切几头相列二件,长 97 分°,高 15 分°;瓜子栱与小栱头鸳鸯交手二件,长 103 分°,高 15 分°;里慢栱与切几头相列或鸳鸯交手二件,长 69 分°,高 15 分°;瓜子栱与小栱头相列二件,长 47 分°,高 15 分°;角华头子与第三跳角华栱相列一件,长 222.29 分°,高 21 分°。俱宽 10 分°。第五铺作:下昂一与中柱头方相列二件,昂平长 151 分°,高 21 分°;下昂二与上柱头方相列二件,昂平长 173.7 分°,高 15 分°;慢栱与切几头鸳鸯交手二件,长 123 分°,高 15 分°;瓜子栱二件,长 62 分°,高 15 分°;外瓜子栱与小栱头相列二件,长 47 分°,高 15 分°;慢栱与切几头或鸳鸯交手二件,长 67 分°,高 15 分°;令栱与小栱头相列二件,长 52 分°,高 15 分°;角昂一连角耍头一件:角昂平长 361.5 分°,高 21 分°;角耍头长 140.1 分°,高 21 分°;角昂二一件,平长 297.9 分°,高 21 分°。俱宽 10 分°。第六铺作:耍头二件,长 105.3 分°,高 21 分°;慢栱与切几头相列鸳鸯交手二件,长 149 分°,高 15 分°;令栱二件,长 72 分°,高 15 分°;瓜子栱与令栱相列二件,长 67 分°,高 15 分°;由昂一件,平长 237.6 分°,高 18 分°。俱宽 10 分°。第七铺作:衬方头二件,长 108 分°,高 22.2 分°,宽 10 分°。平盘枓九个,长 16 分°,宽 16 分°,高 6 分°。交互枓八个,长 18 分°,宽 16 分°;齐心枓三个(其中一个用于瓜子栱与令栱相列之上),长 16 分°,宽 16 分°;散枓六十四个,长 14 分°,宽 16 分°。俱高 10 分°。

(五) 八铺作重栱出双抄三下昂,里转六铺作重栱出三抄,并计心。补间铺作、柱头铺作、转角铺作各件材分°开后

[补间铺作]

第一铺作:栌枓一个,长 32 分°,高 20 分°,宽 32 分°。第二铺作:第一跳华栱一件,长 70 分°,高 21 分°,宽 10 分°。泥道栱一件,长 62 分°,高 15 分°,宽 10 分°;加栔长 42 分°,高 6 分°,宽 4 分°。第三铺作:第二跳华栱一件,长 122 分°,高 21 分°,宽 10 分°。壁内慢栱一件,长 92 分°,高 15 分°,宽 10 分°;加栔长 72 分°,高 6 分°,宽 4 分°。瓜子栱二件,长 62 分°,高 15 分°,宽 10 分°。第四铺作:第三跳华栱一件,长 159 分°,高 21 分°,宽 10 分°。下昂一一件,平长 190 分°,高 15 分°,宽 10 分°;加栔平长 159 分°,高 6 分°,宽 8 分°。慢栱二件,长 92 分°,高 15 分°;瓜子栱二件,长 62 分°,高 15 分°。俱宽 10 分°。第五铺作:里耍头一件,长 125 分°,高 21 分°,宽 10 分°。下昂二一件,平长 308 分°,高 15 分°,宽 10 分°;加栔平长 275 分°,高 6 分°,宽 8 分°。慢栱二件,长 92 分°,高 15 分°;瓜子栱一件,长 62 分°,高 15 分°;令栱一件,长 72 分°,高 15 分°。俱宽 10 分°。第六铺作:下昂三一件,平长 332 分°,高 15 分°;慢栱一件,长 92 分°,高 15 分°;瓜子栱一件,长 62 分°,高 15 分°。俱宽 10 分°。第七铺作:外耍头一件,长 106.8 分°,高 21 分°,宽 10 分°;加栔长 100.6 分°,高 6.9 分°,宽 8 分°。慢栱一件,长 92 分°,高 15 分°;令栱一件,长 72 分°,高 15 分°。俱宽 10 分°。第八铺作:衬方头一件,长 148.2 分°,高 15 分°,宽 10 分°。交互枓八个,长 18 分°,宽 16 分°;齐心枓二个,长 16 分°,宽 16 分°;散枓三十八个(其中六个用于垫柱头方),长 14 分°,宽 16 分°。俱高 10 分°。

[柱头铺作]

第一铺作:栌枓一个,长 32 分°,高 20 分°,宽 32 分°。第二铺作:第一跳华栱一件,长 70 分°,

高 21 分°，宽 10 分°。泥道栱一件，长 62 分°，高 15 分°，宽 10 分°；加栔长 42 分°，高 6 分°，宽 4 分°。**第三铺作：**第二跳华栱一件，长 122 分°，高 21 分°，宽 10 分°。壁内慢栱一件，长 92 分°，高 15 分°，宽 10 分°；加栔长 72 分°，高 6 分°，宽 4 分°。瓜子栱二件，长 62 分°，高 15 分°，宽 10 分°。

第四铺作：下昂一一件，平长 310.2 分°，高 15 分°，宽 10 分°；加栔平长 229.4 分°，高 6 分°，宽 8 分°。慢栱二件，长 92 分°，高 15 分°；瓜子栱一件，长 62 分°，高 15 分°。俱宽 10 分°。**第五铺作：**下昂二一件，平长 266 分°，高 15 分°，宽 10 分°；加栔平长 185.2 分°，高 6 分°，宽 8 分°。慢栱一件，长 92 分°，高 15 分°；瓜子栱一件，长 62 分°，高 15 分°。俱宽 10 分°。**第六铺作：**下昂三一件，平长 221°分°，高 15 分°；慢栱一件，长 92 分°，高 15 分°；瓜子栱一件，长 62 分°，高 15 分°。俱宽 10 分°。**第七铺作：**耍头一件，长 103.3 分°，高 21 分°，宽 10 分°；加栔平长 100.6 分°，高 6.9 分°，宽 8 分°。慢栱一件，长 92 分°，高 15 分°；令栱一件，长 72 分°，高 15 分°。俱宽 10 分°。**第八铺作：**衬方头一件，长 148.2 分°，高 15 分°，宽 10 分°。骑栿枓二个，长 34 分°，宽 18 分°，高 12.5 分°。交互枓七个，长 18 分°，宽 16 分°；齐心枓一个，长 16 分°，宽 16 分°；散枓三十二个（其中六个用于垫柱头方），长 14 分°，宽 16 分°。俱高 10 分°。

[转角铺作]

第一铺作：角栌枓一个，长 36 分°，高 20 分°，宽 36 分°。**第二铺作：**华栱与泥道栱相列二件，长 67 分°，高 21 分°，宽 10 分°。角华栱一件，长 94.01 分°，高 21 分°，宽 10 分°。**第三铺作：**第二跳华栱与慢栱相列二件，长 108 分°，高 21 分°；外瓜子栱与小栱头相列二件，长 77 分°，高 15 分°；里瓜子栱与小栱头相列二件，长 49 分°，高 15 分°；第二跳角华栱一件，长 167.53 分°，高 21 分°。俱宽 10 分°。**第四铺作：**华头子与下柱头方相列二件，前长 73 分°，后长至补间铺作或柱头铺作，高 21 分°；慢栱与切几头相列二件，长 97 分°，高 15 分°；瓜子栱与小栱头鸳鸯交手二件，长 103 分°，高 15 分°；慢栱与切几头或鸳鸯交手二件，长 69 分°，高 15 分°；瓜子栱与小栱头相列二件，长 47 分°，高 15 分°；第三跳角华栱与华头子相列一件，长 222.29 分°，高 21 分°。俱宽 10 分°。**第五铺作：**下昂一与中柱头方相列二件，昂平长 151 分°，高 21 分°；下昂二与中上柱头方相列二件，昂平长 173.7 分°，高 21 分°；慢栱与切几头鸳鸯交手二件，长 123 分°，高 15 分°；瓜子栱二件，长 62 分°，高 15 分°；瓜子栱与小栱头相列二件，长 47 分°，高 15 分°；慢栱与切几头相列二件，长 67 分°，高 15 分°；令栱与小栱头相列二件，长 52 分°，高 15 分°；角昂一连角耍头一件，角昂平长 411.6 分°，高 21 分°；角耍头长 140.1 分°，高 21 分°；角昂二一件，平长 372.8 分°，高 21 分°。俱宽 10 分°。**第六铺作：**下昂三与上柱头方相列二件，昂平长 196.5 分°，高 15 分°；慢栱与切几头鸳鸯交手二件，长 149 分°，高 15 分°；瓜子栱二件，长 62 分°，高 15 分°；瓜子栱与小栱头相列二件，长 47 分°，高 15 分°；角昂三一件，平长 315.7 分°，高 21 分°。俱宽 10 分°。**第七铺作：**耍头二件，长 103.9 分°，高 21 分°；慢栱二件，长 92 分°，高 15 分°；慢栱与切几头相列二件，长 67 分°，高 15 分°；令栱二件，长 72 分°，高 15 分°；瓜子栱与令栱相列二件，长 67 分°，高 15 分°；由昂一件，平长 256.91 分°，高 20 分°。俱宽 10 分°。**第八铺作：**衬方头二件，长 124 分°，高 22.2 分°，宽 10 分°。平盘枓十个，长 16 分°，宽 16 分°，高 6 分°。交互枓十个，长 18 分°，宽 16 分°；齐心枓三件（其中一个用于瓜子栱与令栱相列之上），长 16 分°，宽 16 分°；散枓八十二个，长 14 分°，宽 16 分°。俱高 10 分°。

第十二节 四铺作插昂

一、四铺作插昂一至八等材各件尺寸

（一）四铺作插昂。补间铺作、柱头铺作、转角铺作一等材（六分）各件尺寸开后

[补间铺作]

第一铺作：栌枓一个，长一尺九寸二分，高一尺二寸，宽（广）一尺九寸二分。第二铺作：插昂连华栱一件，共长五尺三寸四分；其华栱长三尺六寸六分，高一尺二寸六分；插昂平长三尺四寸八分，高九寸。俱宽六寸。泥道栱一件，长三尺七寸二分，高九寸，宽六寸；加栔长二尺五寸二分，高三寸六分，宽二寸四分。第三铺作：耍头一件，长六尺六寸，高一尺二寸六分，宽六寸。慢栱一件，长五尺五寸二分，高九寸，宽六寸；加栔长四尺三寸二分，高三寸六分，宽二寸四分。令栱二件，长四尺三寸二分，高九寸，宽六寸。第四铺作：衬方头一件，长三尺六寸，高九寸，宽六寸。交互枓二个，长一尺八分，宽九寸六分；齐心枓二个，长九寸六分，宽九寸六分；散枓八个，长八寸四分，宽九寸六分。俱高六寸。

[柱头铺作]

第一铺作：栌枓一个，长一尺九寸二分，高一尺二寸，宽一尺九寸二分。第二铺作：插昂连华栱一件，共长五尺三寸四分；其华栱长三尺六寸六分，高一尺二寸六分；插昂平长三尺四寸八分，高九寸。俱宽六寸。泥道栱一件，长三尺七寸二分，高九寸，宽六寸；加栔长二尺五寸二分，高三寸六分，宽二寸四分。第三铺作：慢栱一件，长五尺五寸二分，高九寸，宽六寸；加栔长四尺三寸二分，高三寸六分，宽二寸四分。令栱二件，长四尺三寸二分，高九寸，宽六寸。第四铺作：衬方头一件，长三尺三寸六厘，高九寸，宽六寸。交互枓二个，长一尺八分，宽九寸六分；齐心枓一个，长九寸六分，宽九寸六分；散枓八个，长八寸四分，宽九寸六分。俱高六寸。

[转角铺作]

第一铺作：角栌枓一个，长二尺一寸六分，高一尺二寸，宽二尺一寸六分。第二铺作：插昂与泥道栱相列二件，共长五尺四分；其泥道栱长三尺三寸六分，高一尺二寸六分；插昂平长三尺四寸八分，高九寸。俱宽六寸。角昂与角华栱相列一件，共长七尺四寸四毫；其角华栱长五尺八分六厘二毫，高一尺二寸六分；角昂平长四尺九寸二分一厘二毫，高九寸。俱宽六寸。第三铺作：耍头与慢栱相列二件，长六尺六分，高一尺二寸六分；瓜子栱与令栱相列二件，长五尺八寸二分，高九寸；令栱与小栱头相列二件，长三尺三寸六分，高九寸；由昂与角耍头相列一件，共长一十一尺六寸八分五厘六毫；其由昂平长六尺九寸一分三厘二毫，高九寸；角耍头长七尺九寸一分六厘四毫，高一尺二寸六分。俱宽六寸。第四铺作：八角柱一根，高三尺六寸，俱宽一尺四寸四分八厘四毫。平盘枓四个，长九寸六分，宽九寸六分，高三寸六分。交互枓二个，长一尺八分，宽九寸六分；齐心枓三个（其中一个用于瓜子栱与令栱相列之上），长九寸六分，宽九寸六分；散枓十二

个，长八寸四分，宽九寸六分。俱高六寸。

（二）四铺作插昂。补间铺作、柱头铺作、转角铺作二等材（五分五厘）各件尺寸开后

[补间铺作]

第一铺作：栌枓一个，长一尺七寸六分，高一尺一寸，宽（广）一尺七寸六分。第二铺作：插昂连华栱一件，共长四尺八寸九分五厘；其华栱长三尺三寸五分五厘，高一尺一寸五分五厘；插昂平长三尺一寸九分，高八寸二分五厘。俱宽五寸五分。泥道栱一件，长三尺四寸一分，高八寸二分五厘，宽五寸五分；加栔长二尺三寸一分，高三寸三分，宽二寸二分。第三铺作：耍头一件，长六尺五分，高一尺一寸五分五厘，宽五寸五分。慢栱一件，长五尺六分，高八寸二分五厘，宽五寸五分；加栔长三尺九寸六分，高三寸三分，宽二寸二分。令栱二件，长三尺九寸六分，高八寸二分五厘，宽五寸五分。第四铺作：衬方头一件，长三尺三寸，高八寸二分五厘，宽五寸五分。交互枓二个，长九寸九分，宽八寸八分；齐心枓二个，长八寸八分，宽八寸八分；散枓八个，长七寸七分，宽八寸八分。俱高五寸五分。

[柱头铺作]

第一铺作：栌枓一个，长一尺七寸六分，高一尺一寸，宽一尺七寸六分。第二铺作：插昂连华栱一件，共长四尺八寸九分五厘；其华栱长三尺三寸五分五厘，高一尺一寸五分五厘；插昂平长三尺一寸九分，高八寸二分五厘。俱宽五寸五分。泥道栱一件，长三尺四寸一分，高八寸二分五厘，宽五寸五分；加栔长二尺三寸一分，高三寸三分，宽二寸二分。第三铺作：慢栱一件，长五尺六分，高八寸二分五厘，宽五寸五分；加栔长三尺九寸六分，高三寸三分，宽二寸二分。令栱二件，长三尺九寸六分，高八寸二分五厘，宽五寸五分。第四铺作：衬方头一件，长三尺三分五毫，高八寸二分五厘，宽五寸五分。交互枓二个，长九寸九分，宽八寸八分；齐心枓一个，长八寸八分，宽八寸八分；散枓八个，长七寸七分，宽八寸八分。俱高五寸五分。

[转角铺作]

第一铺作：角栌枓一个，长一尺九寸八分，高一尺一寸一分，宽一尺九寸八分。第二铺作：插昂与泥道栱相列二件，共长四尺六寸二分；其泥道栱长三尺八分，高一尺一寸五分五厘；插昂平长三尺一寸九分，高八寸二分五厘。俱宽五寸五分。角昂与角华栱相列一件，共长六尺七寸八分三厘七毫；其角华栱长四尺六寸六分二厘四毫，高一尺一寸五分五厘；角昂平长四尺五寸一分一厘一毫，高八寸二分五厘。俱宽五寸五分。第三铺作：耍头与慢栱相列二件，长五尺五寸五分五厘，高一尺一寸五分五厘；瓜子栱与令栱相列二件，长五尺三寸三分五厘，高八寸二分五厘；令栱与小栱头相列二件，长三尺八分，高八寸二分五厘；由昂与角耍头相列一件，共长十尺七寸三厘；其由昂平长六尺三寸三分七厘一毫，高八寸二分五厘；角耍头长七尺二寸五分六厘七毫，高一尺一寸五分五厘。俱宽五寸五分。第四铺作：八角柱一根，高二尺八寸五厘，俱宽一尺三寸二分七厘七毫。平盘枓四个，长八寸八分，宽八寸八分，高三寸三分。交互枓二个，长九寸九分，宽八寸八分；齐心枓三个（其中一个用于瓜子栱与令栱相列之上），长八寸八分，宽八寸八分；散枓十二个，长七寸七分，宽八寸八分。俱高五寸五分。

(三) 四铺作插昂。补间铺作、柱头铺作、转角铺作三等材(五分)各件尺寸开后

[补间铺作]

第一铺作：栌枓一个，长一尺六寸，高一尺，宽(广)一尺六寸。第二铺作：插昂连华栱一件，共长四尺四寸五分；其华栱长三尺五分，高一尺五分；插昂平长二尺九寸，高七寸五分。俱宽五寸。泥道栱一件，长三尺一寸，高七寸五分，宽五寸；加栔长二尺一寸，高三寸，宽二寸。第三铺作：要头一件，长五尺五寸，高一尺五分，宽五寸。慢栱一件，长四尺六寸，高七寸五分，宽五寸；加栔长三尺六寸，高三寸，宽二寸。令栱二件，长三尺六寸，高七寸五分，宽五寸。第四铺作：衬方头一件，长三尺，高七寸五分，宽五寸。交互枓二个，长九寸，宽八寸；齐心枓二个，长八寸，宽八寸；散枓八个，长七寸，宽八寸。俱高五寸。

[柱头铺作]

第一铺作：栌枓一个，长一尺六寸，高一尺，宽一尺六寸。第二铺作：插昂连华栱一件，共长四尺四寸五分；其华栱长三尺五分，高一尺五分；插昂平长二尺九寸，高七寸五分。俱宽五寸。泥道栱一件，长三尺一寸，高七寸五分，宽五寸；加栔长二尺一寸，高三寸，宽二寸。第三铺作：慢栱一件，长四尺六寸，高七寸五分，宽五寸；加栔长三尺六寸，高三寸，宽二寸。令栱二件，长三尺六寸，高七寸五分，宽五寸。第四铺作：衬方头一件，长二尺七寸五分五厘，高七寸五分，宽五寸。交互枓二个，长九寸，宽八寸；齐心枓一个，长八寸，宽八寸；散枓八个，长七寸，宽八寸。俱高五寸。

[转角铺作]

第一铺作：角栌枓一个，长一尺八寸，高一尺，宽一尺八寸。第二铺作：插昂与泥道栱相列二件，共长四尺二寸；其泥道栱长二尺八寸，高一尺五分；插昂平长二尺九寸，高七寸五分。俱宽五寸。角昂与角华栱相列一件，共长六尺一寸六分七厘；其角华栱长四尺二寸三分八厘五毫，高一尺五分；角昂平长四尺一寸一厘，高七寸五分。俱宽五寸。第三铺作：要头与慢栱相列二件，长五尺五寸，高一尺五分；瓜子栱与令栱相列二件，长四尺八寸五分，高七寸五分；令栱与小栱头相列二件，长二尺八寸，高七寸五分；由昂与角要头相列一件，共长九尺七寸三分八厘；其由昂平长五尺七寸六分一厘，高七寸五分；角要头长六尺五寸九分七厘，高一尺五分。俱宽五寸。第四铺作：八角柱一根，高二尺五寸五分，俱宽一尺二寸七厘。平盘枓四个，长八寸，宽八寸，高三寸。交互枓二个，长九寸，宽八寸；齐心枓三个(其中一个用于瓜子栱与令栱相列之上)，长八寸，宽八寸；散枓十二个，长七寸，宽八寸。俱高五寸。

(四) 四铺作插昂。补间铺作、柱头铺作、转角铺作四等材(四分八厘)各件尺寸开后

[补间铺作]

第一铺作：栌枓一个，长一尺五寸三分六厘，高九寸六分，宽(广)一尺五寸三分六厘。第二铺作：插昂连华栱一件，共长四尺二寸七分二厘；其华栱长二尺九寸二分八厘，高一尺八厘；插昂平长二尺七寸八分四厘，高七寸二分。俱宽四寸八分。泥道栱一件，长二尺九寸七分六厘，高七寸二分，宽四寸八分；加栔长二尺一分六厘，高二寸八分八厘，宽一寸九分二厘。第三铺作：要头一件，长五尺二寸八分，高一尺八厘，宽四寸八分。慢栱一件，长四尺四寸一分六厘，高七寸二

分,宽四寸八分;加栔长三尺四寸五分六厘,高二寸八分八厘,宽一寸九分二厘。令栱二件,长三尺四寸五分六厘,高七寸二分,宽四寸八分。**第四铺作**:衬方头一件,长二尺八寸八分,高七寸二分,宽四寸八分。交互枓二个,长八寸六分四厘,宽七寸六分八厘;齐心枓二个,长七寸六分八厘,宽七寸六分八厘;散枓八个,长六寸七分二厘,宽七寸六分八厘。俱高四寸八分。

[柱头铺作]

第一铺作:栌枓一个,长一尺五寸三分六厘,高九寸六分,宽一尺五寸三分六厘。**第二铺作**:插昂连华栱一件,共长四尺二寸七分二厘;其华栱长二尺九寸二分八厘,高一尺八厘;插昂平长二尺七寸八分四厘,高七寸二分。俱宽四寸八分。泥道栱一件,长二尺九寸七分六厘,高七寸二分,宽四寸八分;加栔长二尺一分六厘,高二寸八分八厘,宽一寸九分二厘。**第三铺作**:慢栱一件,长四尺四寸一分六厘,高七寸二分,宽四寸八分;加栔长三尺四寸五分六厘,高二寸八分八厘,宽一寸九分二厘。令栱二件,长三尺四寸五分六厘,高七寸二分,宽四寸八分。**第四铺作**:衬方头一件,长二尺六寸四分四厘八毫,高七寸二分,宽四寸八分。交互枓二个,长八寸六分四厘,宽七寸六分八厘;齐心枓一个,长七寸六分八厘,宽七寸六分八厘;散枓八个,长六寸七分二厘,宽七寸六分八厘。俱高四寸八分。

[转角铺作]

第一铺作:角栌枓一个,长一尺七寸二分八厘,高九寸六分,宽一尺七寸二分八厘。**第二铺作**:插昂与泥道栱相列二件,共长四尺三分二厘;其泥道栱长二尺六寸八分八厘,高一尺八厘;插昂平长二尺七寸八分四厘,高七寸二分。俱宽四寸八分。角昂与角华栱相列一件,共长五尺九寸二分三毫;其角华栱长四尺六分九厘,高一尺八厘;角昂平长三尺九寸三分七厘,高七寸二分。俱宽四寸八分。**第三铺作**:耍头与慢栱相列二件,长四尺八寸四分八厘,高一尺八厘;瓜子栱与令栱相列二件,长四尺六寸五分六厘,高七寸二分;令栱与小栱头相列二件,长二尺六寸八分八厘,高七寸二分;由昂与角耍头相列一件,共长九尺三寸四分八厘五毫;其由昂平长五尺五寸三分六毫,高七寸二分;角耍头长六尺三寸三分三厘一毫,高一尺八厘。俱宽四寸八分。**第四铺作**:八角柱一根,高二尺四寸四分八厘,俱宽一尺一寸五分八厘七毫。平盘枓四个,长七寸六分八厘,宽七寸六分八厘,高二寸八分八厘。交互枓二个,长八寸六分四厘,宽七寸六分八厘;齐心枓三个(其中一个用于瓜子栱与令栱相列之上),长七寸六分八厘,宽七寸六分八厘;散枓十二个,长六寸七分二厘,宽七寸六分八厘。俱高四寸八分。

(五)四铺作插昂。补间铺作、柱头铺作、转角铺作五等材(四分四厘)各件尺寸开后

[补间铺作]

第一铺作:栌枓一个,长一尺四寸八厘,高八寸八分,宽(广)一尺四寸八厘。**第二铺作**:插昂连华栱一件,共长三尺九寸一分六厘;其华栱长二尺六寸八分四厘,高九寸二分四厘,插昂平长二尺五寸五分二厘,高六寸六分。俱宽四寸四分。泥道栱一件,长二尺七寸二分八厘,高六寸六分,宽四寸四分;加栔长一尺八寸四分八厘,高二寸六分四厘,宽一寸七分六厘。**第三铺作**:耍头一件,长四尺八寸四分,高九寸二分四厘,宽四寸四分。慢栱一件,长四尺四寸八厘,高六寸六分,宽四寸四分;加栔长三尺一寸六分八厘,高二寸六分四厘,宽一寸七分六厘。令栱二件,长三尺一寸六分八厘,高六寸六分,宽四寸四分。**第四铺作**:衬方头一件,长二尺六寸四分,高六寸六分,宽四寸四分。交互枓二个,长七寸九分二厘,宽七寸四厘;齐心枓二个,长七寸四厘,宽七寸四厘;散枓八个,长六寸一分六厘,宽七寸四厘。俱高四寸四分。

[柱头铺作]

第一铺作:栌枓一个,长一尺四寸八厘,高八寸八分,宽一尺四寸八厘。**第二铺作**:插昂连华栱一件,共长三尺九寸一分六厘;其华栱长二尺六寸八分四厘,高九寸二分四厘;插昂平长二尺五寸五分二厘,高六寸六分。俱宽四寸四分。泥道栱一件,长二尺七寸二分八厘,高六寸六分,宽四寸四分;加絜长一尺八寸四分八厘,高二寸六分四厘,宽一寸七分六厘。**第三铺作**:慢栱一件,长四尺四分八厘,高六寸六分,宽四寸四分;加絜长三尺一寸六分八厘,高二寸六分四厘,宽一寸七分六厘。令栱二件,长三尺一寸六分八厘,高六寸六分,宽四寸四分。**第四铺作**:衬方头一件,长二尺四寸二分四厘四毫,高六寸六分,宽四寸四分。交互枓二个,长七寸九分二厘,宽七寸四厘;齐心枓一个,长七寸四厘,宽七寸四厘;散枓八个,长六寸一分六厘,宽七寸四厘。俱高四寸四分。

[转角铺作]

第一铺作:角栌枓一个,长一尺五寸八分四厘,高八寸八分,宽一尺五寸八分四厘。**第二铺作**:插昂与泥道栱相列二件,共长三尺六寸九分六厘;其泥道栱长二尺四寸六分四厘,高九寸二分四厘;插昂平长二尺五寸五分二厘,高六寸六分。俱宽四寸四分。角昂与角华栱相列一件,共长五尺四寸二分六厘九毫;其角华栱长三尺七寸三分,高九寸二分四厘;角昂平长三尺六寸八厘九毫,高六寸六分。俱宽四寸四分。**第三铺作**:耍头与慢栱相列二件,长四尺四分,高九寸二分四厘;瓜子栱与令栱相列二件,长四尺二寸六分八厘,高六寸六分;令栱与小栱头相列二件,长二尺四寸六分四厘,高六寸六分;由昂与角耍头相列一件,共长八尺五寸六分九厘四毫;其由昂平长五尺六寸九厘七毫,高六寸六分;角耍头长五尺八寸五厘三毫,高九寸二分四厘。俱宽四寸四分。**第四铺作**:八角柱一根,高二尺二寸四分四厘,俱宽一尺六寸二厘一毫。平盘枓四个,长七寸四厘,宽七寸四厘,高二寸六分四厘。交互枓二个,长七寸九分二厘,宽七寸四厘;齐心枓三个(其中一个用于瓜子栱与令栱相列之上),长七寸四厘,宽七寸四厘;散枓十二个,长六寸一分六厘,宽七寸四厘。俱高四寸四分。

(六)四铺作插昂。补间铺作、柱头铺作、转角铺作六等材(四分)各件尺寸开后

[补间铺作]

第一铺作:栌枓一个,长一尺二寸八分,高八寸,宽(广)一尺二寸八分。**第二铺作**:插昂连华栱一件,共长三尺五寸六分;其华栱长二尺四寸四分,高八寸四分;插昂平长二尺三寸二分,高六寸。俱宽四寸。泥道栱一件,长二尺四寸八分,高六寸,宽四寸;加絜长一尺六寸八分,高二寸四分,宽一寸六分。**第三铺作**:耍头一件,长四尺四寸,高八寸四分,宽四寸。慢栱一件,长三尺六寸八分,高六寸,宽四寸;加絜长二尺八寸八分,高二寸四分,宽一寸六分。令栱二件,长二尺八寸八分,高六寸,宽四寸。**第四铺作**:衬方头一件,长二尺四寸,高六寸,宽四寸。交互枓二个,长七寸二分,宽六寸四分;齐心枓二个,长七寸四分,宽六寸四分;散枓八个,长五寸六分,宽六寸四

分。俱高四寸。

[柱头铺作]

第一铺作:栌枓一个,长一尺二寸八分,高八寸,宽一尺二寸八分。第二铺作:插昂连华栱一件,共长三尺五寸六分;其华栱长二尺四寸四分,高八寸四分;插昂平长二尺三寸二分,高六寸。俱宽四寸。泥道栱一件,长二尺四寸八分,高六寸,宽四寸;加栔长一尺六寸八分,高二寸四分,宽一寸六分。第三铺作:慢栱一件,长三尺六寸八分,高六寸,宽四寸;加栔长二尺八寸八分,高二寸四分,宽一寸六分。令栱二件,长二尺八寸八分,高六寸,宽四寸。第四铺作:衬方头一件,长二尺二寸四厘,高六寸,宽四寸。交互枓二个,长七寸二分,宽六寸四分;齐心枓一个,长六寸四分,宽六寸四分;散枓八个,长五寸六分,宽六寸四分。俱高四寸。

[转角铺作]

第一铺作:角栌枓一个,长一尺四寸四分,高八寸,宽一尺四寸四分。第二铺作:插昂与泥道栱相列二件,共长三尺三寸六分;其泥道栱长二尺二寸四分,高八寸四分;插昂平长二尺三寸二分,高六寸。俱宽四寸。角昂与角华栱相列一件,共长四尺九寸三分三厘六毫;其角华栱长三尺三寸九分八毫,高八寸四分;角昂平长三尺二寸八分八毫,高六寸。俱宽四寸。第三铺作:要头与慢栱相列二件,长四尺四分,高八寸四分;瓜子栱与令栱相列二件,长三尺八寸八分,高六寸;令栱与小栱头相列二件,长二尺二寸四分,高六寸;由昂与角要头相列一件,共长七尺七寸九分四毫;其由昂平长四尺六寸八厘八毫,高六寸;角要头长五尺二寸七分七厘六毫,高八寸四分。俱宽四寸。第四铺作:八角柱一根,高二尺四分,俱宽九寸六分五厘六毫。平盘枓四个,长六寸四分,宽六寸四分,高二寸四分。交互枓二个,长七寸二分,宽六寸四分;齐心枓三个(其中一个用于瓜子栱与令栱相列之上),长六寸四分,宽六寸四分;散枓十二个,长五寸六分,宽六寸四分。俱高四寸。

(七)四铺作插昂。补间铺作、柱头铺作、转角铺作七等材(三分五厘)各件尺寸开后

[补间铺作]

第一铺作:栌枓一个,长一尺一寸二分,高七寸,宽(广)一尺一寸二分。第二铺作:插昂连华栱一件,共长三尺一寸一分五厘;其华栱长二尺一寸三分五厘,高七寸三分五厘;插昂平长二尺三分,高五寸二分五厘。俱宽三寸五分。泥道栱一件,长二尺一寸七分,高五寸二分五厘,宽三寸五分;加栔长一尺四寸七分,高二寸一分,宽一寸四分。第三铺作:要头一件,长三尺八寸五分,高七寸三分五厘,宽三寸五分。慢栱一件,长三尺二寸二分,高五寸二分五厘,宽三寸五分;加栔长二尺五寸二分,高二寸一分,宽一寸四分。令栱二件,长二尺五寸二分,高五寸二分五厘,宽三寸五分。第四铺作:衬方头一件,长二尺一寸,高五寸二分五厘,宽三寸五分。交互枓二个,长六寸三分,宽五寸六分;齐心枓二个,长五寸六分,宽五寸六分;散枓八个,长四寸九分,宽五寸六分。俱高三寸五分。

[柱头铺作]

第一铺作:栌枓一个,长一尺一寸二分,高七寸,宽一尺一寸二分。第二铺作:插昂连华栱一件,共长三尺一寸一分五厘;其华栱长二尺一寸三分五厘,高七寸三分五厘;插昂平长二尺三分,

高五寸二分五厘。俱宽三寸五分。泥道栱一件，长二尺一寸七分，高五寸二分五厘，宽三寸五分；加栔长一尺四寸七分，高二寸一分，宽一寸四分。**第三铺作**：慢栱一件，长三尺二寸二分，高五寸二分五厘，宽三寸五分；加栔长二尺五寸二分，高二寸一分，宽一寸四分。令栱二件，长二尺五寸二分，高五寸二分五厘，宽三寸五分。**第四铺作**：衬方头一件，长一尺九寸二分八厘五毫，高五寸二分五厘，宽三寸五分。交互枓二个，长六寸三分，宽五寸六分；齐心枓一个，长五寸六分，宽五寸六分；散枓八个，长四寸九分，宽五寸六分。俱高三寸五分。

[**转角铺作**]

第一铺作：角栌枓一个，长一尺二寸六分，高七寸，宽一尺二寸六分。**第二铺作**：插昂与泥道栱相列二件，共长二尺九寸四分；其泥道栱长一尺九寸六分，高七寸三分五厘，插昂平长二尺三分，高五寸二分五厘。俱宽三寸五厘。角昂与角华栱相列一件，共长四尺三寸一分六厘九毫；其角华栱长二尺九寸六分七厘，高七寸三分五厘；角昂平长二尺八寸七分七毫，高五寸二分五厘。俱宽三寸五分。**第三铺作**：耍头与慢栱相列二件，长三尺五寸三分五厘，高七寸三分五厘；瓜子栱与令栱相列二件，长三尺三寸九分五厘，高五寸二分五厘；令栱与小栱头相列二件，长一尺九寸六分，高五寸二分五厘；由昂与角耍头相列一件，共长六尺八寸一分六厘六毫；其由昂平长四尺三寸二厘七毫，高五寸二分五厘；角耍头长四尺六寸一分七厘九毫，高七寸三分五厘。俱宽三寸五分。**第四铺作**：八角柱一根，高一尺七寸八分五厘，俱宽八分四厘九毫。平盘枓四个，长五寸六分，宽五寸六分，高二寸一分。交互枓二个，长六寸三分，宽五寸六分；齐心枓三个（其中一个用于瓜子栱与令栱相列之上），长五寸六分，宽五寸六分；散枓十二个，长四寸九分，宽五寸六分。俱高三寸五分。

（八）四铺作插昂。补间铺作、柱头铺作、转角铺作八等材（三分）各件尺寸开后

[**补间铺作**]

第一铺作：栌枓一个，长九寸六分，高六寸，宽（广）九寸六分。**第二铺作**：插昂连华栱一件，共长二尺六寸七分；其华栱长一尺八寸三分，高六寸三分；插昂平长一尺七寸四分，高四寸五分。俱宽三寸。泥道栱一件，长一尺八寸六分，高四寸五分，宽三寸；加栔长一尺二寸六分，高一寸八分，宽一寸二分。**第三铺作**：耍头一件，长三尺三寸，高六寸三分，宽三寸。慢栱一件，长二尺七寸六分，高四寸五分，宽三寸；加栔长二尺一寸六分，高一寸八分，宽一寸二分。令栱二件，长二尺一寸六分，高四寸五分，宽三寸。**第四铺作**：衬方头一件，长一尺八寸，高四寸五分，宽三寸。交互枓二个，长五寸四分，宽四寸八分；齐心枓二个，长四寸八分，宽四寸八分；散枓八个，长四寸二分，宽四寸八分。俱高三寸。

[**柱头铺作**]

第一铺作：栌枓一个，长九寸六分，高六寸，宽九寸六分。**第二铺作**：插昂连华栱一件，共长二尺六寸七分；其华栱长一尺八寸三分，高六寸三分；插昂平长一尺七寸四分，高四寸五分。俱宽三寸。泥道栱一件，长一尺八寸六分，高四寸五分，宽三寸；加栔长一尺二寸六分，高一寸八分，宽一寸二分。**第三铺作**：慢栱一件，长二尺七寸六分，高四寸五分，宽三寸；加栔长二尺一寸六分，高一寸八分，宽一寸二分。令栱二件，长二尺一寸六分，高四寸五分，宽三寸。**第四铺作**：

衬方头一件,长一尺六寸五分三厘,高四寸五分,宽三寸。交互枓二个,长五寸四分,宽四寸八分;齐心枓一个,长四寸八分,宽四寸八分;散枓八个,长四寸二分,宽四寸八分。俱高三寸。

[转角铺作]

第一铺作:角栌枓一个,长一尺八分,高六寸,宽一尺八分。第二铺作:插昂与泥道栱相列二件,共长二尺五寸二分;其泥道栱长一尺六寸八分,高六寸三分,插昂平长一尺七寸四分,高四寸五分。俱宽三寸。角昂与角华栱相列一件,共长三尺七寸二毫;其角华栱长二尺五寸四分三厘一毫,高六寸三分;角昂平长二尺四寸六分六毫,高四寸五分。俱宽三寸。第三铺作:耍头与慢栱相列二件,长三尺三分,高六寸三分;瓜子栱与令栱相列二件,长二尺九寸一分,高四寸五分;令栱与小栱头相列二件,长一尺六寸八分,高四寸五分;由昂与角耍头相列一件,共长五尺八寸四分二厘八毫;其由昂平长三尺四寸五分六厘六毫,高四寸五分;角耍头长三尺九寸五分八厘二毫,高六寸三分。俱宽三寸。第四铺作:八角柱一根,高一尺五寸三分,俱宽七寸二分四厘二毫。平盘枓四个,长四寸八分,宽四寸八分,高一寸八分。交互枓二个,长五寸四分,宽四寸八分;齐心枓三个(其中一个用于瓜子栱与令栱相列之上),长四寸八分,宽四寸八分;散枓十二个,长四寸二分,宽四寸八分。俱高三寸。

二、四铺作插昂补间铺作图样八

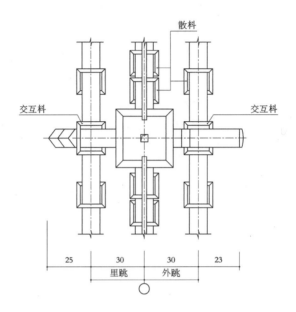

散枓

交互枓   交互枓

25	30	30	23
	里跳	外跳	

仰视平面

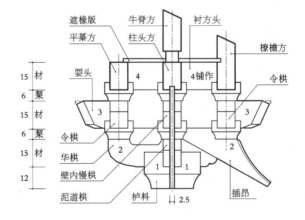

遮椽版　牛脊方　衬方头

平棊方　柱头方　　椽檐方

15 材
6 㮇
15 材
6 㮇
15 材
12

耍头　　4　　4铺作　　令栱

3　　　　　　　　　3

令栱
华栱
壁内慢栱　　2　　　　2
泥道栱　　　炉枓　　2.5　　插昂

1　　1

立面

四铺作插昂补间铺作图样八
分件图

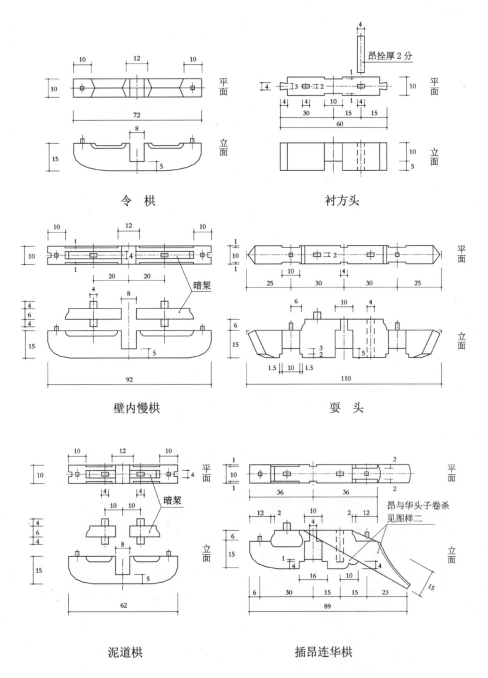

令 栱

衬方头

壁内慢栱

耍 头

泥道栱

插昂连华栱

三、四铺作插昂柱头铺作图样九

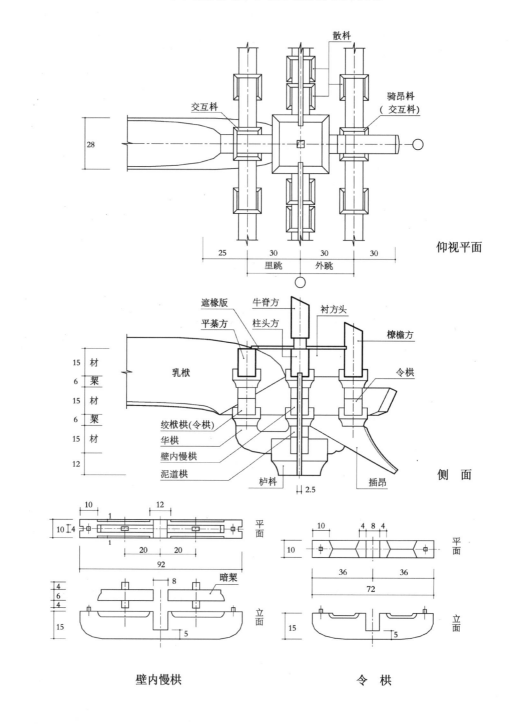

散枓

交互枓

骑昂枓
（交互枓）

28

仰视平面

25　30　30　30

里跳　外跳

遮椽版　牛脊方　衬方头

平棊方　柱头方　橑檐方

令栱

乳栿

15 材
6 栔
15 材
6 栔
15 材
12

绞栿栱(令栱)
华栱
壁内慢栱
泥道栱

栌枓

2.5

插昂

侧　面

10　12

10 4

1
1

20　20

92

4
6
4

15

8　暗栔

5

平面

立面

壁内慢栱

10

4 8 4

10

36　36

72

15

5

平面

立面

令　栱

四铺作插昂柱头铺作图样九
分件图

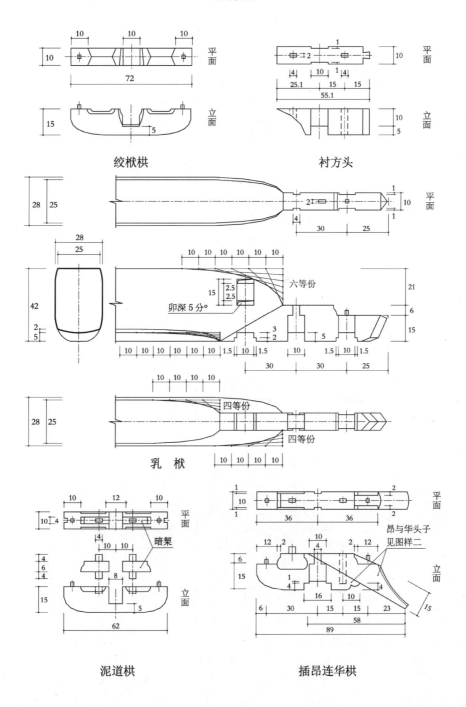

绞枓栱

衬方头

乳栿

泥道栱

插昂连华栱

四、四铺作插昂转角铺作图样十

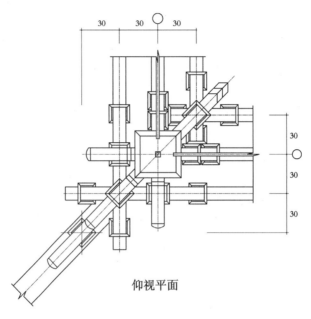

仰视平面

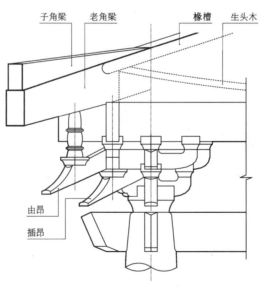

立　面

四铺作插昂转角铺作图样十

分件一

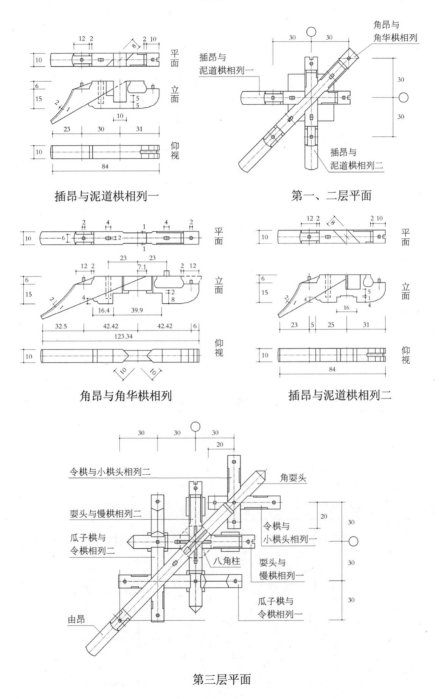

插昂与泥道栱相列一

第一、二层平面

角昂与角华栱相列

插昂与泥道栱相列二

第三层平面

令栱与小栱头相列二
耍头与慢栱相列二
瓜子栱与令栱相列二
由昂
八角柱
角耍头
令栱与小栱头相列一
耍头与慢栱相列一
瓜子栱与令栱相列一

四铺作插昂转角铺作图样十
分件二

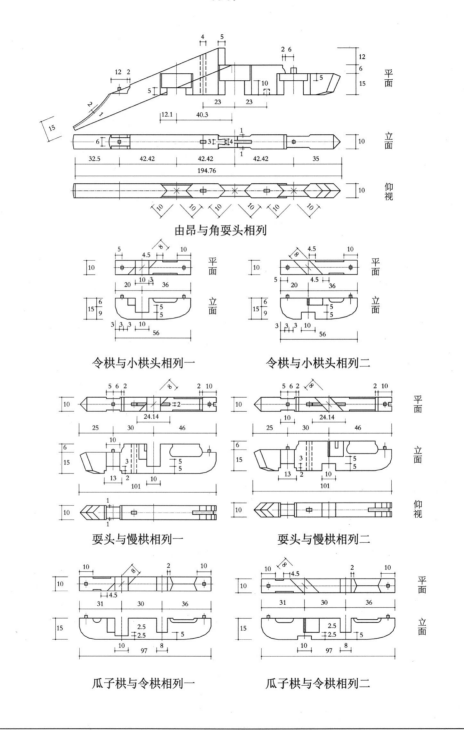

由昂与角耍头相列

令栱与小栱头相列一　　　令栱与小栱头相列二

耍头与慢栱相列一　　　耍头与慢栱相列二

瓜子栱与令栱相列一　　　瓜子栱与令栱相列二

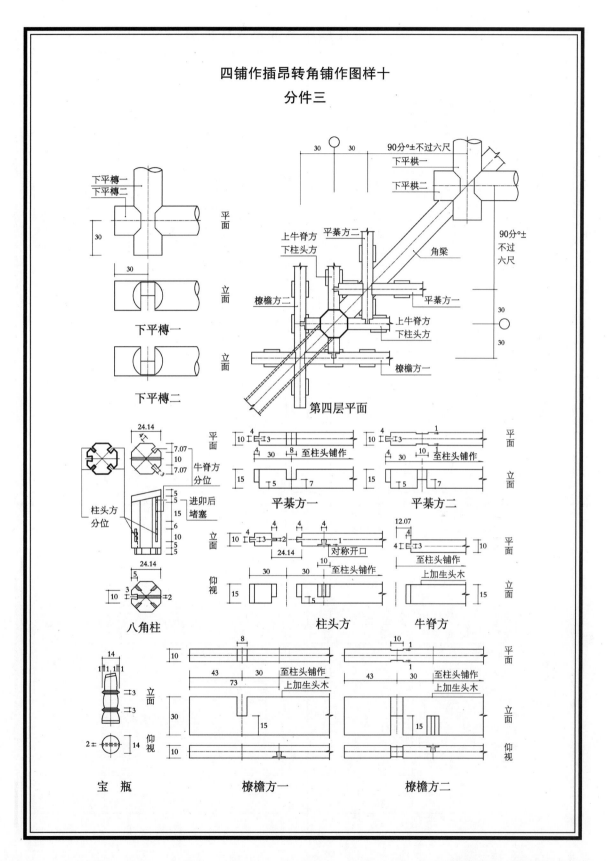

四铺作插昂转角铺作图样十
分件三

第四层平面

下平槫一
下平槫二

宝瓶
橑檐方一
橑檐方二

五、四铺作插昂各件尺寸权衡表

科栱类别	构件名称		长	高	宽	件数	备注
补间铺作	栌科		32	20	32	1	
	插昂连华栱	插昂	58	15	10	1	插昂连华栱共长89
		华栱	61	21	10	1	
	泥道栱	栱	62	15	10	1	
		加槩	42	6	4	1	
	耍头		110	21	10	1	
	慢栱	栱	92	15	10	1	
		加槩	72	6	4	1	
	令栱		72	15	10	2	
	衬方头		60	15	10	1	
	交互科		18	10	16	2	
	齐心科		16	10	16	2	
	散科		14	10	16	8	
柱头铺作	栌科		32	20	32	1	
	插昂连华栱	插昂	58	15	10	1	插昂连华栱共长89
		华栱	61	21	10	1	
	泥道栱	栱	62	15	10	1	
		加槩	42	6	4	1	
	慢栱	栱	92	15	10	1	
		加槩	72	6	4	1	
	令栱		72	15	10	2	
	衬方头		55.1	15	10	1	
	交互科		18	10	16	2	
	齐心科		16	10	16	2	
	散科		14	10	16	8	
转角铺作	角栌科		36	20	36	1	
	插昂与泥道栱相列	插昂	58	15	10	2	插昂与泥道栱相列共长84
		泥道栱	56	21	10	2	
	角昂与角华栱相列	角昂	平长82.02	15	10	1	角昂与角华栱相列共长123.34
		角华栱	84.77	21	10	1	
	耍头与慢料相列		101	21	10	2	
	瓜子栱与令栱相列		97	15	10	2	
	令栱与小栱头相列		56	15	10	2	
	由昂与角耍头相列	由昂	平长115.22	15	10	1	由昂与角耍头相列共长194.76
		角耍头	131.94	21	10	1	
	八角柱		24.14	51	24.14	1	
	平盘科		16	6	16	4	
	交互科		18	10	16	2	
	齐心科		16	10	16	3	其中一个用于瓜子栱与令栱相列之上
	散科		14	10	16	12	

第十三节　五铺作重栱出单抄单下昂，
里转五铺作重栱出两抄,并计心

一、五铺作重栱出单抄单下昂,里转五铺作重栱出两抄,并计心
　　一至八等材各件尺寸

（一）五铺作重栱出单抄单下昂,里转五铺作重栱出两抄,并计心。补间铺作、柱头铺作、转角铺作一等材(六分)各件尺寸开后

[补间铺作]

第一铺作:栌枓一个,长一尺九寸二分,高一尺二寸,宽一尺九寸二分。**第二铺作:**第一跳华栱一件,长四尺三寸二分,高一尺二寸六分,宽六寸。泥道栱一件,长三尺七寸二分,高九寸,宽六寸;加栔长二尺五寸二分,高三寸六分,宽二寸四分。**第三铺作:**第二跳华栱一件,长六尺七寸八分,高一尺二寸六分,宽六寸。下昂一件,平长八尺五寸八分,高九寸,宽六寸。壁内慢栱一件,长五尺五寸二分,高九寸,宽六寸;加栔长四尺三寸二分,高三寸六分,宽二寸四分。瓜子栱二件,长三尺七寸二分,高九寸,宽六寸。**第四铺作:**里、外耍头各一件,外长五尺六寸四厘,里长五尺四寸三分,高一尺二寸六分;慢栱二件,长五尺五寸二分,高九寸;令栱二件,长四尺三寸二分,高九寸。俱宽六寸。**第五铺作:**衬方头一件,长六尺五寸八分二厘,高九寸,宽六寸。交互枓四个,长一尺八分,宽九寸六分;齐心枓二个,长九寸六分,宽九寸六分;散枓十六个,长八寸四分,宽九寸六分。俱高六寸。

[柱头铺作]

第一铺作:栌枓一个,长一尺九寸二分,高一尺二寸,宽一尺九寸二分。**第二铺作:**华栱一件,长四尺三寸二分,高一尺二寸六分,宽六寸。泥道栱一件,长三尺七寸二分,高九寸,宽六寸;加栔长二尺五寸二分,高三寸六分,宽二寸四分。**第三铺作:**下昂一件,平长八尺五寸八分,高九寸,宽六寸。壁内慢栱一件,长五尺五寸二分,高九寸,宽六寸;加栔长四尺三寸二分,高三寸六分,宽二寸四分。瓜子栱一件,长三尺七寸二分,高九寸,宽六寸。**第四铺作:**耍头一件,长五尺六寸四厘,高一尺二寸六分;慢栱一件,长五尺五寸二分,高九寸;令栱一件,长四尺三寸二分,高九寸。俱宽六寸。**第五铺作:**衬方头一件,长六尺五寸八分二厘,高九寸,宽六寸。骑栿枓二个,长二尺四分,宽一尺八分,高七寸五分。交互枓三个,长一尺八分,宽九寸六分;齐心枓一个,长九寸六分,宽九寸六分;散枓十个,长八寸四分,宽九寸六分。俱高六寸。

[转角铺作]

第一铺作:角栌枓一个,长二尺一寸六分,高一尺二寸,宽二尺一寸六分。**第二铺作:**华栱与泥道栱相列二件,长四尺二分,高一尺二寸六分,宽六寸。角华栱一件,长五尺八寸一分四毫,高一尺二寸六分,宽六寸。**第三铺作:**慢栱与华头子相列二件,长五尺五寸八分,高一尺二寸六分;

外瓜子栱与小栱头相列二件，长四尺八寸六分，高九寸；里瓜子栱与小栱头相列二件，长三尺六分，高九寸；第二跳角华栱一件，长九尺四寸三分五厘六毫，高一尺二寸六分。俱宽六寸。**第四铺作**：下昂与下柱头方相列二件，昂平长八尺九分四厘，高九寸；耍头二件，长五尺一寸，高一尺二寸六分；外慢栱与切几头相列二件，长六尺三寸六分，高九寸；瓜子栱与令栱相列二件，长七尺六寸二分，高九寸；里慢栱与切几头相列二件，长四尺二寸六分，高九寸；令栱与小栱头相列二件，长三尺三寸六分，高九寸；角昂连角耍头一件：角昂平长一十五尺一寸三分二厘，高一尺二寸六分；角耍头长六尺七寸八厘，高一尺二寸六分。俱宽六寸。**第五铺作**：衬方头与上柱头方相列二件，衬方头长五尺四寸，高九寸；由昂一件，平长一十一尺七寸六厘，高九寸六分。俱宽六寸。交互枓四个，长一尺八寸分，宽九寸六分；齐心枓三个（其中一个用于瓜子栱与令栱相列之上），长九寸六分，宽九寸六分；散枓二十八个，长八寸四分，宽九寸六分。俱高六寸。平盘枓六个，长九寸六分，宽九寸六分，高三寸六分。

（二）五铺作重栱出单抄单下昂，里转五铺作重栱出两抄，并计心。补间铺作、柱头铺作、转角铺作二等材（五分五厘）各件尺寸开后

[补间铺作]

第一铺作：栌枓一个，长一尺七寸六分，高一尺一寸，宽一尺七寸六分。**第二铺作**：第一跳华栱一件，长三尺九寸六分，高一尺一寸五分五厘，宽五寸五分。泥道栱一件，长三尺四寸一分，高八寸二分五厘，宽五寸五分；加栔长二尺三寸一分，高三寸三分，宽二寸二分。**第三铺作**：第二跳华栱一件，长六尺二寸一分五厘，高一尺一寸五分五厘，宽五寸五分。下昂一件，平长七尺八寸六分五厘，高八寸二分五厘，宽五寸五分。壁内慢栱一件，长五尺六寸，高八寸二分五厘，宽五寸五分；加栔长三尺九寸六分，高三寸三分，宽二寸二分。瓜子栱二件，长三尺四寸一分，高八寸二分五厘，宽五寸五分。**第四铺作**：里、外耍头各一件，外长五尺一寸三分七厘，里长四尺九寸七分七厘五毫，高一尺一寸五分五厘；慢栱二件，长五尺六寸，高八寸二分五厘；令栱二件，长三尺九寸六分，高八寸二分五厘。俱宽五寸五分。**第五铺作**：衬方头一件，长六尺三分三厘五栔，宽五寸五分；交互枓四个，长九寸九分，宽八寸八分；齐心枓二个，长八寸八分，宽八寸八分；散枓十六个，长七寸七分，宽八寸八分。俱高五寸五分。

[柱头铺作]

第一铺作：栌枓一个，长一尺七寸六分，高一尺一寸，宽一尺七寸六分。**第二铺作**：华栱一件，长三尺九寸六分，高一尺一寸五分五厘，宽五寸五分。泥道栱一件，长三尺四寸一分，高八寸二分五厘，宽五寸五分；加栔长二尺三寸一分，高三寸三分，宽二寸二分。**第三铺作**：下昂一件，平长七尺八寸六分五厘，高八寸二分五厘，宽五寸五分。壁内慢栱一件，长五尺六寸，高八寸二分五厘，宽五寸五分；加栔长三尺九寸六分，高三寸三分，宽二寸二分。瓜子栱一件，长三尺四寸一分，高八寸二分五厘，宽五寸五分。**第四铺作**：耍头一件，长五尺一寸三分七厘，高一尺一寸五分五厘；慢栱一件，长五尺六寸，高八寸二分五厘；令栱一件，长三尺九寸六分，高八寸二分五厘。俱宽五寸五分。**第五铺作**：衬方头一件，长六尺三分三厘五毫，高八寸二分五厘，宽五寸五分。骑栿枓二个，长一尺八寸七分，宽九寸九分，高六寸六分。交互枓三个，长九寸九分，宽八寸八

分;齐心枓一个,长八寸八分,宽八寸八分;散枓十个,长七寸七分,宽八寸八分。俱高五寸五分。

[转角铺作]

第一铺作:角栌枓一个,长一尺九寸八分,高一尺一寸,宽一尺九寸八分。第二铺作:华栱与泥道栱相列二件,长三尺六寸八分五厘,高一尺一寸五分五厘,宽五寸五分。角华栱一件,长五尺三寸二分六厘二毫,高一尺一寸五分五厘,宽五寸五分。第三铺作:慢栱与华头子相列二件,长五尺一寸一分五厘,高一尺一寸五分五厘;外瓜子栱与小栱头相列二件,长四尺四寸五分五厘,高八寸二分五厘;里瓜子栱与小栱头相列二件,长二尺八寸五厘,高八寸二分五厘;第二跳角华栱一件,长八尺六寸四分九厘三毫,高一尺一寸五分五厘。俱宽五寸五分。第四铺作:下昂与下柱头方相列二件,昂平长七尺四寸一分九厘五毫,高八寸二分五厘;耍头二件,长四尺六寸七分五厘,高一尺一寸五分五厘;外慢栱与切几头相列二件,长五尺八寸三分,高八寸二分五厘;瓜子栱与令栱相列二件,长六尺九寸八分五厘,高八寸二分五厘;里慢栱与切几头相列二件,长三尺九寸五厘,高八寸二分五厘;令栱与小栱头相列二件,长三尺八寸,高八寸二分五厘;角昂连角耍头一件:角昂平长一十三尺八寸七分一厘,高一尺一寸五分五厘;角耍头长六尺一寸四分九厘,高一尺一寸五分五厘。俱宽五寸五分。第五铺作:衬方头与上柱头方相列二件,衬方头长四尺九寸五分,高八寸二分五厘;由昂一件,平长十尺七寸三分五毫,高八寸八分。俱宽五寸五分。交互枓四个,长九寸九分,宽八寸八分;齐心枓三个(其中一个用于瓜子栱与令栱相列之上),长八寸八分,宽八寸八分;散枓二十八个,长七寸七分,宽八寸八分。俱高五寸五分。平盘枓六个,长八寸八分,宽八寸八分,高三寸三分。

(三)五铺作重栱出单抄单下昂,里转五铺作重栱出两抄,并计心。补间铺作、柱头铺作、转角铺作三等材(五分)各件尺寸开后

[补间铺作]

第一铺作:栌枓一个,长一尺六寸,高一尺,宽一尺六寸。第二铺作:第一跳华栱一件,长三尺六寸,高一尺五分,宽五寸。泥道栱一件,长三尺一寸,高七寸五分,宽五寸;加栔长二尺一寸,高三寸,宽二寸。第三铺作:第二跳华栱一件,长五尺六寸五分,高一尺五分,宽五寸。下昂一件,平长七尺一寸五分,高七寸五分,宽五寸。壁内慢栱一件,长四尺六寸,高七寸五分,宽五寸;加栔长三尺六寸,高三寸,宽二寸。瓜子栱二件,长三尺一寸,高七寸五分,宽五寸。第四铺作:里、外耍头各一件,外长四尺六寸七分,里长四尺五寸二分五厘,高一尺五分;慢栱二件,长四尺六寸,高七寸五分;令栱二件,长三尺六寸,高七寸五分。俱宽五寸。第五铺作:衬方头一件,长五尺四寸八分五厘,高七寸五分,宽五寸。交互枓四个,长九寸,宽八寸;齐心枓二个,长八寸,宽八寸;散枓十六个,长七寸,宽八寸。俱高五寸。

[柱头铺作]

第一铺作:栌枓一个,长一尺六寸,高一尺,宽一尺六寸。第二铺作:华栱一件,长三尺六寸,高一尺五分,宽五寸。泥道栱一件,长三尺一寸,高七寸五分,宽五寸;加栔长二尺一寸,高三寸,宽二寸。第三铺作:下昂一件,平长七尺一寸五分,高七寸五分,宽五寸。壁内慢栱一件,长四尺六寸,高七寸五分,宽五寸;加栔长三尺六寸,高三寸,宽二寸。瓜子栱一件,长三尺一寸,高七寸

五分,宽五寸。**第四铺作**:要头一件,长四尺六寸七分,高一尺五分;慢栱一件,长四尺六寸,高七寸五分;令栱一件,长三尺六寸,高七寸五分。俱宽五寸。**第五铺作**:衬方头一件,长五尺四寸八分五厘,高七寸五分,宽五寸。骑栿枓二个,长一尺七寸,宽九寸,高六寸。交互枓三个,长九寸,宽八寸;齐心枓一个,长八寸,宽八寸;散枓十个,长七寸,宽八寸。俱高五寸。

[转角铺作]

第一铺作:角栌枓一个,长一尺八寸,高一尺,宽一尺八寸。**第二铺作**:华栱与泥道栱相列二件,长三尺三寸五分,高一尺五分,宽五寸。角华栱一件,长四尺八寸四分二厘,高一尺五分,宽五寸。**第三铺作**:慢栱与华头子相列二件,长四尺六寸五分,高一尺五分;外瓜子栱与小栱头相列二件,长四尺五分,高七寸五分;里瓜子栱与小栱头相列二件,长二尺五寸五分,高七寸五分;第二跳角华栱一件,长七尺八寸六分三厘,高一尺五分。俱宽五寸。**第四铺作**:下昂与下柱头方相列二件,昂平长六尺七寸四分五厘,高七寸五分;要头二件,长四尺二寸五分,高一尺五分;外慢栱与切几头相列二件,长五尺三寸,高七寸五分;瓜子栱与令栱相列二件,长六尺三寸五分,高七寸五分;里慢栱与切几头相列二件,长三尺五寸五分,高七寸五分;令栱与小栱头相列二件,长二尺八寸,高七寸五分;俱宽五寸。角昂连角要头一件:角昂平长一十二尺六寸一分,高一尺五分;角要头长五尺五寸九分,高一尺五分。俱宽五寸。**第五铺作**:衬方头与上柱头方相列二件,衬方头长四尺五寸,高七寸五分;由昂一件,平长九尺七寸五分五厘,高八寸。俱宽五寸。交互枓四个,长九寸,宽八寸;齐心枓三个(其中一个用于瓜子栱与令栱相列之上),长八寸,宽八寸;散枓二十八个,长七寸,宽八寸。俱高五寸。平盘枓六个,长八寸,宽八寸,高三寸。

(四) 五铺作重栱出单抄单下昂,里转五铺作重栱出两抄,并计心。补间铺作、柱头铺作、转角铺作四等材(四分八厘)各件尺寸开后

[补间铺作]

第一铺作:栌枓一个,长一尺五寸三分六厘,高九寸六分,宽一尺五寸三分六厘。**第二铺作**:第一跳华栱一件,长三尺四寸五分六厘,高一尺八厘,宽四寸八分。泥道栱一件,长二尺九寸七分六厘,高七寸二分,宽四寸八分;加絮长二尺一分六厘,高二寸八分八厘,宽一寸九分二厘。**第三铺作**:第二跳华栱一件,长五尺四寸二分四厘,高一尺八厘,宽四寸八分。下昂一件,平长六尺八寸六分四厘,高七寸二分,宽四寸八分。壁内慢栱一件,长四尺四寸一分六厘,高七寸二分,宽四寸八分;加絮长三尺四寸五分六厘,高二寸八分八厘,宽一寸九分二厘。瓜子栱二件,长二尺九寸七分六厘,高七寸二分,宽四寸八分。**第四铺作**:里、外要头各一件,外长四尺四寸八分三厘二毫,里长四尺三寸四分四厘,高一尺八厘;慢栱二件,长四尺四寸一分六厘,高七寸二分;令栱二件,长三尺四寸五分六厘,高七寸二分。俱宽四寸八分。**第五铺作**:衬方头一件,长五尺二寸六分五厘六毫,高七寸二分,宽四寸八分。交互枓四个,长八寸六分四厘,宽七寸六分八厘;齐心枓二个,长七寸六分八厘,宽七寸六分八厘;散枓十六个,长六寸七分二厘,宽七寸六分八厘。俱高四寸八分。

[柱头铺作]

第一铺作:栌枓一个,长一尺五寸三分六厘,高九寸六分,宽一尺五寸三分六厘。**第二铺作**:

华栱一件，长三尺四寸五分六厘，高一尺八厘，宽四寸八分。泥道栱一件，长二尺九寸七分六厘，高七寸二分，宽四寸八分；加栔长二尺一分六厘，高二寸八分八厘，宽一寸九分二厘。**第三铺作：**下昂一件，平长六尺八寸六分四厘，高七寸二分，宽四寸八分。壁内慢栱一件，长四尺四寸一分六厘，高七寸二分，宽四寸八分；加栔长三尺四寸五分六厘，高二寸八分八厘，宽一寸九分二厘。瓜子栱一件，长二尺九寸七分六厘，高七寸二分，宽四寸八分。**第四铺作：**耍头一件，长四尺四寸八分三厘二毫，高一尺八厘，慢栱一件，长四尺四寸一分六厘，高七寸二分；令栱一件，长三尺四寸五分六厘，高七寸二分。俱宽四寸八分。**第五铺作：**衬方头一件，长五尺二寸六分五厘六毫，高七寸二分，宽四寸八分。骑栿枓二个，长一尺六寸三分二厘，宽八寸六分四厘，高五寸七分六厘。交互枓三个，长八寸六分四厘，宽七寸六分八厘；齐心枓一个，长七寸六分八厘，宽七寸六分八厘；散枓十个，长六寸七分二厘，宽七寸六分八厘。俱高四寸八分。

[转角铺作]

第一铺作：角栌枓一个，长一尺七寸二分八厘，高九寸六分，宽一尺七寸二分八厘。**第二铺作：**华栱与泥道栱相列二件，长三尺二寸一分六厘，高一尺八厘，宽四寸八分。角华栱一件，长四尺六寸四分八厘三毫，高一尺八厘，宽四寸八分。**第三铺作：**慢栱与华头子相列二件，长四尺四寸六分四厘，高一尺八厘，外瓜子栱与小栱头相列二件，长三尺八寸八分八厘，高七寸二分，里瓜子栱与小栱头相列二件，长二尺四寸四分八厘，高七寸二分；第二跳角华栱一件，长七尺五寸四分八厘四毫，高一尺八厘。俱宽四寸八分。**第四铺作：**下昂与下柱头方相列二件，昂平长六尺四寸七分五厘二毫，高七寸二分；耍头二件，长四尺八分，高一尺八厘；外慢栱与切几头相列二件，长五尺八分八厘，高七寸二分；瓜子栱与令栱相列二件，长六尺九分六厘，高七寸二分；里慢栱与切几头相列二件，长三尺四寸八分，高七寸二分；令栱与小栱头相列二件，长二尺六寸八分八厘，高七寸二分；角昂连角耍头一件，角昂平长一十二尺一寸五厘六毫，高一尺八厘；角耍头长五尺三寸六分六厘四毫，高一尺八厘。俱宽四寸八分。**第五铺作：**衬方头与上柱头方相列二件，衬方头长四尺三寸二分，高七寸二分。由昂一件，平长九尺三寸六分四厘八毫，高七寸六分八厘。俱宽四寸八分。交互枓四个，长八寸六分四厘，宽七寸六分八厘；齐心枓三个（其中一个用于瓜子栱与令栱相列之上），长七寸六分八厘，宽七寸六分八厘；散枓二十八个，长六寸七分二厘，宽七寸六分八厘。俱高四寸八分。平盘枓六个，长七寸六分八厘，宽七寸六分八厘，高二寸八分八厘。

（五）五铺作重栱出单抄单下昂，里转五铺作重栱出两抄，并计心。补间铺作、柱头铺作、转角铺作五等材（四分四厘）各件尺寸开后

[补间铺作]

第一铺作：栌枓一个，长一尺四寸八厘，高八寸八分，宽一尺四寸八厘。**第二铺作：**第一跳华栱一件，长三尺一寸六分八厘，高九寸二分四厘，宽四寸四分。泥道栱一件，长二尺七寸二分八厘，高六寸六分，宽四寸四分；加栔长一尺八寸四分八厘，高二寸六分四厘，宽一寸七分六厘。**第三铺作：**第二跳华栱一件，长四尺九寸七分二厘，高九寸二分四厘，宽四寸四分。下昂一件，平长六尺二寸九分二厘，高六寸六分，宽四寸四分。壁内慢栱一件，长四尺四分八厘，高六寸六分，宽

四寸四分;加栔长三尺一寸六分八厘,高二尺六寸四分,宽一寸七分六厘。瓜子栱二件,长二尺七寸二分八厘,高六寸六分,宽四寸四分。**第四铺作**:里、外耍头各一件,外长四尺一寸九厘六毫,里长三尺九寸八分二厘,高九寸二分四厘;慢栱二件,长四尺四分八厘,高六寸六分;令栱二件,长三尺一寸六分八厘,高六寸六分。俱宽四寸四分。**第五铺作**:衬方头一件,长四尺八寸二分六厘八毫,高六寸六分,宽四寸四分。交互枓四个,长七寸九分二厘,宽七寸四厘;齐心枓二个,长七寸四厘,宽七寸四厘;散枓十六个,长六寸一分六厘,宽七寸四厘。俱高四寸四分。

[柱头铺作]

第一铺作:栌枓一个,长一尺四寸八厘,高八寸八分,宽一尺四寸八厘。**第二铺作**:华栱一件,长三尺一寸六分八厘,高九寸二分四厘,宽四寸四分。泥道栱一件,长二尺七寸二分八厘,高六寸六分,宽四寸四分;加栔长一尺八寸四分八厘,高二寸六分四厘,宽一寸七分六厘。**第三铺作**:下昂一件,平长六尺二寸九分二厘,高六寸六分,宽四寸四分。壁内慢栱一件,长四尺四分八厘,高六寸六分,宽四寸四分;加栔长三尺一寸六分八厘,高二寸六分四厘,宽一寸七分六厘。瓜子栱一件,长二尺七寸二分八厘,高六寸六分,宽四寸四分。**第四铺作**:耍头一件,长四尺九分六厘四毫,高九寸二分四厘;慢栱一件,长四尺一寸九厘六毫,高六寸六分;令栱一件,长三尺一寸六分八厘,高六寸六分。俱宽四寸四分。**第五铺作**:衬方头一件,长四尺八寸二分六厘八毫,高六寸六分,宽四寸四分。骑栿枓二个,长一尺四寸九分六厘,宽七寸九分二厘,高五寸二分八厘。交互枓三个,长七寸九分二厘,宽七寸四厘;齐心枓一个,长七寸四厘,宽七寸四厘;散枓十个,长六寸一分六厘,宽七寸四厘。俱高四寸四分。

[转角铺作]

第一铺作:角栌枓一个,长一尺五寸八分四厘,高八寸八分,宽一尺五寸八分四厘。**第二铺作**:华栱与泥道栱相列二件,长二尺九寸四分八厘,高九寸二分四厘,宽四寸四分。角华栱一件,长四尺二寸六分九毫,高九寸二分四厘,宽四寸四分。**第三铺作**:慢栱与华头子相列二件,长四尺九寸二厘,高九寸二分四厘;外瓜子栱与小栱头相列二件,长三尺五寸六分四厘,高六寸六分;里瓜子栱与小栱头相列二件,长二尺二寸四分四厘,高六寸六分;第二跳角华栱一件,长六尺九寸一分九厘四毫,高九寸二分四厘。俱宽四寸四分。**第四铺作**:下昂与下柱头方相列二件,昂平长五尺九寸三分五厘六毫,高六寸六分;耍头二件,长三尺七寸四厘,高九寸二分四厘;外慢栱与切几头相列二件,长四尺六寸六分四厘,高六寸六分;瓜子栱与令栱相列二件,长五尺五寸八分八厘,高六寸六分;里慢栱与切几头相列二件,长三尺一寸二分四厘,高六寸六分;令栱与小栱头相列二件,长二尺四寸六分四厘,高六寸六分;角昂连角耍头一件:角昂平长一十一尺九分六厘八毫,高九寸二分四厘;角耍头长四尺九寸一分九厘二毫,高九寸二分四厘。俱宽四寸四分。**第五铺作**:衬方头与上柱头方相列二件,衬方头长三尺九寸六分,高六寸六分;由昂一件,平长八尺五寸八分四厘四毫,高七寸四厘。俱宽四寸四分。交互枓四个,长七寸九分二厘,宽七寸四厘;齐心枓三个(其中一个用于瓜子栱与令栱相列之上),长七寸四厘,宽七寸四厘;散枓二十八个,长六寸一分六厘,宽七寸四厘。俱高四寸四分。平盘枓六个,长七寸四厘,宽七寸四厘,高二寸六分四厘。

（六）五铺作重栱出单抄单下昂，里转五铺作重栱出两抄，并计心。补间铺作、柱头铺作、转角铺作六等材（四分）各件尺寸开后

[补间铺作]

第一铺作：栌枓一个，长一尺二寸八分，高八寸，宽一尺二寸八分。第二铺作：第一跳华栱一件，长二尺八寸八分，高八寸四分，宽四寸。泥道栱一件，长二尺四寸八分，高六寸，宽四寸；加栔长一尺六寸八分，高二寸四分，宽一寸六分。第三铺作：第二跳华栱一件，长四尺五寸二分，高八寸四分，宽四寸。下昂一件，平长五尺七寸二分，高六寸，宽四寸。壁内慢栱一件，长三尺六寸八分，高六寸，宽四寸；加栔长二尺八寸八分，高二寸四分，宽一寸六分。瓜子栱二件，长二尺四寸八分，高六寸，宽四寸。第四铺作：里、外耍头各一件，外长三尺七寸三分六厘，里长三尺六寸二分，高八寸四分；慢栱二件，长三尺六寸八分，高六寸；令栱二件，长二尺八寸八分，高六寸。俱宽四寸。第五铺作：衬方头一件，长四尺三寸八分八厘，高六寸，宽四寸。交互枓四个，长七寸二分，宽六寸四分；齐心枓二个，长六寸四分，宽六寸四分；散枓十六个，长五寸六分，宽六寸四分。俱高四寸。

[柱头铺作]

第一铺作：栌枓一个，长一尺二寸八分，高八寸，宽一尺二寸八分。第二铺作：华栱一件，长二尺八寸八分，高八寸四分，宽四寸。泥道栱一件，长二尺四寸八分，高六寸，宽四寸；加栔长一尺六寸八分，高二寸四分，宽一寸六分。第三铺作：下昂一件，平长五尺七寸二分，高六寸，宽四寸。壁内慢栱一件，长三尺六寸八分，高六寸，宽四寸；加栔长二尺八寸八分，高二寸四分，宽一寸六分。瓜子栱一件，长二尺四寸八分，高六寸，宽四寸。第四铺作：耍头一件，长三尺七寸三分六厘，高八寸四分；慢栱一件，长三尺六寸八分，高六寸；令栱一件，长二尺八寸八分，高六寸。俱宽四寸。第五铺作：衬方头一件，长四尺三寸八分八厘，高六寸，宽四寸。骑栿枓二个，长一尺三寸六分，宽七寸二分，高四寸八分。交互枓三个，长七寸二分，宽六寸四分；齐心枓一个，长六寸四分，宽六寸四分；散枓十个，长五寸六分，宽六寸四分。俱高四寸。

[转角铺作]

第一铺作：角栌枓一个，长一尺四寸四分，高八寸，宽一尺四寸四分。第二铺作：华栱与泥道栱相列二件，长二尺六寸八分，高八寸四分，宽四寸。角华栱一件，长三尺八寸七分三厘六毫，高八寸四分，宽四寸。第三铺作：慢栱与华头子相列二件，长三尺七寸二分，高八寸四分；外瓜子栱与小栱头相列二件，长三尺二寸四分，高六寸；里瓜子栱与小栱头相列二件，长二尺四分，高六寸；第二跳角华栱一件，长六尺二寸九分四毫，高八寸四分。俱宽四寸。第四铺作：下昂与下柱头方相列二件，昂平长五尺三寸九分六厘，高六寸；耍头二件，长三尺四寸，高八寸四分；外慢栱与切几头相列二件，长四尺二寸四分，高六寸；瓜子栱与令栱相列二件，长五尺八寸，高六寸；里慢栱与切几头相列二件，长二尺八寸四分，高六寸；令栱与小栱头相列二件，长二尺二寸四分，高六寸；角昂连角耍头一件，角昂平长十尺八寸八厘，高八寸四分；角耍头长四尺四寸七分二厘，高八寸四分。俱宽四寸。第五铺作：衬方头与上柱头方相列二件，衬方头长三尺六寸，高六寸；由昂一件，平长七尺八寸四厘，高六寸四分。俱宽四寸。交互枓四个，长七寸二分，宽六寸四分；齐

心枓三个(其中一个用于瓜子栱与令栱相列之上),长六寸四分,宽六寸四分;散枓二十八个,长五寸六分,宽六寸四分。俱高四分。平盘枓六个,长六寸四分,宽六寸四分,高二寸四分。

(七)五铺作重栱出单抄单下昂,里转五铺作重栱出两抄,并计心。补间铺作、柱头铺作、转角铺作七等材(三分五厘)各件尺寸开后

[补间铺作]

第一铺作:栌枓一个,长一尺一寸二分,高七寸,宽一尺一寸二分。**第二铺作:**第一跳华栱一件,长二尺五寸二分,高七寸三分五厘,宽三寸五分。泥道栱一件,长二尺一寸七分,高五寸二分五厘,宽三寸五分;加栔长一尺四寸七分,高二寸一分,宽一寸四分。**第三铺作:**第二跳华栱一件,长三尺九寸五分五厘,高七寸三分五厘,宽三寸五分。下昂一件,平长五尺五厘,高五寸二分五厘,宽三寸五分。壁内慢栱一件,长三尺二寸二分,高五寸二分五厘,宽三寸五分;加栔长二尺五寸二分,高二寸一分,宽一寸四分。瓜子栱二件,长二尺一寸七分,高五寸二分五厘,宽三寸五分。**第四铺作:**里、外耍头各一件,外长三尺二寸六分九厘,里长三尺一寸六分七厘五毫,高七寸三分五厘;慢栱二件,长三尺二寸二分,高五寸二分五厘;令栱二件,长二尺五寸二分,高五寸二分五厘。俱宽三寸五分。**第五铺作:**衬方头一件,长三尺八寸三分九厘五毫,高五寸二分五厘,宽三寸五分。交互枓四个,长六寸三分,宽五寸六分;齐心枓二个,长五寸六分,宽五寸六分;散枓十六个,长四寸九分,宽五寸六分。俱高三寸五分。

[柱头铺作]

第一铺作:栌枓一个,长一尺一寸二分,高七寸,宽一尺一寸二分。**第二铺作:**华栱一件,长二尺五寸二分,高七寸三分五厘,宽三寸五分。泥道栱一件,长二尺一寸七分,高五寸二分五厘,宽三寸五分;加栔长一尺四寸七分,高二寸一分,宽一寸四分。**第三铺作:**下昂一件,平长五尺五厘,高五寸二分五厘,宽三寸五分。壁内慢栱一件,长三尺二寸二分,高五寸二分五厘,宽三寸五分;加栔长二尺五寸二分,高二寸一分,宽一寸四分。瓜子栱一件,长二尺一寸七分,高五寸二分五厘,宽三寸五分。**第四铺作:**耍头一件,长三尺二寸六分九厘,高七寸三分五厘;慢栱一件,长三尺二寸二分,高五寸二分五厘;令栱一件,长二尺五寸二分,高五寸二分五厘。俱宽三寸五分。**第五铺作:**衬方头一件,长三尺八寸三分九厘五毫,高五寸二分五厘,宽三寸五分。骑栿枓二个,长一尺一寸九分,宽六寸三分,高四寸二分。交互枓三个,长六寸三分,宽五寸六分;齐心枓一个,长五寸六分,宽五寸六分;散枓十个,长四寸九分,宽五寸六分。俱高三寸五分。

[转角铺作]

第一铺作:角栌枓一个,长一尺二寸六分,高七寸,宽一尺二寸六分。**第二铺作:**华栱与泥道栱相列二件,长二尺三寸四分五厘,高七寸三分五厘,宽三寸五分。角华栱一件,长三尺三寸八分九厘四毫,高七寸三分五厘,宽三寸五分。**第三铺作:**慢栱与华头子相列二件,长三尺二寸五分五厘,高七寸三分五厘;外瓜子栱与小栱头相列二件,长二尺八寸三分五厘,高五寸二分五厘;里瓜子栱与小栱头相列二件,长一尺七寸八分五厘,高五寸二分五厘;第二跳角华栱一件,长五尺五寸四厘一毫,高七寸三分五厘。俱宽三寸五分。**第四铺作:**下昂与下柱头方相列二件,昂平长四尺七寸二分一厘五毫,高五寸二分五厘;耍头二件,长二尺九寸七分五厘,高七寸三分五厘;

外慢栱与切几头相列二件,长三尺七寸一分,高五寸二分五厘;瓜子栱与令栱相列二件,长四尺四寸四分五厘,高五寸二分五厘;里慢栱与切几头相列二件,长二尺四寸八分五厘,高五寸二分五厘;令栱与小栱头相列二件,长一尺九寸六分,高五寸二分五厘;角昂连角耍头一件:角昂平长八尺八寸二分七厘,高七寸三分五厘;角耍头长三尺九寸一分三厘,高七寸三分五厘。俱宽三寸五分。**第五铺作:**衬方头与上柱头方相列二件,衬方头长三尺一寸五分,高五寸二分五厘;由昂一件,平长六尺八寸二分八厘五毫,高五寸六分。俱宽三寸五分。交互枓四个,长六寸三分,宽五寸六分;齐心枓三个(其中一个用于瓜子栱与令栱相列之上),长五寸六分,宽五寸六分;散枓二十八个,长四寸九分,宽五寸六分。俱高三寸五分。平盘枓六个,长五寸六分,宽五寸六分,高二寸一分。

(八)五铺作重栱出单抄单下昂,里转五铺作重栱出两抄,并计心。补间铺作、柱头铺作、转角铺作八等材(三分)各件尺寸开后

[补间铺作]

第一铺作:栌枓一个,长九寸六分,高六寸,宽九寸六分。**第二铺作:**第一跳华栱一件,长二尺一寸六分,高六寸三分,宽三寸。泥道栱一件,长一尺八寸六分,高四寸五分,宽三寸;加絜长一尺二寸六分,高一寸八分,宽一寸二分。**第三铺作:**第二跳华栱一件,长三尺三寸九分,高六寸三分,宽三寸。下昂一件,平长四尺二寸九分,高四寸五分,宽三寸。壁内慢栱一件,长二尺七寸六分,高四寸五分,宽三寸;加絜长二尺一寸六分,高一寸八分,宽一寸二分。瓜子栱二件,长一尺八寸六分,高四寸五分,宽三寸。**第四铺作:**里、外耍头各一件,外长二尺八寸二厘,里长二尺七寸一分五厘,高六寸三分;慢栱二件,长二尺七寸六分,高四寸五分;令栱二件,长二尺一寸六分,高四寸五分。俱宽三寸。**第五铺作:**衬方头一件,长三尺二寸九分一厘,高四寸五分,宽三寸。交互枓四个,长五寸四分,宽四寸八分;齐心枓二个,长四寸八分,宽四寸八分;散枓十六个,长四寸二分,宽四寸八分。俱高三寸。

[柱头铺作]

第一铺作:栌枓一个,长九寸六分,高六寸,宽九寸六分。**第二铺作:**华栱一件,长二尺一寸六分,高六寸三分,宽三寸。泥道栱一件,长一尺八寸六分,高四寸五分,宽三寸;加絜长一尺二寸六分,高一寸八分,宽一寸二分。**第三铺作:**下昂一件,长四尺二寸九分,高四寸五分,宽三寸。壁内慢栱一件,长二尺七寸六分,高四寸五分,宽三寸;加絜长二尺一寸六分,高一寸八分,宽一寸二分。瓜子栱一件,长一尺八寸六分,高四寸五分,宽三寸。**第四铺作:**耍头一件,长二尺八寸二厘,高六寸三分;慢栱一件,长二尺七寸六分,高四寸五分;令栱一件,长二尺一寸六分,高四寸五分。俱宽三寸。**第五铺作:**衬方头一件,长三尺二寸九分一厘,高四寸五分,宽三寸。骑栿枓二个,长一尺二寸,宽五寸四分,高三寸六分。交互枓三个,长五寸四分,宽四寸八分;齐心枓一个,长四寸八分,宽四寸八分;散枓十个,长四寸二分,宽四寸八分。俱高三寸。

[转角铺作]

第一铺作:角栌枓一个,长一尺八分,高六寸,宽一尺八分。**第二铺作:**华栱与泥道栱相列二件,长二尺一分,高六寸三分,宽三寸。角华栱一件,长二尺九寸五厘二毫,高六寸三分,宽三寸。

第三铺作:慢栱与华头子相列二件,长二尺七寸九分,高六寸三分;外瓜子栱与小栱头相列二件,长二尺四寸三分,高四寸五分;里瓜子栱与小栱头相列二件,长一尺五寸三分,高四寸五分;第二跳角华栱一件,长四尺七寸一分七厘八毫,高六寸三分。俱宽三寸。**第四铺作**:下昂与下柱头方相列二件,昂平长四尺四分七厘,高四寸五分;耍头二件,长二尺五寸五分,高六寸三分;外慢栱与切几头相列二件,长三尺一寸八分,高四寸五分;瓜子栱与令栱相列二件,长三尺八寸一分,高四寸五分;里慢栱与切几头相列二件,长二尺一寸三分,高四寸五分;令栱与小栱头相列二件,长一尺六寸八分,高四寸五分;角昂连角耍头一件:角昂平长七尺五寸六分六厘,高六寸三分;角耍头长三尺三寸五分四厘,高六寸三分。俱宽三寸。**第五铺作**:衬方头与上柱头方相列二件,衬方头长二尺七寸,高四寸五分;由昂一件,平长五尺八寸五分三厘,高四寸八分。俱宽三寸。交互枓四个,长五寸四分,宽四寸八分;齐心枓三个(其中一个用于瓜子栱与令栱相列之上),长四寸八分,宽四寸八分;散枓二十八个,长四寸二分,宽四寸八分。俱高三寸。平盘枓六个,长四寸八分,宽四寸八分,高一寸八分。

二、五铺作重栱出单抄单下昂,里转五铺作重栱出两抄,并计心补间铺作图样十一

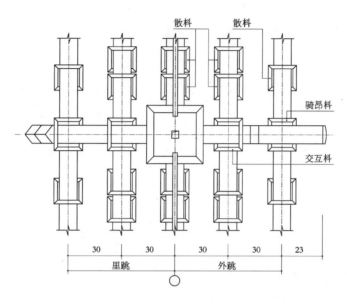

仰视平面

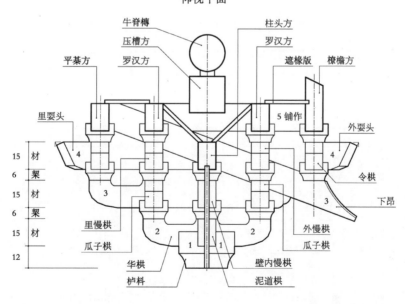

立　面

五铺作重棋出单抄单下昂,里转五铺作重棋出两抄,并计心

补间铺作图样十一 分件一

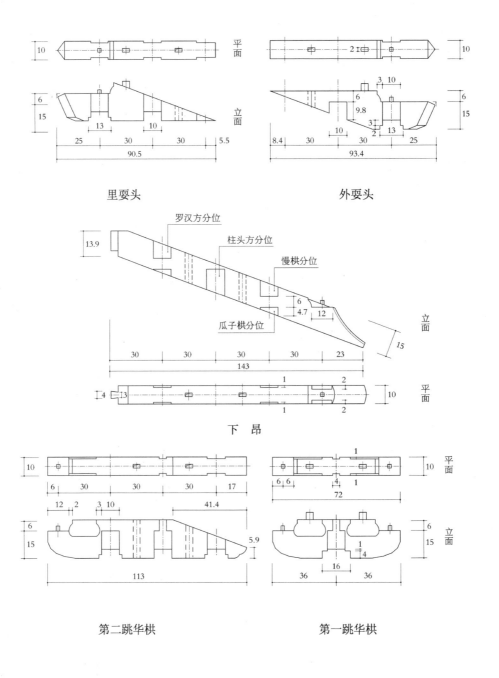

里耍头

外耍头

下　昂

第二跳华棋

第一跳华棋

五铺作重栱出单抄单下昂,里转五铺作重栱出两抄,并计心
补间铺作图样十一　分件二

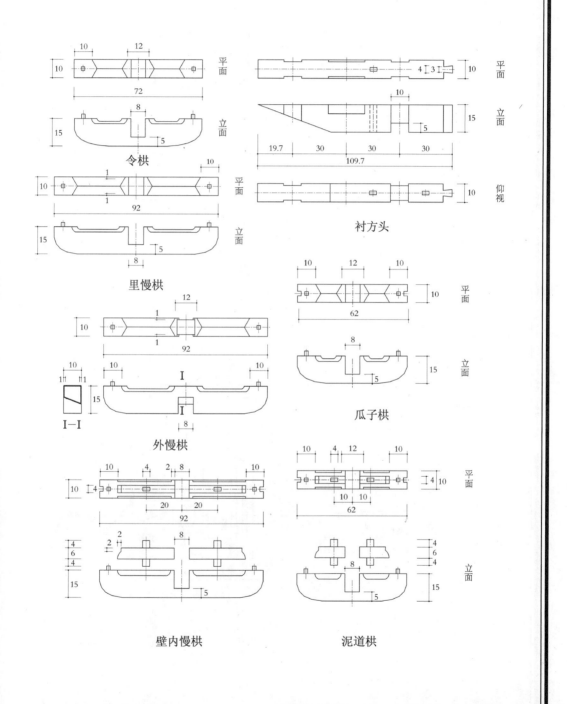

令栱

里慢栱

外慢栱

壁内慢栱

衬方头

瓜子栱

泥道栱

三、五铺作重栱出单抄单下昂，里转五铺作出单抄，外计心

柱头铺作图样十二

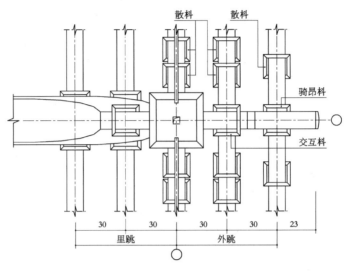

仰视平面

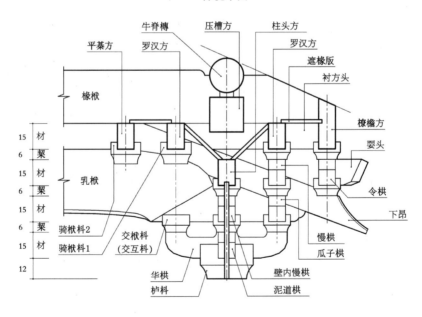

立　面

五铺作重栱出单抄单下昂,里转五铺作出单抄,外计心
柱头铺作图样十二 分件一

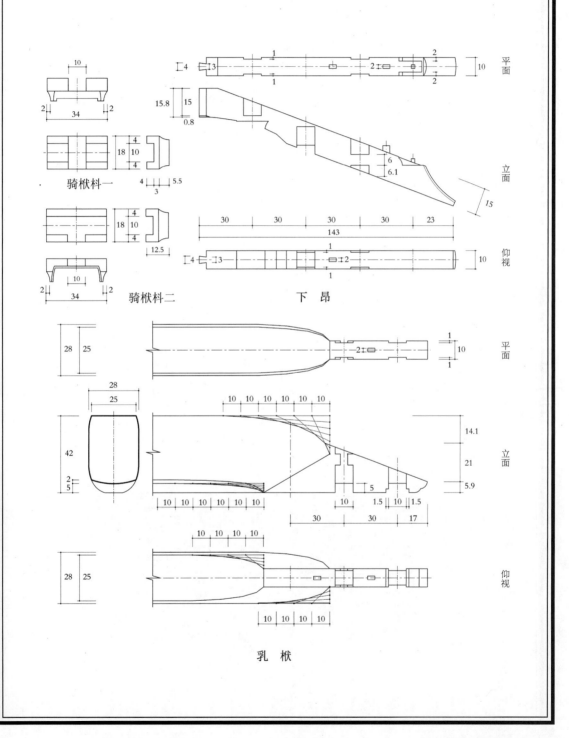

骑栿枓一

骑栿枓二

下 昂

乳 栿

平面

立面

仰视

五铺作重栱出单抄单下昂,里转五铺作出单抄,外计心
柱头铺作图样十二 分件二

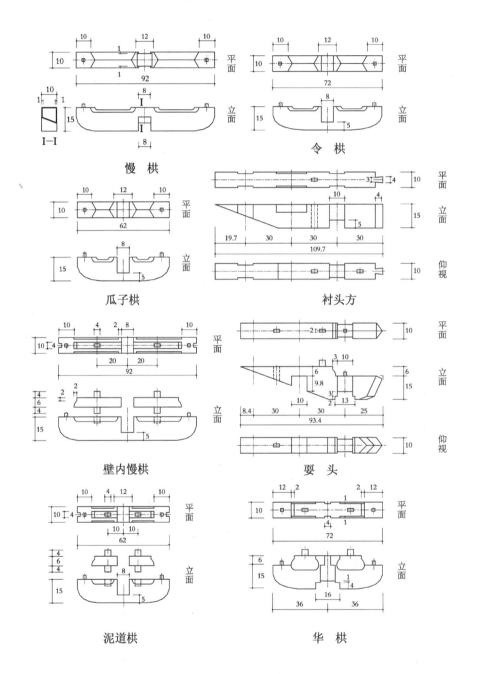

慢 栱

令 栱

瓜子栱

衬头方

壁内慢栱

要 头

泥道栱

华 栱

四、五铺作重栱出单抄单下昂，里转五铺作重栱出两抄，并计心 转角铺作图样十三

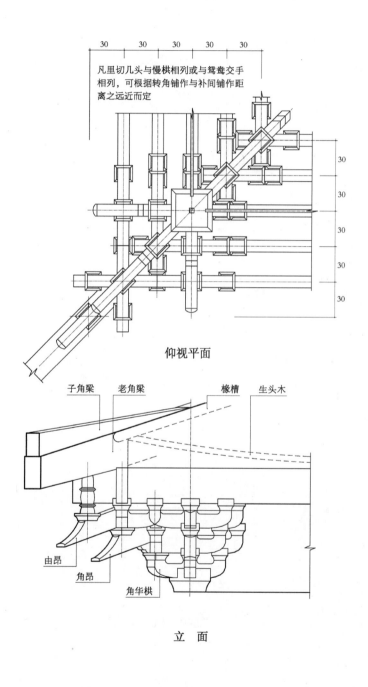

凡里切几头与慢栱相列或与鸳鸯交手相列，可根据转角铺作与补间铺作距离之远近而定

仰视平面

立　面

五铺作重栱出单抄单下昂,里转五铺作重栱出两抄,并计心
转角铺作图样十三　分件一

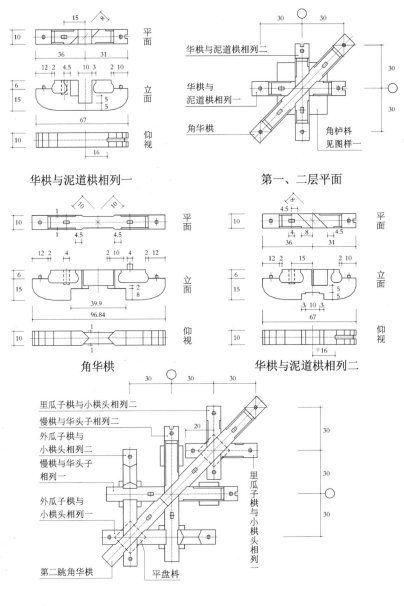

华栱与泥道栱相列一

华栱与泥道栱相列二

第一、二层平面

角华栱

华栱与泥道栱相列二

第三层平面

五铺作重栱出单抄单下昂,里转五铺作重栱出两抄,并计心
转角铺作图样十三　分件二

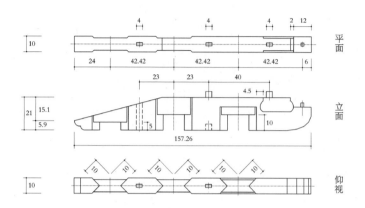

第二跳角华栱

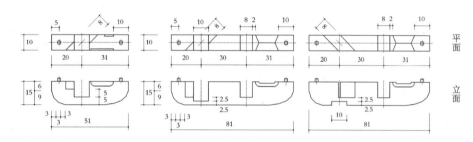

里瓜子栱与小栱头相列一　外瓜子栱与小栱头相列一　外瓜子栱与小栱头相列二

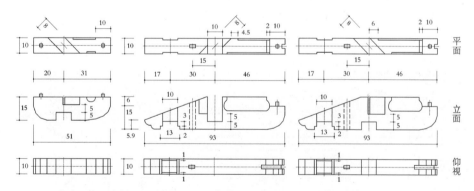

里瓜子栱与小栱头相列二　慢栱与华头子相列一　　慢栱与华头子相列二

五铺作重栱出单抄单下昂,里转五铺作重栱出两抄,并计心
转角铺作图样十三　分件三

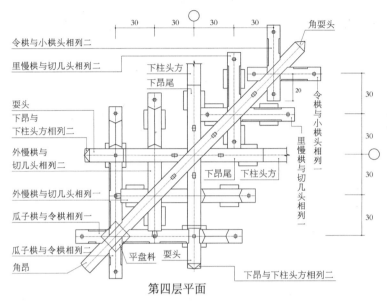

第四层平面

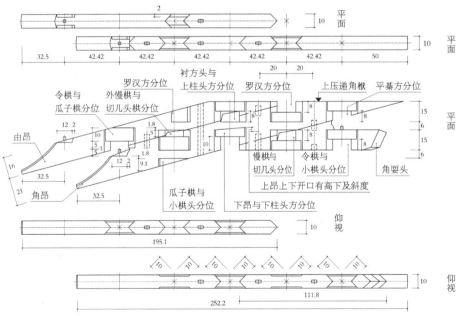

角昂、由昂、角耍头

五铺作重栱出单抄单下昂,里转五铺作重栱出两抄,并计心

转角铺作图样十三　分件四

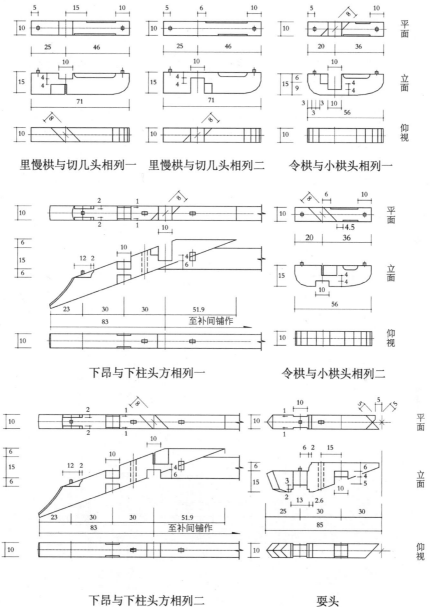

里慢栱与切几头相列一　里慢栱与切几头相列二　　令栱与小栱头相列一

下昂与下柱头方相列一　　　　　　令栱与小栱头相列二

下昂与下柱头方相列二　　　　　　要头

五铺作重栱出单抄单下昂，里转五铺作重栱出两抄，并计心
转角铺作图样十三　分件五

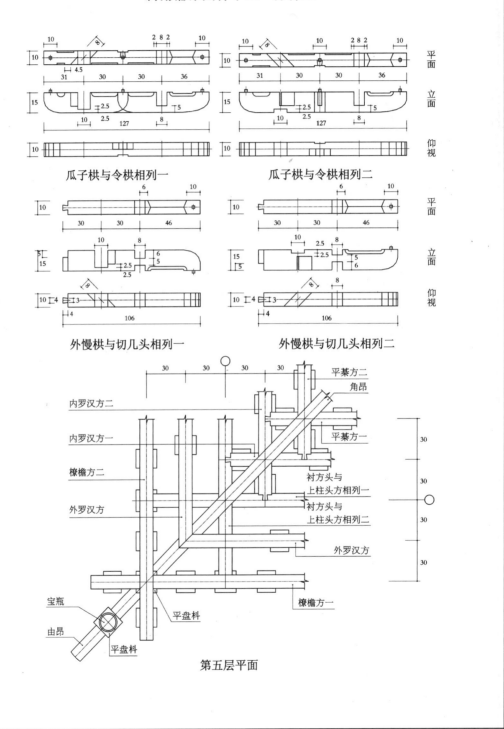

瓜子栱与令栱相列一　　　　　　　瓜子栱与令栱相列二

外慢栱与切几头相列一　　　　　　外慢栱与切几头相列二

平面

立面

仰视

内罗汉方二

内罗汉方一

橑檐方二

外罗汉方

宝瓶

由昂

平盘枓

平棊方二

角昂

平棊方一

衬方头与
上柱头方相列一

衬方头与
上柱头方相列二

外罗汉方

橑檐方一

平盘枓

第五层平面

五铺作重栱出单抄单下昂,里转五铺作重栱出两抄,并计心
转角铺作图样十三   分件六

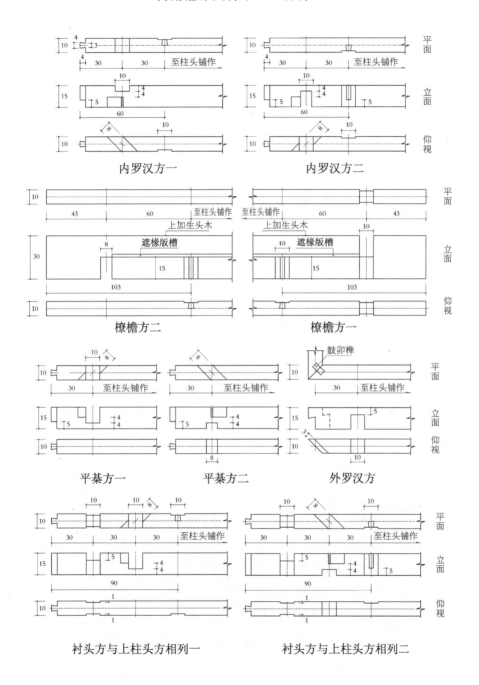

内罗汉方一   内罗汉方二

橑檐方二   橑檐方一

平棊方一   平棊方二   外罗汉方

衬头方与上柱头方相列一   衬头方与上柱头方相列二

五、五铺作重栱出单抄插昂，里转五铺作重栱出两抄，偷心 转角铺作图样十四

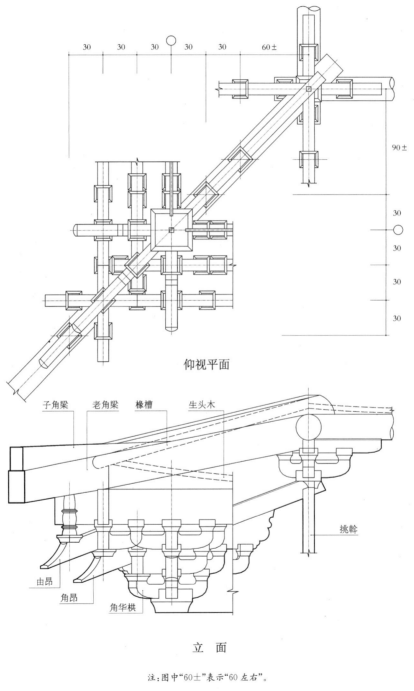

仰视平面

立　面

注：图中"60±"表示"60左右"。

五铺作重栱出单抄插昂,里转五铺作重栱出两抄,偷心

转角铺作图样十四 分件一

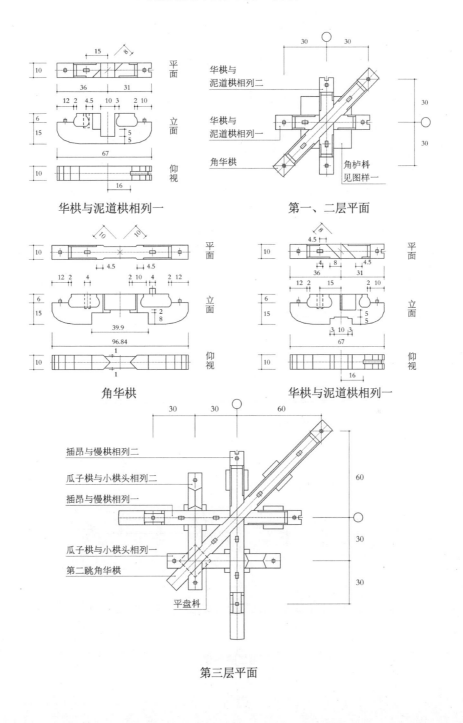

华栱与泥道栱相列一

第一、二层平面

角华栱

华栱与泥道栱相列一

第三层平面

五铺作重栱出单抄插昂,里转五铺作重栱出两抄,偷心
转角铺作图样十四 分件二

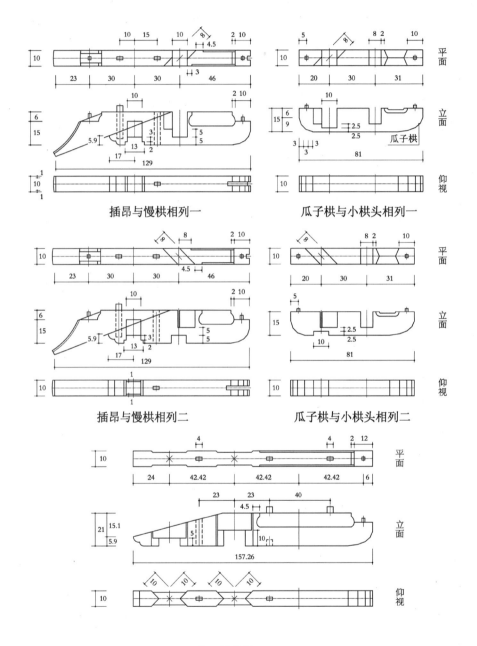

插昂与慢栱相列一

瓜子栱与小栱头相列一

插昂与慢栱相列二

瓜子栱与小栱头相列二

第二跳华栱

五铺作重栱出单抄插昂,里转五铺作重栱出两抄,偷心
转角铺作图样十四 分件三

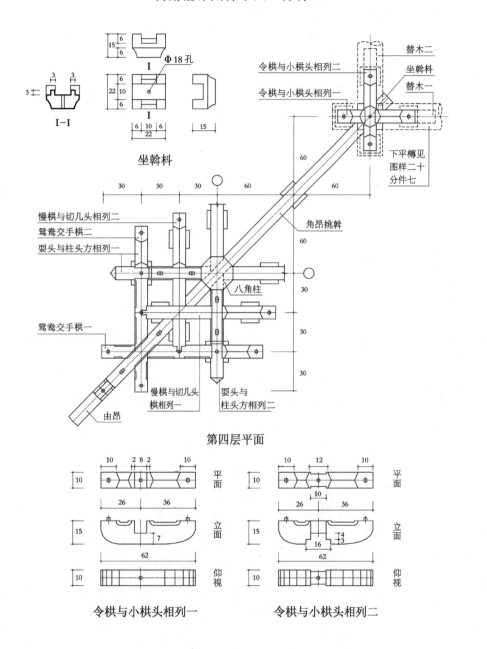

坐斡料

令栱与小栱头相列二
令栱与小栱头相列一

替木二
坐斡料
替木一

慢栱与切几头相列二
鸳鸯交手栱二
耍头与柱头方相列一

角昂挑斡

鸳鸯交手栱一

八角柱

下平槫见图样二十分件七

慢栱与切几头栱相列一
耍头与柱头方相列二

由昂

第四层平面

令栱与小栱头相列一

令栱与小栱头相列二

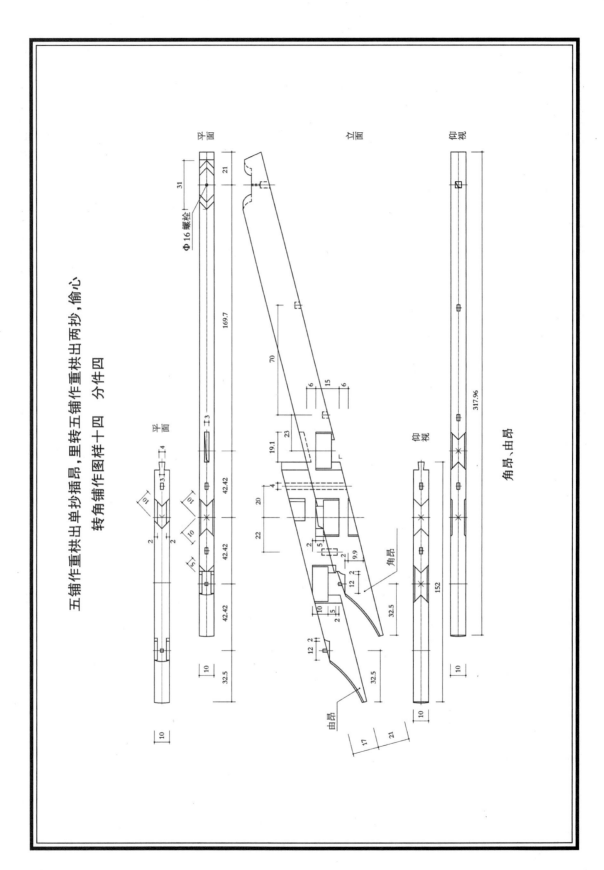

五铺作重栱出单抄插昂，里转五铺作重栱出两抄，偷心
转角铺作图样十四　分件四

平面

立面

仰视

Φ16螺栓

角昂、由昂

五铺作重栱出单抄插昂,里转五铺作重栱出两抄,偷心
转角铺作图样十四　分件五

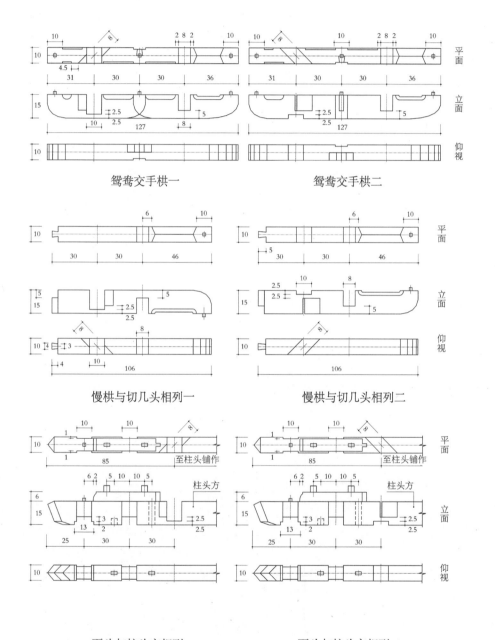

鸳鸯交手栱一

鸳鸯交手栱二

慢栱与切几头相列一

慢栱与切几头相列二

要头与柱头方相列一

要头与柱头方相列二

五铺作重栱出单抄插昂,里转五铺作重栱出两抄,偷心
转角铺作图样十四　分件六

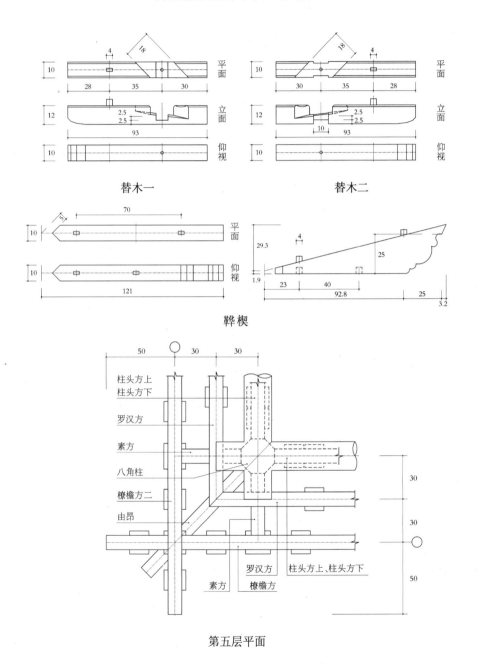

替木一　　　　　　　　　　　替木二

鞨楔

第五层平面

五铺作重栱出单抄插昂,里转五铺作重栱出两抄,偷心
转角铺作图样十四　分件七

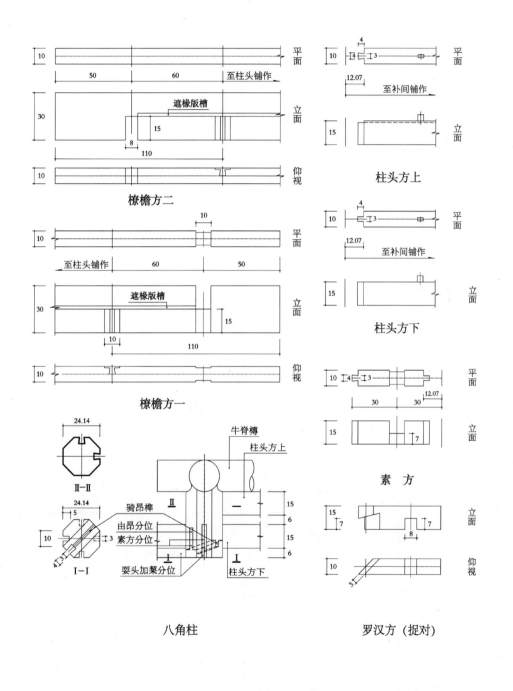

橑檐方二

橑檐方一

八角柱

柱头方上

柱头方下

素　方

罗汉方（捉对）

六、五铺作重栱出单抄单下昂，里转五铺作重栱出两抄，并计心

各件尺寸权衡表

单位：分°

枓栱类别	构件名称		长	高	宽	件数	备注
补间铺作	栌枓		32	20	32	1	
	第一跳华栱		72	21	10	1	
	泥道栱	栱	62	15	10	1	
		加栔	42	6	4	1	
	第二跳华栱		113	21	10	1	
	下昂		平长143	15	10	1	
	壁内慢栱	栱	92	15	10	1	
		加栔	72	6	4	1	
	瓜子栱		62	15	10	2	
	里耍头		90.5	21	10	1	
	外耍头		93.4	21	10	1	
	慢栱		92	15	10	2	
	令栱		72	15	10	2	
	衬方头		109.7	15	10	1	
	交互枓		18	10	16	4	
	齐心枓		16	10	16	2	
	散枓		14	10	16	16	
柱头铺作	栌枓		32	20	32	1	
	华栱		72	21	10	1	
	泥道栱	栱	62	15	10	1	
		加栔	42	6	4	1	
	下昂		平长143	15	10	1	
	壁内慢栱	栱	92	15	10	1	
		加栔	72	6	4	1	
	瓜子栱		62	15	10	1	
	耍头		93.4	21	10	1	
	慢栱		92	15	10	1	
	令栱		72	15	10	1	
	衬方头		109.7	15	10	1	
	骑栿枓		34	12.5	18	2	
	交互枓		18	10	16	3	
	齐心枓		16	10	16	1	
	散枓		14	10	16	10	
	角栌枓		36	20	36	1	
	华栱与泥道栱相列		67	21	10	2	

斗栱

续表

科栱类别	构件名称		长	高	宽	件数	备注
转角铺作	角华栱		96.84	21	10	1	
	慢栱与华头子相列		93	21	10	2	
	外瓜子栱与小栱头相列		81	15	10	2	
	里瓜子栱与小栱头相列		51	15	10	2	
	第二跳角华栱		157.26	21	10	1	
	下昂与下柱头方相列		平长 134.9	15	10	2	柱头方长至补间铺作或柱头铺作
	耍头		85	21	10	2	
	外慢栱与切几头相列		106	15	10	2	
	瓜子栱与令栱相列		127	15	10	2	
	里慢栱与切几头相列		71	15	10	2	
	令栱与小栱头相列		56	15	10	2	
	角昂连角耍头	角昂	平长 252.2	21	10	1	角昂连角耍头共长 364
		角耍头	111.8	15	10	1	
	衬方头与上柱头方相列		90	21	10	2	
	由昂		平长 195.1	16	10	1	
	交互枓		18	10	16	4	
	齐心枓		16	10	16	3	其中一个用于瓜子栱与令栱相列之上
	散枓		14	10	16	28	
	平盘枓		16	6	16	6	

第十四节　六铺作重栱出单抄双下昂，
里转五铺作重栱出两抄，并计心

一、六铺作重栱出单抄双下昂，里转五铺作重栱出两抄，并计心
一至八等材各件尺寸

（一）六铺作重栱出单抄双下昂，里转五铺作重栱出两抄，并计心。补间铺作、柱头铺作、转角铺作一等材（六分）各件尺寸开后

[补间铺作]

第一铺作：栌枓一个，长一尺九寸二分，高一尺二寸，宽一尺九寸二分。第二铺作：第一跳华栱一件，长四尺三寸二分，高一尺二寸六分，宽六寸。泥道栱一件，长三尺七寸二分，高九寸，宽六寸；加栔长二尺五寸二分，高三寸六分，宽二寸四分。第三铺作：第二跳华栱一件，长六尺七寸八分，高一尺二寸六分，宽六寸。下昂一一件：平长十尺五寸六分，高九寸，宽六寸；加栔平长八尺七寸，高三寸六分，宽四寸八分。壁内慢栱一件，长五尺五寸二分，高九寸，宽六寸；加栔长四尺三寸二分，高三寸六分，宽二寸四分。瓜子栱二件，长三尺七寸二分，高九寸，宽六寸。第四铺作：里要头一件，长五尺四寸三分，高一尺二寸六分；下昂二一件，平长一十四尺六寸四分，高九寸；慢栱二件，长五尺五寸二分，高九寸；瓜子栱一件，长三尺七寸二分，高九寸；令栱一件，长四尺三寸二分，高九寸。俱宽六寸。第五铺作：外要头一件，长七尺一寸八分二厘，高一尺二寸六分，宽六寸；加栔长五尺六寸八分二厘，高六寸，宽四寸八分。慢栱一件，长五尺五寸二分，高九寸，宽六寸。令栱一件，长四尺三寸二分，高九寸，宽六寸。第六铺作：衬方头一件，长八尺一寸四分八厘，高九寸，宽六寸。挑斡令栱一件，长四尺三寸二分，高九寸；替木一根，长六尺二寸四分，高七寸二分。俱宽六寸。交互枓五个，长一尺八分，高九寸六分；齐心枓三个，长九寸六分，宽九寸六分；散枓二十四个（其中二个用于垫柱头方），长八寸四分，宽九寸六分。俱高六寸。

[柱头铺作]

第一铺作：栌枓一个，长一尺九寸二分，高一尺二寸，宽一尺九寸二分。第二铺作：华栱一件，长四尺三寸二分，高一尺二寸六分，宽六寸。泥道栱一件，长三尺七寸二分，高九寸，宽六寸；加栔长二尺五寸二分，高三寸六分，宽二寸四分。第三铺作：下昂一一件，平长一十四尺一寸八分四厘，高九寸，宽六寸，加栔平长九尺五寸三分四厘，高三寸六分，宽四寸八分。壁内慢栱一件，长五尺五寸二分，高九寸，宽六寸；加栔长四尺三寸二分，高三寸六分，宽二寸四分。瓜子栱一件，长三尺七寸二分，高九寸，宽六寸。第四铺作：下昂二一件，平长一十二尺四寸五分，高九寸；慢栱二件，长五尺五寸二分，高九寸；瓜子栱一件，长三尺七寸二分，高九寸。俱宽六寸。第五铺作：要头一件，长五尺六寸二分八厘，高一尺二寸六分，宽六寸；加栔长五尺七寸六分，高六寸，宽四寸八分。慢栱一件，长五尺五寸二分，高九寸，宽六寸。令栱一件，长四尺三寸二分，高

九寸,宽六寸。**第六铺作**:衬方头一件,长八尺二寸八厘,高九寸,宽六寸。骑栿枓二个,长二尺四分,宽一尺八分,高七寸五分。交互枓四个,长一尺八分,宽九寸六分;齐心枓一个,长九寸六分,宽九寸六分;散枓十六个(其中二个用于垫柱头方),长八寸四分,宽九寸六分。俱高六寸。

[转角铺作]

第一铺作:角栌枓一个,长二尺一寸六分,高一尺二寸,宽二尺一寸六分。**第二铺作**:华栱与泥道栱相列二件,长四尺二分,高一尺二寸六分,宽六寸。角华栱一件,长五尺八寸一分四毫,高一尺二寸六分,宽六寸。**第三铺作**:慢栱与华头子相列二件,长五尺五寸八分,高一尺二寸六分;外瓜子栱与小栱头相列二件,长四尺八寸六分,高九寸;里瓜子栱与小栱头相列二件,长三尺六分,高九寸;第二跳角华栱一件,长九尺四寸三分五厘六毫,高一尺二寸六分。俱宽六寸。**第四铺作**:下昂一与下柱头方相列二件,昂平长八尺一寸一分八厘,高一尺二寸六分;外慢栱与切几头相列二件,长六尺六分,高九寸;外瓜子栱与小栱头相列二件,长六尺六寸六分,高九寸;里慢栱与切几头相列或鸳鸯交手二件,长四尺二寸六分,高九寸。令栱与小栱头相列或鸳鸯交手二件,长三尺三寸六分,高九寸。俱宽六寸。角昂一连角耍头一件:角昂平长一十七尺四寸,耍头长六尺七寸八厘,俱高一尺二寸六分,宽六寸。**第五铺作**:下昂二与上柱头方相列二件,昂平长九尺六寸六分,高九寸;耍头二件,长五尺五寸八分六厘,高一尺二寸六分;慢栱与切几头相列二件,长七尺八寸六分,高九寸;令栱二件,长四尺三寸二分,高九寸;令栱与瓜子栱相列二件,长四尺二分,高九寸;角昂二一件,平长一十五尺七寸七分八分,高一尺二寸六分。俱宽六寸。**第六铺作**:衬方头二件,长五尺四寸,高一尺四寸七分,宽六寸。由昂一件,平长一十三尺六寸四分四厘,高一尺二分,宽六寸。平盘枓七个,长九寸六分,宽九寸六分,高三寸六分。交互枓六个,长一尺八分,宽九寸六分;齐心枓三个(其中一个用于令栱与瓜子栱相列之上),长九寸六分,宽九寸六分;散枓四十二个,长八寸四分,宽九寸六分。俱高六寸。

(二) 六铺作重栱出单抄双下昂,里转五铺作重栱出两抄,并计心。补间铺作、柱头铺作、转角铺作二等材(五分五厘)各件尺寸开后

[补间铺作]

第一铺作:栌枓一个,长一尺七寸六分,高一尺一寸,宽一尺七寸六分。**第二铺作**:第一跳华栱一件,长三尺四寸一分,高八寸二分五厘,宽五寸五分;加栔长二尺三寸一分,高三寸三分,宽二寸二分。**第三铺作**:第二跳华栱一件,长六尺二寸一分五厘,高一尺一寸五分五厘,宽五寸五分。下昂一一件:平长九尺六寸八分,高八寸二分五厘,宽五寸五分;加栔平长七尺九寸七分五厘,高三寸三分,宽四寸四分。壁内慢栱一件,长五尺六寸,高八寸二分五厘,宽五寸五分;加栔长三尺九寸六分,高三寸三分,宽二寸二分。瓜子栱二件,长三尺四寸一分,高八寸二分五厘,宽五寸五分。**第四铺作**:里耍头一件,长四尺九寸七分七厘五毫,高一尺一寸五分五厘;下昂二一件,平长一十三尺四寸二分,高八寸二分五厘;慢栱二件,长五尺六寸,高八寸二分五厘;瓜子栱一件,长三尺四寸一分,高八寸二分五厘;令栱一件,长三尺九寸六分,高八寸二分五厘。俱宽五寸五分。**第五铺作**:外耍头一件,长六尺五寸八分三厘五毫,高一尺一寸五分五厘,宽五寸五分;加栔长五尺二寸八厘五毫,高五寸五分,宽四寸四分。慢栱一件,长五尺六寸,高八寸二分五厘,宽五寸五分。令栱一件,长三尺九寸六分,高八寸二分五厘,宽五寸五分。**第六铺作:**衬方头一件,长七尺四寸六分九厘,高八寸二分五厘,宽五寸五分。挑斡令栱一件,长三尺九寸六分,高八寸二分五厘;替木一根,长五尺七寸二分,高六寸六分。俱宽五寸五分。交互枓五个,长九寸九分,宽八寸八分;齐心枓三个,长八寸八分,宽八寸八分;散枓二十四个(其中二个用于垫柱头方),长七寸七分,宽八寸八分。俱高五寸五分。

[柱头铺作]

第一铺作:栌枓一个,长一尺七寸六分,高一尺一寸,宽一尺七寸六分。**第二铺作:**华栱一件,长三尺九寸六分,高一尺一寸五分五厘,宽五寸五分。泥道栱一件,长三尺四寸一分,高八寸二分五厘,宽五寸五分;加栔长二尺三寸一分,高三寸三分,宽二寸二分。**第三铺作:**下昂一一件,平长一十三尺二厘,高八寸二分五厘,宽五寸五分。加栔平长八尺七寸三分九厘五毫,高三寸三分,宽四寸四分。壁内慢栱一件,长五尺六寸,高八寸二分五厘,宽五寸五分;加栔长三尺九寸六分,高三寸三分,宽二寸二分。瓜子栱一件,长三尺四寸一分,高八寸二分五厘,宽五寸五分。**第四铺作:**下昂二一件,平长一十一尺四寸一分二厘五毫,高八寸二分五厘;慢栱二件,长五尺六寸,高八寸二分五厘;瓜子栱一件,长三尺四寸一分,高八寸二分五厘。俱宽五寸五分。**第五铺作:**要头一件,长五尺一寸五分九厘,高一尺一寸五分五厘,宽五寸五分;加栔长五尺二寸八分,高五寸五分,宽四寸四分。慢栱一件,长五尺六寸,高八寸二分五厘,宽五寸五分,令栱一件,长三尺九寸六分,高八寸二分五厘,宽五寸五分。**第六铺作:**衬方头一件,长七尺五寸二分四厘,高八寸二分五厘,宽五寸五分。骑栿枓二个,长一尺八寸七分,宽九寸九分,高六寸六分。交互枓四个,长九寸九分,宽八寸八分;齐心枓一个,长八寸八分,宽八寸八分;散枓十六个(其中二个用于垫柱头方),长七寸七分,宽八寸八分。俱高五寸五分。

[转角铺作]

第一铺作:角栌枓一个,长一尺九寸八分,高一尺一寸,宽一尺九寸八分。**第二铺作:**华栱与泥道栱相列二件,长三尺六寸八分五厘,高一尺一寸五分五厘,宽五寸五分。角华栱一件,长五尺三寸二分六厘二毫,高一尺一寸五分五厘,宽五寸五分。**第三铺作:**慢栱与华头子相列二件,长五尺一寸一分五厘,高一尺一寸五分五厘;外瓜子栱与小栱头相列二件,长四尺四寸五分五厘,高八寸二分五厘,里瓜子栱与小栱头相列二件,长二尺八寸五厘,高八寸二分五厘;第二跳角华栱一件,长八尺六寸四分九厘三毫,高一尺一寸五分五厘。俱宽五寸五分。**第四铺作:**下昂一与下柱头方相列二件,昂平长四尺四寸四分一厘五毫,高一尺一寸五分五厘;外慢栱与切几头相列二件,长五尺五寸五分五厘,高八寸二分五厘;外瓜子栱与小栱头相列二件,长六尺一寸五厘,高八寸二分五厘;里慢栱与切几头相列或鸳鸯交手二件,长三尺九寸五厘,高八寸二分五厘;令栱与小栱头相列或鸳鸯交手二件,长三尺八寸,高八寸二分五厘,宽五寸五分。角昂一连角要头一件:角昂平长一十五尺九寸五分,角要头长六尺一寸四分九厘。俱高一尺一寸五分五厘,宽五寸五分。**第五铺作:**下昂二与上柱头方相列二件,昂平长八尺八寸五分五厘,高八寸一分五厘;要头二件,长五尺一寸二分五毫,高一尺一寸五分五厘;慢栱与切几头相列二件,长七尺二寸五厘,高八寸二分五厘,宽五寸五分。令栱二件,长三尺九寸六分,高八寸二分五厘;令栱与瓜子栱相列二件,长三尺六寸八分五厘,高八寸二分五厘;角昂二一件,平长一十四尺四寸六分五厘,高一尺一寸五分五厘。俱宽五寸五分。**第六铺作**:衬方头二件,长四尺九寸五分,高一尺三寸四分七厘五毫,宽五寸五分。由昂一件,平长一十二尺五寸七厘,高九寸三分五厘,宽五寸五分。平盘枓七个,长八寸八分,宽八寸八分,高三寸三分。交互枓六个,长九寸九分,宽八寸八分;齐心枓三个(其中一个用于令栱与瓜子栱相列之上),长八寸八分,宽八寸八分;散枓四十二个,长七寸七分,宽八寸八分。俱高五寸五分。

(三)六铺作重栱出单抄双下昂,里转五铺作重栱出两抄,并计心。补间铺作、柱头铺作、转角铺作三等材(五分)各件尺寸开后

[补间铺作]

第一铺作:栌枓一个,长一尺六寸,高一尺,宽一尺六寸。**第二铺作**:第一跳华栱一件,长三尺六寸,高一尺五分,宽五寸。泥道栱一件,长三尺一寸,高七寸五分,宽五寸;加栔长二尺一寸,高三寸,宽二寸。**第三铺作**:第二跳华栱一件,长五尺六寸五分,高一尺五分,宽五寸。下昂一一件:平长八尺八寸,高七寸五分,宽五寸。加栔平长七尺二寸五分,高三寸,宽四寸。壁内慢栱一件,长四尺六寸,高七寸五分,宽五寸;加栔长三尺六寸,高三寸,宽二寸。瓜子栱二件,长三尺一寸,高七寸五分,宽五寸。**第四铺作**:里要头一件,长四尺五寸二分五厘,高一尺五分;下昂二一件,平长一十二尺二寸,高七寸五分;慢栱二件,长四尺六寸,高七寸五分;瓜子栱一件,长三尺一寸,高七寸五分;令栱一件,长三尺六寸,高七寸五分。俱宽五寸。**第五铺作**:外要头一件,长五尺九寸八分五厘,高一尺五分,宽五寸;加栔长四尺七寸三分五厘,高五寸,宽四寸。慢栱一件,长四尺六寸,高七寸五分,宽五寸。令栱一件,长三尺六寸,高七寸五分,宽五寸。**第六铺作**:衬方头一件,长六尺七寸九分,高七寸五分,宽五寸。挑干令栱一件,长三尺六寸,高七寸五分;替木一根,长五尺二寸,高六寸。俱宽五寸。交互枓五个,长九寸,宽八寸;齐心枓三个,长八寸,宽八寸;散枓二十四个(其中二个用于垫柱头方),长七寸,宽八寸。俱高五寸。

[柱头铺作]

第一铺作:栌枓一个,长一尺六寸,高一尺,宽一尺六寸。**第二铺作**:华栱一件,长三尺六寸,高一尺五分,宽五寸。泥道栱一件,长三尺一寸,高七寸五分,宽五寸;加栔长二尺一寸,高三寸,宽二寸。**第三铺作**:下昂一一件,平长一十一尺八寸二分,高七寸五分,宽五寸。加栔平长七尺九寸四分五厘,高三寸,宽四寸。壁内慢栱一件,长四尺六寸,高七寸五分,宽五寸;加栔长三尺六寸,高三寸,宽二寸。瓜子栱一件,长三尺一寸,高七寸五分,宽五寸。**第四铺作**:下昂二一件,平长十尺三寸七分五厘,高七寸五分;慢栱二件,长四尺六寸,高七寸五分;瓜子栱一件,长三尺一寸,高七寸五分。俱宽五寸。**第五铺作**:要头一件,长四尺六寸九分,高一尺五分,宽五寸;加栔长四尺八寸,高五寸,宽四寸。慢栱一件,长四尺六寸,高七寸五分,宽五寸。令栱一件,长三尺六寸,高七寸五分,宽五寸。**第六铺作**:衬方头一件,长六尺八寸四分,高七寸五分,宽五寸。骑栿枓二个,长一尺七寸,宽九寸,高六寸。交互枓四个,长九寸,宽八寸;齐心枓一个,长八寸,宽八寸;散枓十六个(其中二个用于垫柱头方),长七寸,宽八寸。俱高五寸。

[转角铺作]

第一铺作:角栌枓一个,长一尺八寸,高一尺,宽一尺八寸。第二铺作:华栱与泥道栱相列二件,长三尺三寸五分,高一尺五分,宽五寸。角华栱一件,长四尺八寸四分二厘,高一尺五分,宽五寸。第三铺作:慢栱与华头子相列二件,长四尺六寸五分,高一尺五分;外瓜子栱与小栱头相列二件,长四尺五分,高七寸五分;里瓜子栱与小栱头相列二件,长二尺五寸五分,高七寸五分;第二跳角华栱一件,长七尺八寸六分三厘,高一尺五分。俱宽五寸。第四铺作:下昂一与下柱头方相列二件,昂平长六尺七寸六分五厘,高一尺五分;外慢栱与切几头相列二件,长五尺五分,高七寸五分;外瓜子栱与小栱头相列二件,长五尺五寸五分,高七寸五分;里慢栱与切几头相列或鸳鸯交手二件,长三尺五寸五分,高七寸五分;令栱与小栱头相列或鸳鸯交手二件,长二尺八寸,高七寸五分。俱宽五寸。角昂一连角要头一件:角昂平长一十四尺五寸,角要头长五尺五寸九分;俱高一尺五分,宽五寸。第五铺作:下昂二与上柱头方相列二件,昂平长八尺五寸,高七寸五分;要头二件,长四尺六寸五分五厘,高一尺五分;慢栱与切几头相列二件,长六尺五寸五分,高七寸五分;令栱二件,长三尺六寸,高七寸五分;令栱与瓜子栱相列二件,长三尺三寸五分,高七寸五分;角昂二一件,平长一十三尺一寸五分,高一尺五分。俱宽五寸。第六铺作:衬方头二件,长四尺五寸,高一尺二寸二分五厘,宽五寸。由昂一件,平长一十一尺三寸七分,高八寸五分,宽五寸。平盘枓七个,长八寸,宽八寸,高三寸。交互枓六个,长九寸,宽八寸;齐心枓三个(其中一个用于令栱与瓜子栱相列之上),长八寸,宽八寸;散枓四十二个,长七寸,宽八寸。俱高五寸。

(四) 六铺作重栱出单抄双下昂,里转五铺作重栱出两抄,并计心。补间铺作、柱头铺作、转角铺作四等材(四分八厘)各件尺寸开后

[补间铺作]

第一铺作:栌枓一个,长一尺五寸三分六厘,高九寸六分,宽一尺五寸三分六厘。第二铺作:第一跳华栱一件,长三尺四寸五分六厘,高一尺八厘,宽四寸八分。泥道栱一件,长二尺九寸七分六厘,高七寸二分,宽四寸八分;加栔长二尺一分六厘,高二寸八分八厘,宽一寸九分二厘。第三铺作:第二跳华栱一件,长五尺四寸二分四厘,高一尺八厘,宽四寸八分。下昂一一件:平长八尺四寸四分八厘,高七寸二分,宽四寸八分;加栔平长六尺九寸六分,高二寸八分八厘,宽三寸八分四厘。壁内慢栱一件,长四尺四寸一分六厘,高七寸二分,宽四寸八分;加栔长三尺四寸五分六厘,高二寸八分八厘,宽一寸九分二厘。瓜子栱二件,长二尺九寸七分六厘,高七寸二分,宽四寸八分。第四铺作:里要头一件,长四尺三寸四分四厘,高一尺八厘;下昂二一件,平长一十一尺七寸六分,高七寸二分;慢栱二件,长四尺四寸一分六厘,高七寸二分;瓜子栱一件,长二尺九寸七分六厘,高七寸二分;令栱一件,长三尺四寸五分六厘,高七寸二分。俱宽四寸八分。第五铺作:外要头一件,长五尺七寸四分五厘六毫,高一尺八厘,宽四寸八分;加栔长四尺五寸四分五厘六毫,高四寸八分,宽三寸八分四厘。慢栱一件,长四尺四寸一分六厘,高七寸二分,宽四寸八分。令栱一件,长三尺四寸五分六厘,高七寸二分,宽四寸八分。第六铺作:衬方头一件,长六尺五寸一分八厘四毫,高七寸二分,宽四寸八分。挑斡令栱一件,长三尺四寸五分六厘,高七寸二分;替木一根,长四尺九寸九分二厘,高五寸七分六厘。俱宽四寸八分。交互枓五个,长八寸六

分四厘,宽七寸六分八厘;齐心枓三个,长七寸六分八厘,宽七寸六分八厘;散枓二十四个(其中二个用于垫柱头方),长六寸七分二厘,宽七寸六分八厘。俱高四寸八分。

[柱头铺作]

第一铺作:栌枓一个,长一尺五寸三分六厘,高九寸六分,宽一尺五寸三分六厘。**第二铺作:**华栱一件,长三尺四寸五分六厘,高一尺八厘,宽四寸八分。泥道栱一件,长二尺九寸七分六厘,高七寸二分,宽四寸八分;加栔长二尺一寸六厘,高二寸八分八厘,宽一寸九分二厘。**第三铺作:**下昂一一件,平长一十一尺三寸四分七厘二毫,高七寸二分,宽四寸八分。加栔平长七尺六寸二分七厘二毫,高二寸八分八厘,宽三寸八分四厘。壁内慢栱一件,长四尺四寸一分六厘,高七寸二分,宽四寸八分;加栔长三尺四寸五棋分六厘,高二寸八分八厘,宽一寸九分二厘。瓜子栱一件,长二尺九寸七分六厘,高七寸二分,宽四寸八分。**第四铺作:**下昂二一件,平长九尺九寸六分,高七寸二分;慢栱二件,长四尺四寸一分六厘,高七寸二分;瓜子栱一件,长二尺九寸七分六厘,高七寸二分。俱宽四寸八分。**第五铺作:**要头一件,长四尺五寸二厘四毫,高一尺八厘,宽四寸八分;加栔长四尺六寸八厘,高四寸八分,宽三寸八分四厘。慢栱一件,长四尺四寸一分六厘,高七寸二分,宽四寸八分。令栱一件,长三尺四寸五分六厘,高七寸二分,宽四寸八分。**第六铺作:**衬方头一件,长六尺五寸六分六厘四毫,高七寸二分,宽四寸八分。骑栿枓二个,长一尺六寸三分二厘,宽八寸六分四厘,高五寸七分六厘。交互枓四个,长八寸六分四厘,宽七寸六分八厘;齐心枓一个,长七寸六分八厘,宽七寸六分八厘;散枓十六个(其中二个用于垫柱头方),长六寸七分二厘,宽七寸六分八厘。俱高四寸八分。

[转角铺作]

第一铺作:角栌枓一个,长一尺七寸二分八厘,高九寸六分,宽一尺七寸二分八厘。**第二铺作:**华栱与泥道栱相列二件,长三尺二寸一分六厘,高一尺八厘,宽四寸八分。角华栱一件,长四尺六寸四分八厘三毫,高一尺八厘,宽四寸八分。**第三铺作:**慢栱与华头子相列二件,长四尺四寸六分四厘,高一尺八厘;外瓜子栱与小栱头相列二件,长三尺八寸八分八厘,高七寸二分;里瓜子栱与小栱头相列二件,长二尺四寸四分八厘,高七寸二分;第二跳角华栱一件,长七尺五寸四分八厘四毫,高一尺八厘。俱宽四寸八分。**第四铺作:**下昂一与下柱头方相列二件,昂平长六尺四寸九分四厘四毫,高一尺八厘;外慢栱与切几头相列二件,长四尺八寸四分八厘,高七寸二分;外瓜子栱与小栱头相列二件,长五尺三寸二分八厘,高七寸二分;里慢栱与切几头相列或鸳鸯交手二件,长三尺四寸八厘,高七寸二分;令栱与小栱头相列或鸳鸯交手二件,长二尺六寸八分八厘,高七寸二分。俱宽四寸八分。角昂一连角要头一件,角昂平长一十三尺九寸二分,角要头长九尺三寸六分六厘四毫,俱高一尺八厘,宽四寸八分。**第五铺作:**下昂二与上柱头方相列二件,昂平长七尺七寸二分八厘,高七寸二分;要头二件,长四尺四寸六分八厘八毫,高一尺八厘;慢栱与切几头相列二件,长六尺二寸八分八厘,高七寸二分;令栱二件,长三尺四寸五分六厘,高七寸二分;令栱与瓜子栱相列二件,长三尺二寸一分六厘,高七寸二分;角昂二一件,平长一十二尺六寸二分四厘,高一尺八厘。俱宽四寸八分。**第六铺作:**衬方头二件,长四尺三寸二分,高一尺一寸七分六厘,宽四寸八分。由昂一件,平长十尺九寸一分五厘二毫,高八寸一分六厘,宽四寸八分。平盘枓七个,长七寸六分八厘,宽七寸六分八厘,高二寸八分八厘。交互枓六个,长八寸六分四厘,宽七寸六分八厘;齐心枓三个(其中一个用于令栱与瓜子栱相列之上),长七寸六分八厘,宽七寸六分八厘;散枓四十二个,长六寸七分二厘,宽七寸六分八厘。俱高四寸八分。

(五)六铺作重栱出单抄双下昂,里转五铺作重栱出两抄,并计心。补间铺作、柱头铺作、转角铺作五等材(四分四厘)各件尺寸开后

[补间铺作]

第一铺作:栌枓一个,长一尺四寸八厘,高八寸八分,宽一尺四寸八厘。**第二铺作:**第一跳华栱一件,长三尺一寸六分八厘,高九寸二分四厘,宽四寸四分。泥道栱一件,长二尺七寸二分八厘,高六寸六分,宽四寸四分;加栔长一尺八寸四分八厘,高二寸六分四厘,宽一寸七分六厘。**第三铺作:**第二跳华栱一件,长四尺九寸七分二厘,高九寸二分四厘,宽四寸四分。下昂一一件:平长七尺七寸四分四厘,高六寸六分,宽四寸四分;加栔平长六尺三寸八分,高二寸六分四厘,宽三寸五分二厘。壁内慢栱一件,长四尺四分八厘,高六寸六分,宽四寸四分;加栔长三尺一寸六分八厘,高二寸六分四厘,宽一寸七分六厘。瓜子栱二件,长二尺七寸二分八厘,高六寸六分,宽四寸四分。**第四铺作:**里要头一件,长三尺九寸八分二厘,高九寸二分四厘;下昂二一件,平长十尺七寸三分二厘,高六寸六分;慢栱二件,长四尺四分八厘,高六寸六分;瓜子栱一件,长二尺七寸二分八厘,高六寸六分;令栱一件,长三尺一寸六分八厘,高六寸六分。俱宽四寸四分。**第五铺作:**外要头一件,长五尺二寸六分六厘八毫,高九寸二分四厘,宽四寸四分;加栔长四尺一寸六分六厘八毫,高四寸四分,宽三寸五分二厘。慢栱一件,长四尺四分八厘,高六寸六分,宽四寸四分。令栱一件,长三尺一寸六分八厘,高六寸六分,宽四寸四分。**第六铺作:**衬方头一件,长五尺九寸七分五厘二毫,高六寸六分,宽四寸四分。挑斡令交栱一件,长三尺一寸六分八厘,高六寸六分;替木一根,长四尺五寸七分六厘,高五寸二分八厘。俱宽四寸四分。交互枓五个,长七寸九分二厘,宽七寸四厘;齐心枓三个,长七寸四厘,宽七寸四厘;散枓二十四个(其中二个用于垫柱头方),长六寸一分六厘,宽七寸四厘。俱高四寸四分。

[柱头铺作]

第一铺作:栌枓一个,长一尺四寸八厘,高八寸八分,宽一尺四寸八厘。**第二铺作:**华栱一件,长三尺一寸六分八厘,高九寸二分四厘,宽四寸四分。泥道栱一件,长二尺七寸二分八厘,高六寸六分,宽四寸四分;加栔长一尺八寸四分八厘,高二寸六分四厘,宽一寸七分六厘。**第三铺作:**下昂一一件,平长十尺四寸一厘六毫,高六寸六分,宽四寸四分。加栔平长六尺九寸九分一厘六毫,高二寸六分四厘,宽三寸五分二厘。壁内慢栱一件,长四尺四分八厘,高六寸六分,宽四寸四分;加栔长三尺一寸六分八厘,高二寸六分四厘,宽一寸七分六厘。瓜子栱一件,长二尺七寸二分八厘,高六寸六分,宽四寸四分。**第四铺作:**下昂二一件,平长九尺一寸三分,高六寸六分;慢栱二件,长四尺四分八厘,高六寸六分;瓜子栱一件,长二尺七寸二分八厘,高六寸六分。俱宽四寸四分。**第五铺作:**要头一件,长四尺一寸二分七厘二毫,高九寸二分四厘,宽四寸四分;加栔长四尺二寸二分四厘,高四寸四分,宽三寸五分二厘。慢栱一件,长四尺四分八厘,高六寸六分,宽四寸四分。令栱一件,长三尺一寸六分八厘,高六寸六分,宽四寸四分。**第六铺作:**衬方头一件,长六尺一分九厘二毫,高六寸六分,宽四寸四分。骑栿枓二个,长一尺四寸九分六厘,宽七寸九分二厘,高五寸二分八厘。交互枓四个,长七寸九分二厘,宽七寸四厘;齐心枓一个,长七寸四厘,宽七寸四厘;散枓十六个(其中二个用于垫柱头方),长六寸一分六厘,宽七寸四厘。俱高四寸四分。

[转角铺作]

第一铺作:角栌枓一个,长一尺五寸八分四厘,高八寸八分,宽一尺五寸八分四厘。**第二铺作**:华栱与泥道栱相列二件,长二尺九寸四分八厘,高九寸二分四厘,宽四寸四分。角华栱一件,长四尺二寸六分九毫,高九寸二分四厘,宽四寸四分。**第三铺作**:慢栱与华头子相列二件,长四尺九分二厘,高九寸二分四厘;外瓜子栱与小栱头相列二件,长三尺五寸六分四厘,高六寸六分;里瓜子栱与小栱头相列二件,长二尺二寸四分四厘,高六寸六分;第二跳角华栱一件,长六尺九寸一分九厘四毫,高九寸二分四厘。俱宽四寸四分。**第四铺作**:下昂一与下柱头方相列二件,昂平长五尺九寸五分三厘二毫,高九寸二分四厘;外慢栱与切几头相列二件,长四尺四寸四分四厘,高六寸六分;外瓜子栱与小栱头相列二件,长四尺八寸八分四厘,高六寸六分;里慢栱与切几头相列二件,长三尺一寸二分四厘,高六寸六分;令栱与小栱头相列或鸳鸯交手二件,长二尺四寸六分四厘,高六寸六分。俱宽四寸四分。角昂一连角耍头一件:角昂平长一十二尺七分六厘,角耍头长四尺九寸一分九厘二毫,俱高九寸二分四厘,宽四寸四分。**第五铺作**:下昂二与上柱头方相列二件,昂平长七尺八分四厘,高六寸六分;耍头二件,长四尺九分六厘四毫,高九寸二分四厘;慢栱与切几头相列二件,长五尺七寸六分四厘,高六寸六分;令栱二件,长三尺一寸六分八厘,高六寸六分;令栱与瓜子栱相列二件,长二尺九寸四分八厘,高六寸六分;角昂二一件,平长一十一尺五寸七分二厘,高九寸二分四厘。俱宽四寸四分。**第六铺作**:衬方头二件,长三尺九寸六分,高一尺七分八厘,宽四寸四分。由昂一件,平长十尺五厘六毫,高七寸四分八厘,宽四寸四分。平盘枓七个,长七寸四厘,宽七寸四厘,高二寸六分四厘。交互枓六个,长七寸九分二厘,宽七寸四厘;齐心枓三个(其中一个用于令栱与瓜子栱相列之上),长七寸四厘,宽七寸四厘;散枓四十二个,长六寸一分六厘,宽七寸四厘。俱高四寸四分。

(六)六铺作重栱出单抄双下昂,里转五铺作重栱出两抄,并计心。补间铺作、柱头铺作、转角铺作六等材(四分)各件尺寸开后

[补间铺作]

第一铺作:栌枓一个,长一尺二寸八分,高八寸,宽一尺二寸八分。**第二铺作**:第一跳华栱一件,长二尺八寸八分,高八寸四分,宽四寸。泥道栱一件,长二尺四寸八分,高六寸,宽四寸;加栔长一尺六寸八分,高二寸四分,宽一寸六分。**第三铺作**:第二跳华栱一件,长四尺五寸二分,高八寸四分,宽四寸。下昂一一件:平长七尺四分,高六寸,宽四寸;加栔平长五尺八分,高二寸四分,宽三寸二分。壁内慢栱一件,长三尺六寸八分,高六寸,宽四寸;加栔长二尺八寸八分,高二寸四分,宽一寸六分。瓜子栱二件,长二尺四寸八分,高六寸,宽四寸。**第四铺作**:里耍头一件,长三尺六寸二分,高八寸四分;下昂二一件,长九尺七寸六分,高六寸;慢栱二件,长三尺六寸八分,高六寸;瓜子栱一件,长二尺四寸八分,高六寸;令栱一件,长二尺八寸八分,高六寸。俱宽四寸。

第五铺作：外耍头一件，长四尺七寸八分八厘，高八寸四分，宽四寸；加栔长三尺七寸八分八厘，高四寸，宽三寸二分。慢栱一件，长三尺六寸八分，高六寸，宽四寸。令栱一件，长二尺八寸八分，高六寸，宽四寸。**第六铺作**：衬方头一件，长五尺四寸三分二厘，高六寸，宽四寸。挑斡令栱一件，长二尺八分八厘，高六寸；替木一根，长四尺一寸六分，高四寸八分。俱宽四寸。交互枓五个，长七寸二分，宽六寸四分；齐心枓三个，长六寸四分，宽六寸四分；散枓二十四个（其中二个用于垫柱头方），长五寸六分，宽六寸四分。俱高四寸。

[柱头铺作]

第一铺作：栌枓一个，长一尺二寸八分，高八寸，宽一尺二寸八分。**第二铺作**：华栱一件，长二尺八寸八分，高八寸四分，宽四寸。泥道栱一件，长二尺四寸八分，高六寸，宽四寸；加栔长一尺六寸八分，高二寸四分，宽一寸六分。**第三铺作**：下昂一一件，平长九尺四寸五分六厘，高六寸，宽四寸。加栔平长六尺三寸五分六厘，高二寸四分，宽三寸二分。壁内慢栱一件，长三尺六寸八分，高六寸，宽四寸；加栔长二尺八寸八分，高二寸四分，宽一寸六分。瓜子栱一件，长二尺四寸八分，高六寸，宽四寸。**第四铺作**：下昂二一件，平长八尺三寸，高六寸；慢栱二件，长三尺六寸八分，高六寸；瓜子栱一件，长二尺四寸八分，高六寸。俱宽四寸。**第五铺作**：耍头一件，长三尺七寸五分二厘，高八寸四分，宽四寸；加栔长三尺八寸四分，高四寸，宽三寸二分。慢栱一件，长三尺六寸八分，高六寸，宽四寸，令栱一件，长二尺八寸八分，高六寸，宽四寸。**第六铺作**：衬方头一件，长五尺四寸七分二厘，高六寸，宽四寸。骑栿枓二个，长一尺三寸六分，宽七寸二分，高四寸八分。交互枓四个，长七寸二分，宽六寸四分；齐心枓一个，长六寸四分，宽六寸四分；散枓十六个（其中二个用于垫柱头方），长五寸六分，宽六寸四分。俱高四寸。

[转角铺作]

第一铺作：角栌枓一个，长一尺四寸四分，高八寸，宽一尺四寸四分。**第二铺作**：华栱与泥道栱相列二件，长二尺六寸八分，高八寸四分，宽四寸。角华栱一件，长三尺八寸七分三厘六毫，高八寸四分，宽四寸。**第三铺作**：慢栱与华头子相列二件，长三尺七寸二分，高八寸四分；外瓜子栱与小栱头相列二件，长三尺二寸四分，高六寸；里瓜子栱与小栱头相列二件，长二尺四分，高六寸；第二跳角华栱一件，长六尺二寸九分四毫，高八寸四分。俱宽四寸。**第四铺作**：下昂一与下柱头方相列二件，昂平长五尺四寸一分二厘，高八寸四分；外慢栱与切几头相列二件，长四尺四分，高六寸；外瓜子栱与小栱头相列二件，长四尺四分四厘，高六寸；里慢栱与切几头相列或鸳鸯交手二件，长二尺八寸四分，高六寸；令栱与小栱头相列或鸳鸯交手二件，长二尺二寸四分，高六寸。俱宽四寸。角昂一连角耍头一件：角昂平长一十一尺六寸，角耍头长四尺四寸七分二厘。俱高八寸四分，宽四寸。**第五铺作**：下昂二与上柱头方相列二件，昂平长六尺四寸四分，高六寸；耍头二件，长三尺七寸二分四厘，高八寸四分；慢栱与切几头相列二件，长五尺二寸四分，高六寸；令栱二件，长二尺八寸八分，高六寸。令栱与瓜子栱相列二件，长二尺六寸八分，高六寸；角昂二一件，平长十尺五寸二分，高八寸四分。俱宽四寸。**第六铺作**：衬方头二件，长三尺六寸，高九寸八分，宽四寸。由昂一件，平长九尺九分六厘，高六寸八分，宽四寸。平盘枓七个，长六寸四分，宽六寸四分，高二寸四分。交互枓六个，长七寸二分，宽六寸四分；齐心枓三个（其中一个用于令栱与瓜子栱相列之上），长六寸四分，宽六寸四分；散枓四十二个，长五寸六分，宽六寸四分。俱高四寸。

（七）六铺作重栱出单抄双下昂，里转五铺作重栱出两抄，并计心。补间铺作、柱头铺作、转角铺作七等材（三分五厘）各件尺寸开后

[补间铺作]

第一铺作：栌枓一个，长一尺一寸二分，高七寸，宽一尺一寸二分。第二铺作：第一跳华栱一件，长二尺五寸二分，高七寸三分五厘，宽三寸五分。泥道栱一件，长二尺一寸七分，高五寸二分五厘，宽三寸五分；加栔长一尺四寸七分，高二寸一分，宽一寸四分。第三铺作：第二跳华栱一件，长三尺九寸五分五厘，高七寸三分五厘，宽三寸五分。下昂一一件，平长六尺一寸六分，高五寸二分五厘，宽三寸五分；加栔平长五尺七寸五分五厘，高二寸一分，宽二寸八分。壁内慢栱一件，长三尺二寸二分，高五寸二分五厘，宽三寸五分；加栔长二尺五寸二分，高二寸一分，宽一寸四分。瓜子栱二件，长二尺一寸七分，高五寸二分五厘，宽三寸五分。第四铺作：里耍头一件，长三尺一寸六分七厘五毫，高七寸三分五厘；下昂二一件，平长八尺五寸四分，高五寸二分五厘；慢栱二件，长三尺二寸二分，高五寸二分五厘；瓜子栱一件，长二尺一寸七分，高五寸二分五厘；令栱一件，长二尺五寸二分，高五寸二分五厘。俱宽三寸五分。第五铺作：外耍头一件，长四尺一寸八分九厘五毫，高七寸三分五厘，宽三寸五分；加栔长三尺三寸一分四厘五毫，高三寸五分，宽二寸八分。慢栱一件，长三尺二寸二分，高五寸二分五厘，宽三寸五分。令栱一件，长二尺五寸二分，高五寸二分五厘，宽三寸五分。第六铺作：衬方头一件，长四尺七寸五分三厘，高五寸二分五厘，宽三寸五分。挑斡令栱一件，长二尺五寸二分，高五寸二分五厘；替木一根，长三尺六寸四分，高四寸二分。俱宽三寸五分。交互枓五个，长六寸三分，宽五寸六分；齐心枓三个，长五寸六分，宽五寸六分；散枓二十四个（其中二个用于垫柱头方），长四寸九分，宽五寸六分。俱高三寸五分。

[柱头铺作]

第一铺作：栌枓一个，长一尺一寸二分，高七寸，宽一尺一寸二分。第二铺作：华栱一件，长二尺五寸二分，高七寸三分五厘，宽三寸五分。泥道栱一件，长二尺一寸七分，高五寸二分五厘，宽三寸五分；加栔长一尺四寸七分，高二寸一分，宽一寸四分。第三铺作：下昂一一件，平长八尺二寸七分四厘，高五寸二分五厘，宽三寸五分。加栔平长五尺五寸六分一厘五毫，高二寸一分，宽二寸八分。壁内慢栱一件，长三尺二寸二分，高五寸二分五厘，宽三寸五分；加栔长二尺五寸二分，高二寸一分，宽一寸四分。瓜子栱一件，长二尺一寸七分，高五寸二分五厘，宽三寸五分。第四铺作：下昂二一件，平长七尺二寸六分二厘五毫，高五寸二分五厘；慢栱二件，长三尺二寸二分，高五寸二分五厘；外瓜子栱一件，长二尺一寸七分，高五寸二分五厘。俱宽三寸五分。第五铺作：耍头一件，长三尺二寸八分三厘，高七寸三分五厘，宽三寸五分；加栔长三尺三寸六分，高三寸三分二厘五毫，宽二寸八分。慢栱一件，长三尺二寸二分，高五寸二分五厘，宽三寸五分五厘。令栱一件，长二尺五寸二分，高五寸二分五厘，宽三寸五分。第六铺作：衬方头一件，长四尺七寸八分八厘，高五寸二分五厘，宽三寸五分。骑栿枓二个，长一尺一寸九分，宽六寸三分，高四寸二分。交互枓四个，长六寸三分，宽五寸六分；齐心枓一个，长五寸六分，宽五寸六分；散枓十

六个(其中二个用于垫柱头方),长四寸九分,宽五寸六分。俱高三寸五分。

[转角铺作]

第一铺作:角栌枓一个,长一尺二寸六分,高七寸,宽一尺二寸六分。第二铺作:华栱与泥道栱相列二件,长二尺三寸四分五厘,高七寸三分五厘,宽三寸五分。角华栱一件,长三尺三寸八分九厘四毫,高七寸三分五厘,宽三寸五分。第三铺作:慢栱与华头子相列二件,长三尺二寸五分五厘,高七寸三分五厘,外瓜子栱与小栱头相列二件,长二尺八寸三分五厘,高五寸二分五厘;里瓜子栱与小栱头相列二件,长一尺七寸八分五厘,高五寸二分五厘;第二跳角华栱一件,长五尺五寸四厘一毫,高七寸三分五厘,俱宽三寸五分。第四铺作:下昂一与下柱头方相列二件,昂平长四尺七寸三分五厘五毫,高七寸三分五厘;外慢栱与切几头相列二件,长三尺五寸三分五厘,高五寸二分五厘;外瓜子栱与小栱头相列二件,长三尺八寸八分五厘,高五寸二分五厘;里慢栱与切几头相列或鸳鸯交手二件,长二尺四寸八分五厘,高五寸二分五厘;令栱与小栱头相列或鸳鸯交手二件,长一尺九寸六分,高五寸二分五厘。俱宽三寸五分。角昂一连角耍头一件:角昂平长十尺一寸五分,角耍头长三尺九寸一分三厘,俱高七寸三分五厘;宽三寸五分。第五铺作:下昂二与上柱头方相列二件,昂平长五尺六寸三分五厘,高五寸二分五厘;耍头二件,长三尺二寸五分八厘五毫,高七寸三分五厘;慢栱与切几头相列二件,长四尺五寸八分五厘,高五寸二分五厘;令栱二件,长二尺五寸二分,高五寸二分五厘;令栱与瓜子栱相列二件,长二尺三寸四分五厘,高五寸二分五厘;角昂二一件,平长九尺二寸五分,高七寸三分五厘。俱宽三寸五分。第六铺作:衬方头二件,长三尺一寸五分,高八寸五分七厘五毫,宽三寸五分。由昂一件,平长七尺九寸五分九厘,高五寸九分五厘,宽三寸五分。平盘枓七个,长五寸六分,宽五寸六分,高二寸一分。交互枓六个,长六寸三分,宽五寸六分;齐心枓三个(其中一个用于令栱与瓜子栱相列之上),长五寸六分,宽五寸六分;散枓四十二个,长四寸九分,宽五寸六分。俱高三寸五分。

(八)六铺作重栱出单抄双下昂,里转五铺作重栱出两抄,并计心。补间铺作、柱头铺作、转角铺作八等材(三分)各件尺寸开后

[补间铺作]

第一铺作:栌枓一个,长九寸六分,高六寸,宽九寸六分。第二铺作:第一跳华栱一件,长二尺一寸六分,高六寸三分,宽三寸。泥道栱一件,长一尺八寸六分,高四寸五分,宽三寸;加栔平长四尺三寸五分,高一寸八分,宽一寸二分。第三铺作:第二跳华栱一件,长三尺三寸九分,高六寸三分,宽三寸。下昂一一件,平长五尺二寸八分,高四寸五分,宽三寸;加栔平长四尺三寸五分,高一寸八分,宽二寸四分。壁内慢栱一件,长二尺七寸六分,高四寸五分,宽三寸;加栔长二尺一寸六分,高一寸八分,宽一寸二分。瓜子栱二件,长一尺八寸六分,高四寸五分,宽三寸。第四铺作:里耍头一件,长二尺七寸一分五厘,高六寸三分;下昂二一件,平长七尺三寸二分,高四寸五分;慢栱二件,长二尺七寸六分,高四寸五分;瓜子栱一件,长一尺八寸六分,高四寸五分;令栱一件,长二尺一寸六分,高四寸五分。俱宽三寸。第五铺作:外耍头一件,长三尺五寸九分一厘,高六寸三分,宽三寸;加栔长二尺八寸四分一厘,高三寸,宽二寸四分。慢栱一件,长二尺七寸六分,高四寸五分,宽三寸。令栱一件,长二尺一寸六分,高四寸五分,宽三寸。第六铺作:衬方头一件,长四尺七寸四厘,高四寸五分,宽三寸。挑斡令栱一件,长二尺一寸六分,高四寸五分;替木一根,长三尺一寸二分,高三寸六分。俱宽三寸。交互枓五个,长五寸四分,宽四寸八分;齐心枓三个,长四寸八分,宽四寸八分;散枓二十四个(其中二个用于垫柱头方),长四寸二分,宽四寸八分。俱高三寸。

[柱头铺作]

第一铺作:栌枓一个,长九寸六分,高六寸,宽九寸六分。第二铺作:华栱一件,长二尺一寸六分,高六寸三分,宽三寸。泥道栱一件,长一尺八寸六分,高四寸五分,宽三寸;加栔长一尺二寸六分,高一寸八分,宽一寸二分。第三铺作:下昂一一件,平长七尺九分二厘,高四寸五分,宽三寸。加栔平长四尺七寸六分七厘,高一寸八分,宽二寸四分。壁内慢栱一件,长二尺七寸六分,高四寸五分,宽三寸;加栔长二尺一寸六分,高一寸八分,宽一寸二分。瓜子栱一件,长一尺八寸六分,高四寸五分,宽三寸。第四铺作:下昂二一件,平长六尺二寸二分五厘,高四寸五分;慢栱二件,长二尺七寸六分,高四寸五分;瓜子栱一件,长一尺八寸六分,高四寸五分。俱宽三寸。第五铺作:耍头一件,长二尺八寸一分四厘,高六寸三分,宽三寸;加栔长二尺八寸八分,高三寸,宽二寸四分。慢栱一件,长二尺七寸六分,高四寸五分,宽三寸。令栱一件,长二尺一寸六分,高四寸五分,宽三寸。第六铺作:衬方头一件,长四尺一寸四厘,高四寸五分,宽三寸。骑栿枓二个,长一尺二寸,宽五寸四分,高三寸六分。交互枓四个,长五寸四分,宽四寸八分;齐心枓一个,长四寸八分,宽四寸八分;散枓十六个(其中二个用于垫柱头方),长四寸二分,宽四寸八分。俱高三寸。

[转角铺作]

第一铺作:角栌枓一个,长一尺八分,高六寸,宽一尺八分。第二铺作:华栱与泥道栱相列二件,长二尺一分,高六寸三分,宽三寸。角华栱一件,长二尺九寸五厘二毫,高六寸三分,宽三寸。第三铺作:慢栱与华头子相列二件,长二尺七寸九分,高六寸三分;外瓜子栱与小栱头相列二件,长二尺四寸三分,高四寸五分;里瓜子栱与小栱头相列二件,长一尺五寸三分,高四寸五分;第二跳角华栱一件,长四尺七寸一分七厘八毫,高六寸三分。俱宽三寸。第四铺作:下昂一与下柱头方相列二件,昂平长四尺五分九厘,高六寸三分;外慢栱与切几头相列二件,长三尺三分,高四寸五分;外瓜子栱与小栱头相列二件,长三尺三寸三分,高四寸五分;里慢栱与切几头相列或鸳鸯交手二件,长二尺一寸三分,高四寸五分;令栱与小栱头相列或鸳鸯交手二件,长一尺六寸八分,高四寸五分。俱宽三寸。角昂一连角耍头一件:角昂平长八尺七寸,角耍头长三尺三寸五分四厘,俱高六寸三分,宽三寸。第五铺作:下昂二与上柱头方相列二件,昂平长四尺八分三厘,高四寸五分;耍头二件,长七寸九分三厘,高六寸三分;慢栱与切几头相列二件,长三尺九寸三分,高四寸五分;令栱二件,长二尺一寸六分,高四寸五分;令栱与瓜子栱相列二件,长二尺一分,高四寸五分;角昂二一件,平长七尺八寸九分,高六寸三分。俱宽三寸。第六铺作:衬方头二件,长二尺七寸,高七寸三分五厘,宽三寸。由昂一件,平长六尺八寸二分二厘,高五寸一分,宽三寸。平盘枓七个,长四寸八分,宽四寸八分,高一寸八分。交互枓六个,长五寸四分,宽四寸八分;齐心枓三个(其中一个用于令栱与瓜子栱相列之上),长四寸八分,宽四寸八分;散枓四十二个,长四寸二分,宽四寸八分。俱高三寸。

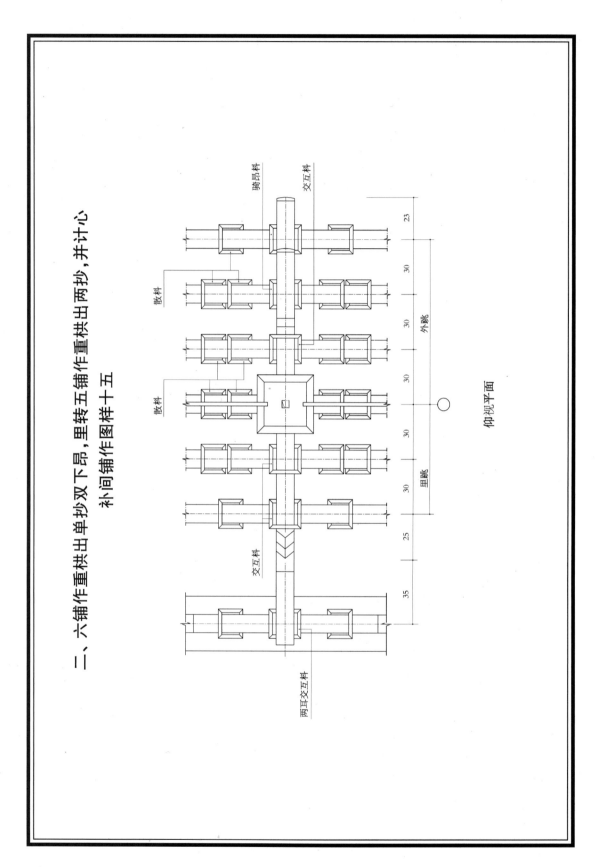

二、六铺作重栱出单抄双下昂，里转五铺作重栱出两抄，并计心
补间铺作图样十五

骑昂枓

交互枓

散枓

散枓

交互枓

两耳交互枓

23　30　30　30　30　30　25　35
　　　　外跳　　　里跳

仰视平面

六铺作重栱出单抄双下昂，里转五铺作重栱出两抄，并计心

补间铺作图样十五

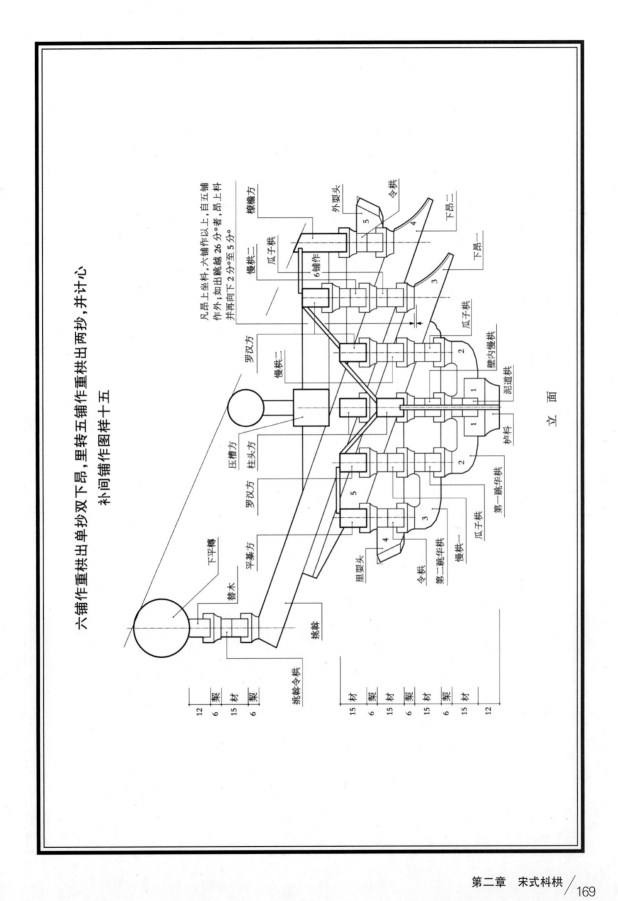

凡昂上坐枓，六铺作以上，自五铺
作，如出跳越 26 分°者，昂上枓
并再向下 2 分°至 5 分°。

立　面

六铺作重栱出单抄双下昂,里转五铺作重栱出两抄,并计心
补间铺作图样十五　分件一

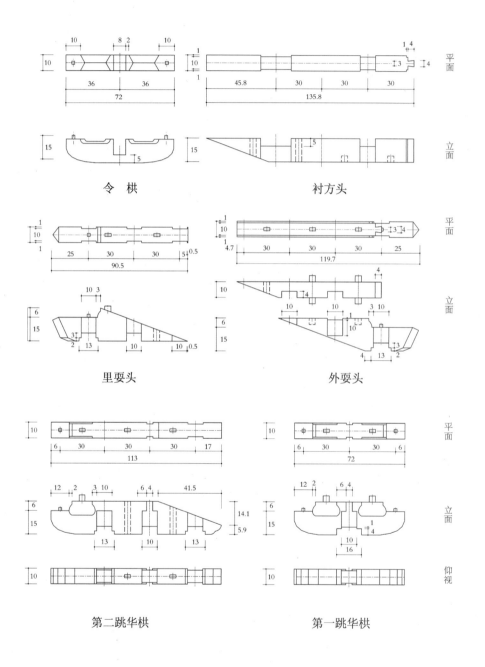

令　栱

衬方头

里耍头

外耍头

第二跳华栱

第一跳华栱

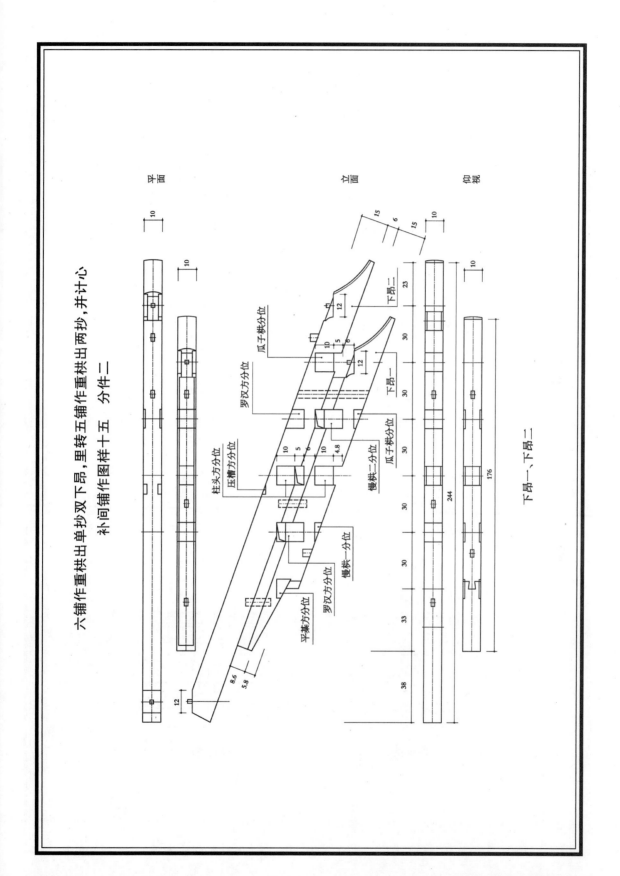

六铺作重栱出单抄双下昂，里转五铺作重栱出两抄，并计心
补间铺作图样十五 分件二

平面

立面

仰视

下昂一、下昂二

平綦方分位
罗汉方分位
慢栱二分位
柱头方分位
压槽方分位
慢栱一分位
瓜子栱二分位
罗汉方分位
瓜子栱一分位
下昂二
下昂一

六铺作重栱出单抄双下昂,里转五铺作重栱出两抄,并计心
补间铺作图样十五 分件三

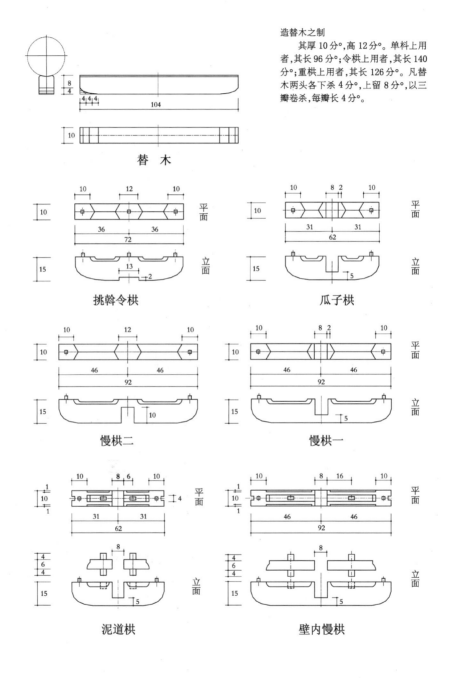

造替木之制

　　其厚 10 分°,高 12 分°。单料上用者,其长 96 分°;令栱上用者,其长 140 分°;重栱上用者,其长 126 分°。凡替木两头各下杀 4 分°,上留 8 分°,以三瓣卷杀,每瓣长 4 分°。

替　木

挑斡令栱

瓜子栱

慢栱二

慢栱一

泥道栱

壁内慢栱

三、六铺作重栱出单抄双下昂,里转五铺作出单抄,外计心
柱头铺作图样十六

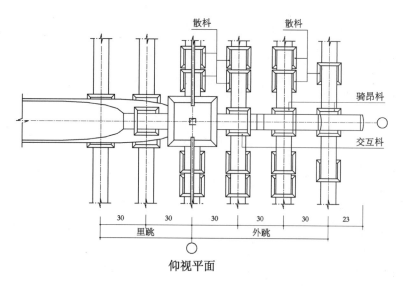

仰视平面

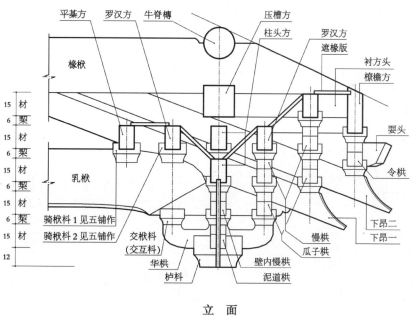

立 面

六铺作重栱出单抄双下昂,里转五铺作出单抄,外计心
柱头铺作图样十六 分件一

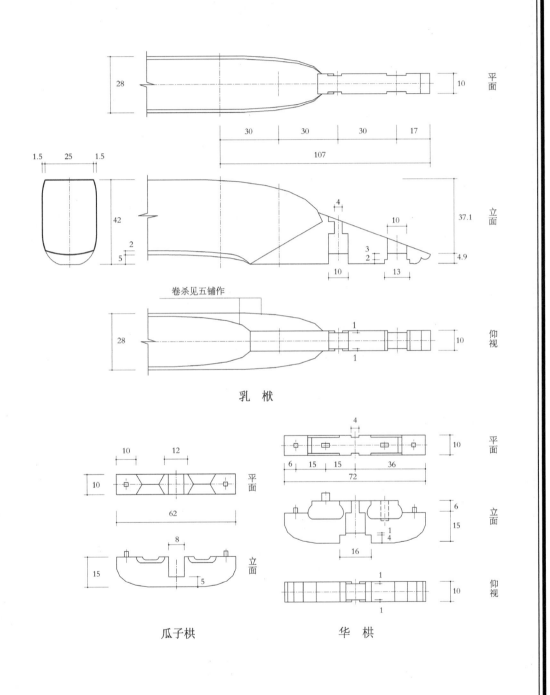

乳栱

瓜子栱

华栱

六铺作重栱出单抄双下昂，里转五铺作出单抄，外计心
柱头铺作图样十六 分件二

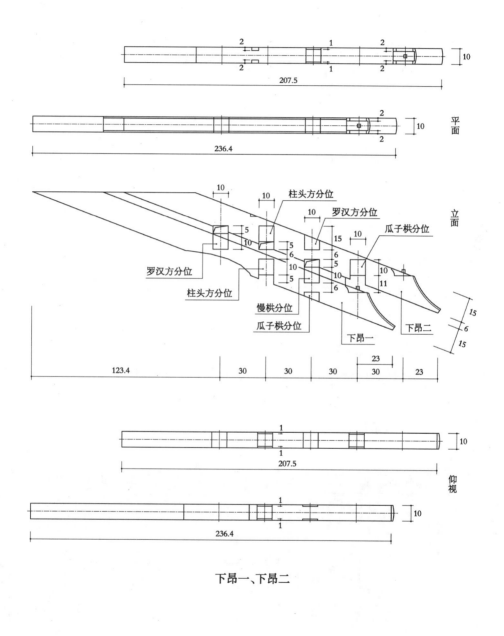

下昂一、下昂二

六铺作重栱出单抄双下昂,里转五铺作出单抄,外计心
柱头铺作图样十六 分件三

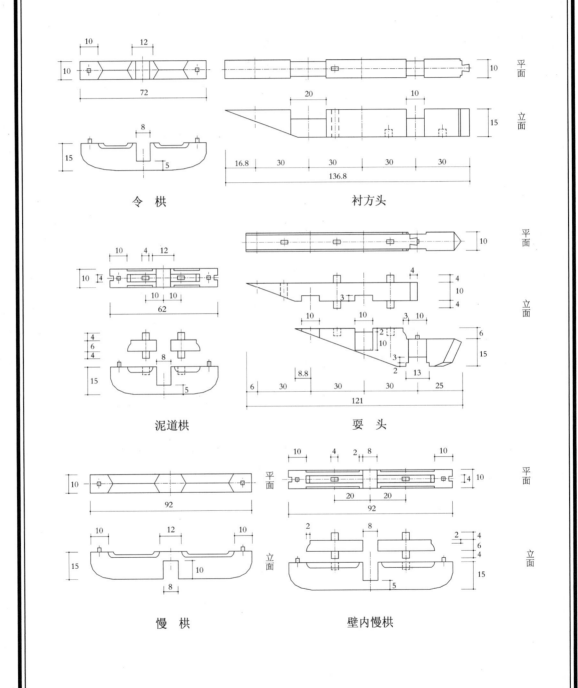

令 栱

衬方头

泥道栱

耍 头

慢 栱

壁内慢栱

四、六铺作重栱出单抄双下昂,里转五铺作重栱出两抄,并计心转角铺作图样十七

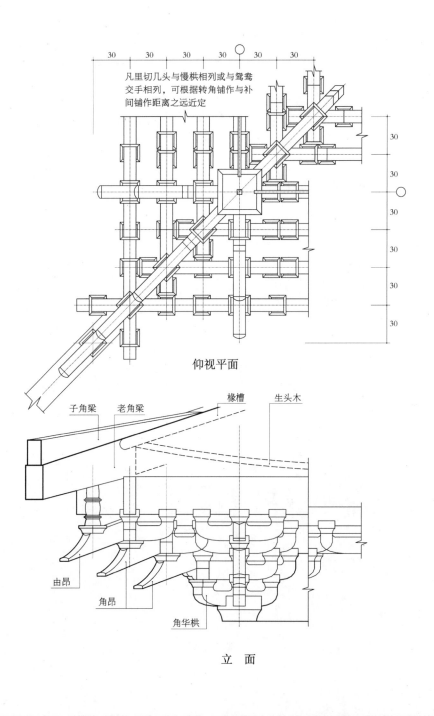

仰视平面

立　面

六铺作重栱出单抄双下昂,里转五铺作重栱出两抄,并计心

转角铺作图样十七　分件一

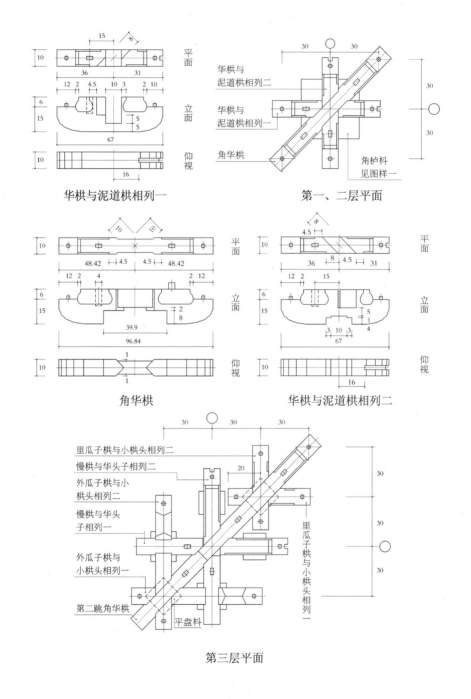

华栱与泥道栱相列一

第一、二层平面

角华栱

华栱与泥道栱相列二

第三层平面

六铺作重栱出单抄双下昂,里转五铺作重栱出两抄,并计心
转角铺作图样十七　分件二

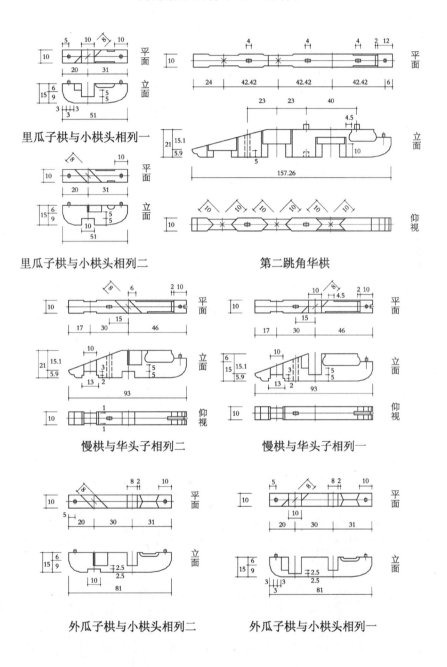

里瓜子栱与小栱头相列一

里瓜子栱与小栱头相列二　　　　　　　　　第二跳角华栱

慢栱与华头子相列二　　　　　　　　慢栱与华头子相列一

外瓜子栱与小栱头相列二　　　　　　外瓜子栱与小栱头相列一

六铺作重栱出单抄双下昂,里转五铺作重栱出两抄,并计心
转角铺作图样十七　分件三

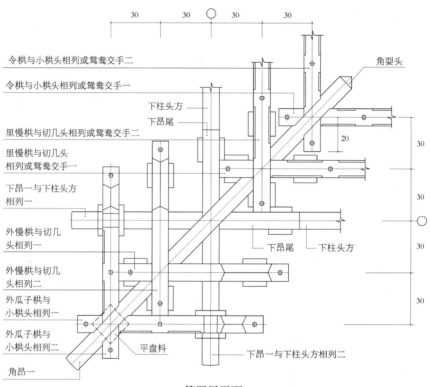

令栱与小栱头相列或鸳鸯交手二

令栱与小栱头相列或鸳鸯交手一

下柱头方

下昂尾

里慢栱与切几头相列或鸳鸯交手二

里慢栱与切几头相列或鸳鸯交手一

下昂一与下柱头方相列一

外慢栱与切几头相列一

下昂尾　下柱头方

外慢栱与切几头相列二

外瓜子栱与小栱头相列一

外瓜子栱与小栱头相列二

平盘枓

下昂一与下柱头方相列二

角昂一

角耍头

第四层平面

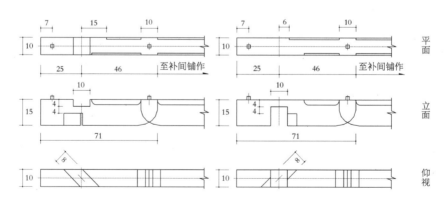

里慢栱与切几头相列或鸳鸯交手一　里慢栱与切几头相列或鸳鸯交手二

平面

立面

仰视

至补间铺作

六铺作重栱出单抄双下昂,里转五铺作重栱出两抄,并计心
转角铺作图样十七 分件四

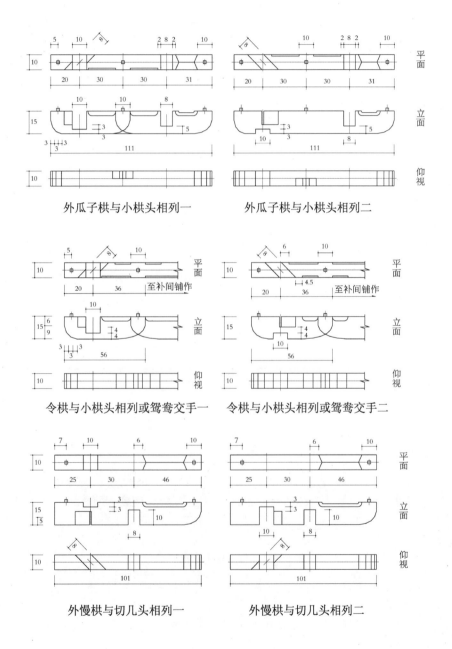

外瓜子栱与小栱头相列一　　　　　外瓜子栱与小栱头相列二

令栱与小栱头相列或鸳鸯交手一　　令栱与小栱头相列或鸳鸯交手二

外慢栱与切几头相列一　　　　　　外慢栱与切几头相列二

六铺作重栱出单抄双下昂,里转五铺作重栱出两抄,并计心

转角铺作图样十七 分件五

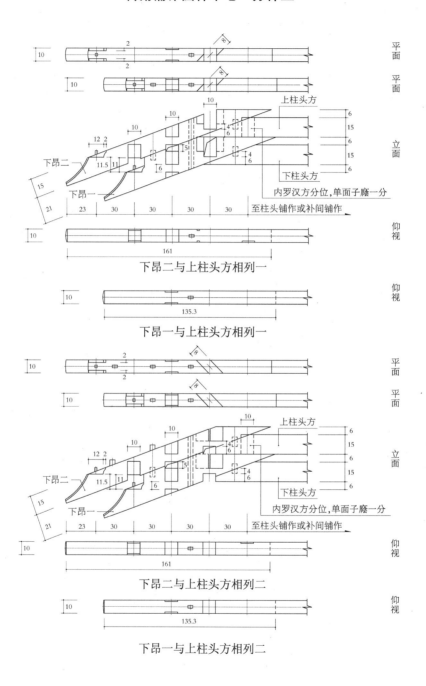

下昂二与上柱头方相列一

下昂一与上柱头方相列一

下昂二与上柱头方相列二

下昂一与上柱头方相列二

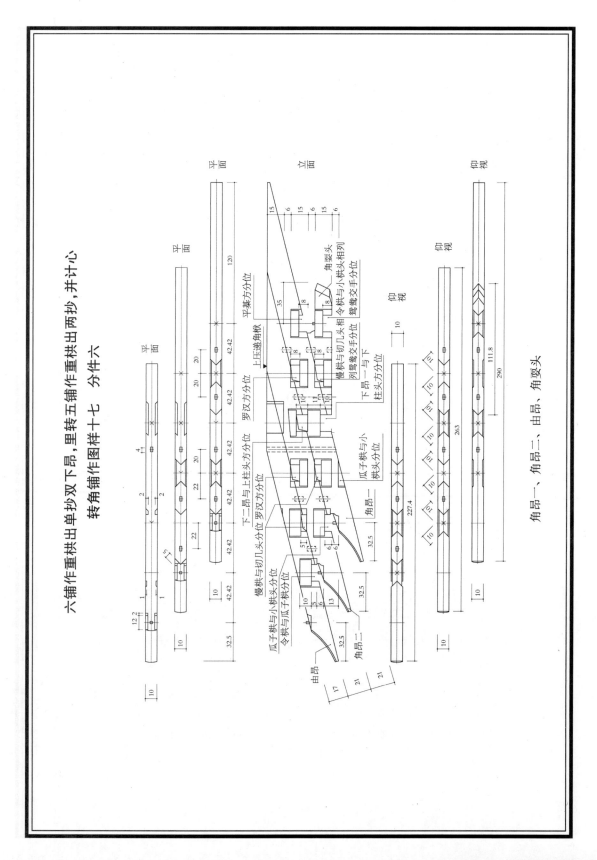

六铺作重栱出单抄双下昂，里转五铺作重栱出两抄，并计心

转角铺作图样十七 分件六

角昂一、角昂二、由昂、角要头

六铺作重栱出单抄双下昂,里转五铺作重栱出两抄,并计心
转角铺作图样十七 分件七

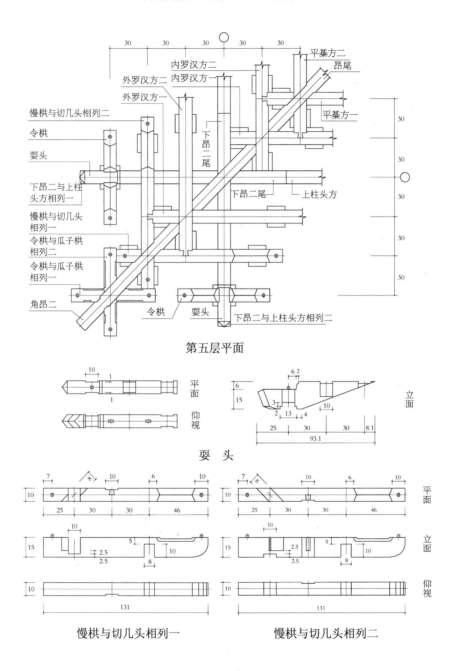

第五层平面

耍 头

慢栱与切几头相列一 慢栱与切几头相列二

六铺作重栱出单抄双下昂,里转五铺作重栱出两抄,并计心
转角铺作图样十七　分件八

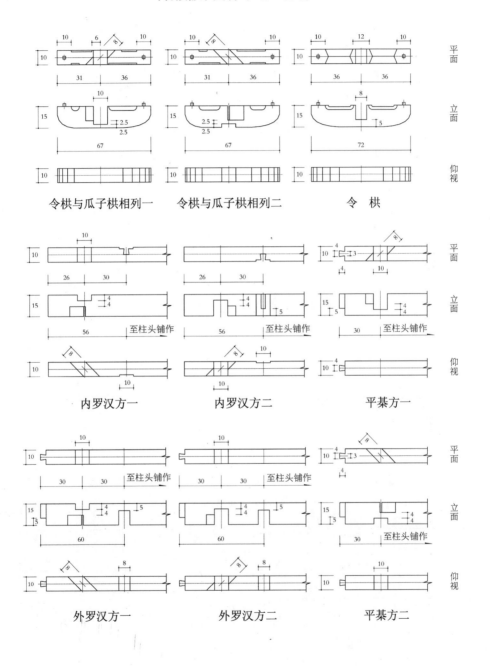

令栱与瓜子栱相列一　　令栱与瓜子栱相列二　　令　栱

内罗汉方一　　内罗汉方二　　平棊方一

外罗汉方一　　外罗汉方二　　平棊方二

六铺作重栱出单抄双下昂,里转五铺作重栱出两抄,并计心
转角铺作图样十七 分件九

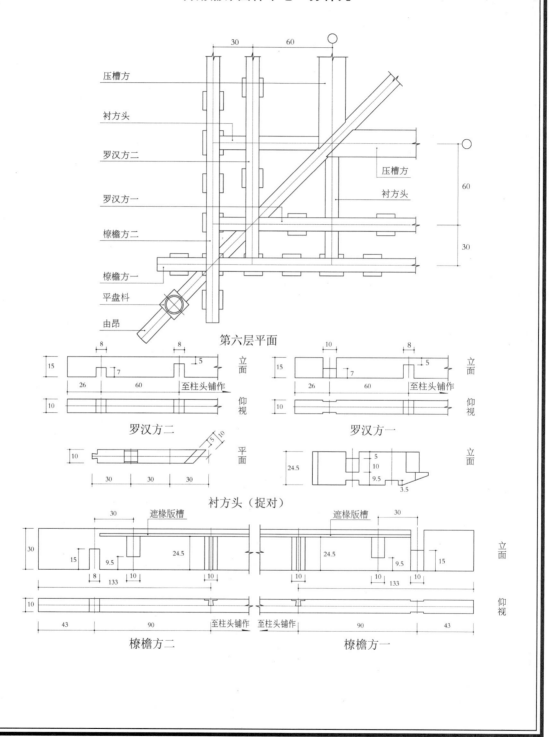

第六层平面

罗汉方二

罗汉方一

衬方头（捉对）

椽檐方二

椽檐方一

五、六铺作重栱出单抄双下昂,里转五铺作重栱出两抄,并计心

各件尺寸权衡表

单位:分°

枓栱类别	构件名称		长	高	宽	件数	备注
补间铺作	栌枓		32	20	32	1	
	第一跳华栱		72	21	10	1	
	泥道栱	栱	62	15	10	1	
		加栔	42	6	4	1	
	第二跳华栱		113	21	10	1	
	下昂一	昂	平长176	15	10	1	
		加栔	平长145	6	8	1	
	壁内慢栱	栱	92	15	10	1	
		加栔	72	6	4	1	
	瓜子栱		62	15	10	2	
	里耍头		90.5	21	10	1	
	下昂二		平长244±	15	10	1	
	慢栱		92	15	10	2	
	瓜子栱		62	15	10	1	
	令栱		72	15	10	1	
	外耍头	耍头	119.7	21	10	1	
		加栔	94.7	10	8	1	
	慢栱		92	15	10	1	
	令栱		72	15	10	1	
	衬方头		135.8	15	10	1	
	挑斡令栱		72	15	10	1	
	替木		104	12	10	1	
	交互枓		18	10	16	5	
	齐心枓		16	10	16	3	
	散枓		14	10	16	24	其中两个用于垫柱头方
柱头铺作	栌枓		32	20	32	1	
	华栱		72	21	10	1	
	泥道栱	栱	62	15	10	1	
		加栔	42	6	4	1	
	下昂一	昂	平长236.4	15	10	1	
		加栔	平长158.9	6	8	1	
	壁内慢栱	栱	92	15	10	1	
		加栔	72	6	4	1	
	瓜子栱		62	15	10	1	
	下昂二		平长207.5	15	10	1	
	慢栱		92	15	10	2	
	瓜子栱		62	15	10	1	
	耍头	耍头	93.8	21	10	1	
		加栔	96	10	8	1	

料栱类别	构件名称		长	高	宽	件 数	备 注
柱头铺作	慢 栱		92	15	10	1	
	令 栱		72	15	10	1	
	衬方头		136.8	15	10	1	
	骑栿枓		34	12.5	18	2	
	交互枓		18	10	16	4	
	齐心枓		16	10	16	1	
	散 枓		14	10	16	16	其中两个用于垫柱头方
转角铺作	角栌枓		36	20	36	1	
	华栱与泥道栱相列		67	21	10	2	
	角华栱		96.84	21	10	1	
	慢栱与华头子相列		93	21	10	2	
	外瓜子栱与小栱头相列		81	15	10	2	
	里瓜子栱与小栱头相列		51	15	10	2	
	第二跳角华栱		157.26	21	10	1	
	下昂一与下柱头方相列		平长 135.3	21	10	2	
	外慢栱与切几头相列		101	15	10	2	
	外瓜子栱与小栱头相列		111	15	10	2	
	里慢栱与切几头相列或鸳鸯交手		71	15	10	2	
	令栱与小栱头相列或鸳鸯交手		56	15	10	2	
	角昂一连角耍头	昂	平长 290	21	10	1	角昂一连角耍头共长 401.8
		耍头	111.8	21	10	1	
	下昂二与上柱头方相列		平长 161	15	10	2	
	耍 头		93.1	21	10	2	
	慢栱与切几头相列		131	15	10	2	
	令 栱		72	15	10	2	
	令栱与瓜子栱相列		67	15	10	2	
	角昂二		平长 263	21	10	1	
	衬方头		90	24.5	10	2	
	由 昂		平长 227.4	17	10	1	
	平盘枓		16	6	16	7	
	交互枓		18	10	16	6	
	齐心枓		16	10	16	3	其中一个用于令栱与瓜子栱相列之上
	散 枓		14	10	16	42	

第十五节　七铺作重栱出双抄双下昂，
里转六铺作重栱出三抄，并计心

一、七铺作重栱出双抄双下昂,里转六铺作重栱出三抄,并计心
一至八等材各件尺寸

（一）七铺作重栱出双抄双下昂,里转六铺作重栱出三抄,并计心。补间铺作、柱头铺作、转角铺作一等材(六分)各件尺寸开后

[补间铺作]

第一铺作:栌枓一个,长一尺九寸二分,高一尺二寸,宽一尺九寸二分。**第二铺作:**第一跳华栱一件,长四尺二寸,高一尺二寸六分,宽六寸。泥道栱一件,长三尺七寸二分,高九寸,宽六寸;加栔长二尺五寸二分,高三寸六分,宽二寸四分。**第三铺作:**第二跳华栱一件,长七尺三寸二分,高一尺二寸六分,宽六寸。壁内慢栱一件,长五尺五寸二分,高九寸,宽六寸;加栔长四尺三寸二分,高三寸六分,宽二寸四分。瓜子栱二件,长三尺七寸二分,高九寸,宽六寸。**第四铺作:**第三跳华栱一件,长九尺五寸四分,高一尺二寸六分,宽六寸。下昂一一件,平长一十一尺四寸,高九寸,宽六寸;加栔平长九尺五寸四分,高三寸六分,宽四寸八分。慢栱二件,长五尺五寸二分,高九寸;瓜子栱二件,长三尺七寸二分,高九寸。俱宽六寸。**第五铺作:**里要头一件,长七尺五寸,高一尺二寸六分;下昂二一件,平长一十六尺八厘±,高九寸;慢栱二件,长五尺五寸二分,高九寸;瓜子栱一件,长三尺七寸二分,高九寸;令栱一件,长四尺三寸二分,高九寸。俱宽六寸。**第六铺作:**外要头一件,长六尺二寸二分二厘,高一尺二寸六分,宽六寸;加栔长六尺三分六厘,高四寸一分四厘,宽四寸八分。慢栱一件,长五尺五寸二分,高九寸,宽六寸。令栱一件,长四尺三寸二分,高九寸,宽六寸。**第七铺作:**衬方头一件,长八尺八寸九分二厘,高九寸,宽六寸。交互枓七个,长一尺八分,宽九寸六分;齐心枓二个,长九寸六分,宽九寸六分;散枓三十二个(其中四个用于垫柱头方),长八寸四分,宽九寸六分。俱高六寸。

[柱头铺作]

第一铺作:栌枓一个,长一尺九寸二分,高一尺二寸,宽一尺九寸二分。**第二铺作:**第一跳华栱一件,长四尺二寸,高一尺二寸六分,宽六寸。泥道栱一件,长三尺七寸二分,高九寸,宽六寸;加栔长二尺五寸二分,高三寸六分,宽二寸四分。**第三铺作:**第二跳华栱一件,长七尺三寸二分,高一尺二寸六分,宽六寸。壁内慢栱一件,长五尺五寸二分,高九寸,宽六寸;加栔长四尺三寸二分,高三寸六分,宽二寸四分。瓜子栱二件,长三尺七寸二分,高九寸,宽六寸。**第四铺作:**下昂一一件,平长一十一尺四寸,高九寸,宽六寸。加栔平长九尺五寸四分,高三寸六分,宽四寸八分。慢栱二件,长五尺五寸二分,高九寸;瓜子栱一件,长三尺七寸二分,高九寸。俱宽六寸。**第五铺作:**下昂二一件,平长一十三尺二寸六分,高九寸;慢栱一件,长五尺五寸二分,高九寸;瓜子

栱一件,长三尺七寸二分,高九寸。俱宽六寸。**第六铺作**:耍头一件,长六尺四寸八厘,高一尺二寸六分,宽六寸;加栔长六尺四分八厘,高三寸六分,宽四寸八分。慢栱一件,长五尺五寸二分,高九寸;令栱一件,长四尺三寸二分,高九寸。俱宽六寸八分二厘。**第七铺作**:衬方头一件,长八尺八寸八分,高九寸,宽六寸。骑栿枓二个,长二尺四分,宽一尺八分,高七寸五分。交互枓六个,长一尺八尺,宽九寸六分;齐心枓一个,长九寸六分,宽九寸六分;散枓二十六个(其中四个用于垫柱头方),长八寸四分,宽九寸六分。俱高六寸。

　　[转角铺作]
　　第一铺作:角栌枓一个,长二尺一寸六分,高一尺二寸,宽二尺一寸六分。**第二铺作**:华栱与泥道栱相列二件,长四尺二寸,高一尺二寸六分,宽六寸。角华栱一件,长五尺六寸四分六毫,高一尺二寸六分,宽六寸。**第三铺作**:第二跳华栱与慢栱相列二件,长六尺四寸八分,高一尺二寸六分;外瓜子栱与小栱头相列二件,长四尺六寸二分,高九寸;里瓜子栱与小栱头相列二件,长二尺九寸四分,高九寸;第二跳角华栱一件,长十尺五分一厘八毫,高一尺二寸六分。俱宽六寸。
　　第四铺作:华头子与下柱头方相列二件,前长四尺三寸八分,后长至补间铺作或柱头铺作,高一尺二寸六分;慢栱与切几头相列二件,长五尺八寸二分,高八寸;瓜子栱与小栱头鸳鸯交手二件,长六尺一寸,高九寸;里慢栱与切几头相列或鸳鸯交手二件,长四尺一寸四分,高九寸;瓜子栱与小栱头相列二件,长二尺八寸二分,高九寸;角华头子与第三跳角华栱相列一件,长一十三尺三寸三分七厘四毫,高一尺二寸六分。俱宽六寸。**第五铺作**:下昂一与中柱头方相列二件,昂平长九尺六分,高一尺二寸六分;下昂二与上柱头方相列二件,昂平长十尺四寸二分二厘,高九寸;慢栱与切几头鸳鸯交手二件,长七尺三寸八分,高九寸;瓜子栱二件,长三尺七寸二分,高九寸;外瓜子栱与小栱头相列二件,长二尺八寸二分,高九寸;慢栱与切几头或鸳鸯交手二件,长四尺二分,高九寸;令栱与小栱头相列二件,长三尺一寸二分,高九寸;角昂一连角耍头一件:角昂平长二十一尺六寸九分,高一尺二寸六分;角耍头长八尺四寸六厘,高一尺二寸六分;角昂二一件,平长一十七尺八寸七分四厘,高一尺二寸六分。俱宽六寸。**第六铺作**:耍头二件,长六尺三寸一分八厘,高一尺二寸六分;慢栱与切几头相列鸳鸯交手二件,长八尺九寸四分,高九寸;令栱二件,长四尺三寸二分,高九寸;瓜子栱与令栱相列二件,长四尺二分,高九寸;由昂一件,平长一十四尺二寸五分六厘,高一尺八分。俱宽六寸。**第七铺作**:衬方头二件,长六尺四寸八分,高一尺三寸三分二厘,宽九寸。平盘枓九个,长九寸六分,宽九寸六分,高三寸六分。交互枓八个,长一尺八分,宽九寸六分;齐心枓三个(其中一个用于瓜子栱与令栱相列之上),长九寸六分,宽九寸六分;散枓六十四个,长八寸四分,宽九寸六分。俱高六寸。

　　(二) 七铺作重栱出双抄双下昂,里转六铺作重栱出三抄,并计心。补间铺作、柱头铺作、转角铺作二等材(五分五厘)各件尺寸开后
　　[补间铺作]
　　第一铺作:栌枓一个,长一尺七寸六分,高一尺一寸,宽一尺七寸六分。**第二铺作**:第一跳华栱一件,长三尺八寸五分,高一尺一寸五分五厘,宽五寸五分。泥道栱一件,长三尺四寸一分,高八寸二分五厘,宽五寸五分;加栔长二尺三寸一分,高三寸三分,宽二寸二分。**第三铺作**:第二跳华栱一件,长六尺七寸一分,高一尺一寸五分五厘,宽五寸五分。壁内慢栱一件,长五尺六分,高八寸二分五厘,宽五寸五分;加栔长三尺九寸六分,高三寸三分,宽二寸二分。瓜子栱二件,长三尺四寸一分,高八寸二分五厘,宽五寸五分。**第四铺作:**第三跳华栱一件,长八尺七寸四分五厘,高一尺一寸五分五厘,宽五寸五分。下昂一一件,平长十尺四寸五分,高八寸二分五厘,宽五寸五分;加栔平长八尺七寸四分五厘,高三寸三分,宽四寸四分。慢栱二件,长五尺六分,高八寸二分五厘;瓜子栱二件,长三尺四寸一分,高八寸二分五厘。俱宽五寸五分。**第五铺作:**里要头一件,长六尺八寸七分五厘,高一尺一寸五分五厘;下昂二一件,平长一十四尺六寸七分四厘,高八寸二分五厘;慢栱二件,长五尺六分,高八寸二分五厘;瓜子栱一件,长三尺四寸一分,高八寸二分五厘;令栱一件,长三尺九寸六分,高八寸二分五厘。俱宽五寸五分。**第六铺作:**外要头一件,长五尺七寸三厘五毫,高一尺一寸五分五厘,宽五寸五分;加栔长五尺五寸三分三厘,高三寸七分九厘五毫,宽四寸四分。慢栱一件,长五尺六分,高八寸二分五厘,宽五寸五分。令栱一件,长三尺九寸六分,高八寸二分五厘,宽五寸五分。**第七铺作:**衬方头一件,长八尺一寸五分一厘,高八寸二分五厘,宽五寸五分。交互枓七个,长九寸九分,宽八寸八分;齐心枓二个,长八寸八分,宽八寸八分;散枓三十二个(其中四个用于垫柱头方),长七寸七分,宽八寸八分。俱高五寸五分。

[柱头铺作]

第一铺作:栌枓一个,长一尺七寸六分,高一尺一寸,宽一尺七寸六分。**第二铺作:**第一跳华栱一件,长三尺九寸六分,高一尺一寸五分五厘,宽五寸五分。泥道栱一件,长三尺四寸一分,高八寸二分五厘,宽五寸五分;加栔长二尺三寸一分,高三寸三分,宽二寸二分。**第三铺作:**第二跳华栱一件,长六尺七寸一分,高一尺一寸五分五厘,宽五寸五分。壁内慢栱一件,长五尺六分,高八寸二分五厘,宽五寸五分;加栔长三尺九寸六分,高三寸三分,宽二寸二分。瓜子栱二件,长三尺四寸一分,高八寸二分五厘,宽五寸五分。**第四铺作:**下昂一一件,平长十尺四寸五分,高八寸二分五厘,宽五寸五分。加栔平长八尺七寸四分五厘,高三寸三分,宽四寸四分。慢栱二件,长五尺六分,高八寸二分五厘;瓜子栱一件,长三尺四寸一分,高八寸二分五厘。俱宽五寸五分。**第五铺作:**下昂二一件,平长一十二尺一寸五分五厘,高八寸二分五厘;慢栱一件,长五尺六分,高八寸二分五厘;瓜子栱一件,长三尺四寸一分,高八寸二分五厘。俱宽五寸五分。**第六铺作:**要头一件,长五尺八寸七分四厘,高一尺一寸五分五厘,宽五寸五分;加栔长五尺五寸四分四厘,高三寸三分,宽四寸四分。慢栱一件,长五尺六分,高八寸二分五厘;令栱一件,长三尺九寸六分,高八寸二分五厘。俱宽五寸五分。**第七铺作:**衬方头一件,长八尺一寸四分,高八寸二分五厘,宽五寸五分。骑栿枓二个,长一尺八寸七分,宽九寸九分,高六寸六分。交互枓六个,长九寸九分,宽八寸八分;齐心枓一个,长八寸八分,宽八寸八分;散枓二十六个(其中四个用于垫柱头方),长七寸七分,宽八寸八分。俱高五寸五分。

[转角铺作]

第一铺作:角栌枓一个,长一尺九寸八分,高一尺一寸,宽一尺九寸八分。**第二铺作:**华栱与泥道栱相列二件,长三尺六寸八分五厘,高一尺一寸五分五厘,宽五寸五分。角华栱一件,长五尺一寸七分五毫,高一尺一寸五分五厘,宽五寸五分。**第三铺作:**第二跳华栱与慢栱相列二件,长五尺九寸四分,高一尺一寸五分五厘;外瓜子栱与小栱头相列二件,长四尺二寸三分五厘,高八寸二分五厘;里瓜子栱与小栱头相列二件,长二尺六寸九分五厘,高八寸二分五厘;第二跳角华栱一件,长九尺二寸一分四厘一毫,高一尺一寸五分五厘。俱宽五寸五分。**第四铺作:**华头子与下柱头方相列二件,前长四尺一分五厘,后长至补间铺作或柱头铺作,高一尺一寸五分五厘;慢栱与切几头相列二件,长五尺三寸三分五厘,高八寸二分五厘;瓜子栱与小栱头鸳鸯交手二件,长五尺六寸六分五厘,高八寸二分五厘;里慢栱与切几头相列或鸳鸯交手二件,长三尺七寸九分五厘,高八寸二分五厘;瓜子栱与小栱头相列二件,长二尺五寸八分五厘,高八寸二分五厘;角华头子与第三跳角华栱相列一件,长一十二尺二寸二分五厘九毫,高一尺一寸五分五厘。俱宽五寸五分。**第五铺作:**下昂一与中柱头方相列二件,昂平长八尺三寸五厘,高一尺一寸五分五厘;下昂二与上柱头方相列二件,昂平长九尺五寸五分三厘五毫,高八寸二分五厘;慢栱与切几头鸳鸯交手二件,长六尺七寸六分五厘,高八寸二分五厘;瓜子栱二件,长三尺四寸一分,高八寸二分五厘;外瓜子栱与小栱头相列二件,长二尺五寸八分五厘,高八寸二分五厘;慢栱与切几头或鸳鸯交手二件,长三尺六寸八分五厘,高八寸二分五厘;令栱与小栱头相列二件,长二尺八寸六分,高八寸二分五厘;角昂一连角耍头一件,角昂平长一十九尺八寸八分二厘五毫,高一尺一寸五分五厘;角耍头长七尺七寸五厘五毫,高一尺一寸五分五厘;角昂二一件,平长一十六尺三寸八分四厘五毫,高一尺一寸五分五厘。俱宽五寸五分。**第六铺作:**耍头二件,长五尺七寸九分一厘五毫,高一尺一寸五分五厘;慢栱与切几头相列鸳鸯交手二件,长八尺一寸九分五厘,高八寸二分五厘;令栱二件,长三尺九寸六分,高八寸二分五厘;瓜子栱与令栱相列二件,长三尺六寸八分五厘,高八寸二分五厘;由昂一件,平长一十三尺六分八厘,高九寸九分。俱宽五寸五分。

第七铺作:衬方头二件,长五尺九寸四分,高一尺二寸二分一厘,宽五寸五分。平盘枓九个,长八寸八分,宽八寸八分,高三寸三分。交互枓八个,长九寸九分,宽八寸八分;齐心枓三个(其中一个用于瓜子栱与令栱相列之上),长八寸八分,宽八寸八分;散枓六十四个,长七寸七分,宽八寸八分。俱高五寸五分。

(三) 七铺作重栱出双抄双下昂,里转六铺作重栱出三抄,并计心。补间铺作、柱头铺作、转角铺作三等材(五分)各件尺寸开后

[补间铺作]

第一铺作:栌枓一个,长一尺六寸,高一尺,宽一尺六寸。**第二铺作:**第一跳华栱一件,长三尺五寸,高一尺五分,宽五寸。泥道栱一件,长三尺一寸,高七寸五分,宽五寸;加栔长二尺一寸,高三寸,宽二寸。**第三铺作:**第二跳华栱一件,长六尺一寸,高一尺五分,宽五寸。壁内慢栱一件,长四尺六寸,高七寸五分,宽五寸;加栔长三尺六寸,高三寸,宽二寸。瓜子栱二件,长三尺一寸,高七寸五分,宽五寸。**第四铺作:**第三跳华栱一件,长七尺九寸五分,高一尺五分,宽五寸。下昂一一件,平长九尺五寸,高七寸五分,宽五寸;加栔平长七尺九寸五分,高三寸,宽四寸。慢栱二件,长四尺六寸,高七寸五分;瓜子栱二件,长三尺一寸,高七寸五分。俱宽五寸。**第五铺作:**里耍头一件,长六尺二寸五分,高一尺五分;下昂二一件,平长一十三尺三寸四分,高七寸五分;慢栱二件,长四尺六寸,高七寸五分;瓜子栱一件,长三尺一寸,高七寸五分;令栱一件,长三尺六寸,高七寸五分。俱宽五寸。**第六铺作:**外耍头一件,长五尺一寸八分五厘,高一尺五分,宽五寸;加栔长五尺三寸,高三寸四分五厘,宽四寸。慢栱一件,长四尺六寸,高七寸五分,宽五寸。令栱一件,长三尺六寸,高七寸五分,宽五寸。**第七铺作:**衬方头一件,长七尺四寸一分,高七寸五分,宽五寸。交互枓七个,长九寸,宽八寸;齐心枓二个,长八寸,宽八寸;散枓三十二个(其中四个用于垫柱头方),长七寸,宽八寸。俱高五寸。

[柱头铺作]

第一铺作:栌枓一个,长一尺六寸,高一尺,宽一尺六寸。**第二铺作:**第一跳华栱一件,长三尺五寸,高一尺五分,宽五寸。泥道栱一件,长三尺一寸,高七寸五分,宽五寸;加栔长二尺一寸,高三寸,宽二寸。**第三铺作:**第二跳华栱一件,长六尺一寸,高一尺五分,宽五寸。壁内慢栱一件,长四尺六寸,高七寸五分,宽五寸;加栔长三尺六寸,高三寸,宽二寸。瓜子栱二件,长三尺一寸,高七寸五分,宽五寸。**第四铺作:**下昂一一件,平长九尺五寸,高七寸五分,宽五寸。加栔平长七尺九寸五分,高三寸,宽四寸。慢栱二件,长四尺六寸,高七寸五分;瓜子栱一件,长三尺一寸,高七寸五分。俱宽五寸。**第五铺作:**下昂二一件,平长一十一尺五分,高七寸五分;慢栱一件,长四尺六寸,高七寸五分;瓜子栱一件,长三尺一寸,高七寸五分。俱宽五寸。**第六铺作:**耍头一件,长五尺三寸四分,高一尺五分,宽五寸;加栔长五尺四分,高三寸,宽四寸。慢栱一件,长四尺六寸,高七寸五分;令栱一件,长三尺六寸,高七寸五分。俱宽五寸。**第七铺作:**衬方头一件,长七尺四寸,高七寸五分,宽五寸。骑栿枓二个,长一尺七寸,宽九寸,高六寸。交互枓六个,长九寸,宽八寸;齐心枓一个,长八寸,宽八寸;散枓二十六个(其中四个用于垫柱头方),长七寸,宽八寸。俱高五寸。

[转角铺作]

第一铺作:角栌枓一个,长一尺八寸,高一尺,宽一尺八寸。**第二铺作:**华栱与泥道栱相列二件,长三尺三寸五分,高一尺五分,宽五寸。角华栱一件,长四尺七寸五毫,高一尺五分,宽五寸。**第三铺作:**第二跳华栱与慢栱相列二件,长五尺四寸,高一尺五分;外瓜子栱与小栱头相列二件,长三尺八寸五分,高七寸五分;里瓜子栱与小栱头相列二件,长二尺四寸五分,高七寸五分;第二跳角华栱一件,长八尺三寸七分六厘五毫,高一尺五分。俱宽五寸。**第四铺作:**华头子与下柱头方相列二件,前长三尺六寸五分,后长至补间铺作或柱头铺作,高一尺五分;慢栱与切几头相列二件,长四尺八寸五分,高七寸五分;瓜子栱与小栱头鸳鸯交手二件,长五尺一寸五分,高七寸五分;里慢栱与切几头相列或鸳鸯交手二件,长三尺四寸五分,高七寸五分;瓜子栱与小栱头相列二件,长二尺三寸五分,高七寸五分;角华头子与第三跳角华栱相列一件,长一十一尺一寸一分四厘五毫,高一尺五分。俱宽五寸。**第五铺作:**下昂一与中柱头方相列二件,昂平长七尺五寸五分,高一尺五分;下昂二与上柱头方相列二件,昂平长八尺六寸八分五厘,高七寸五分;慢栱与切几头鸳鸯交手二件,长六尺一寸五分,高七寸五分;瓜子栱二件,长三尺一寸,高七寸五分;外瓜子栱与小栱头相列二件,长二尺三寸五分,高七寸五分;慢栱与切几头或鸳鸯交手二件,长三尺三寸五分,高七寸五分;令栱与小栱头相列二件,长二尺六寸,高七寸五分;角昂一连角耍头一件;角昂平长一十八尺七分五厘,高一尺五分;角耍头长七尺五厘,高一尺五分;角昂二一件,平长一十四尺八寸九分五厘,高一尺五分。俱宽五寸。**第六铺作:**耍头二件,长五尺二寸六分五厘,高一尺五分;慢栱与切几头相列鸳鸯交手二件,长七尺四寸五分,高七寸五分;令栱二件,长三尺六寸,高七寸五分;瓜子栱与令栱相列二件,长三尺三寸五分,高七寸五分;由昂一件,平长一十一尺八寸八分,高九寸。俱宽五寸。**第七铺作:**衬方头二件,长五尺四寸,高一尺一寸一分,宽五寸。平盘枓九个,长八寸,宽八寸,高三寸。交互枓八个,长九寸,宽八寸;齐心枓三个(其中一个用于瓜子栱与令栱相列之上),长八寸,宽八寸;散枓六十四个,长七寸,宽八寸。俱高五寸。

(四)七铺作重栱出双抄双下昂,里转六铺作重栱出三抄,并计心。补间铺作、柱头铺作、转角铺作四等材(四分八厘)各件尺寸开后

[补间铺作]

第一铺作:栌枓一个,长一尺五寸三分六厘,高九寸六分,宽一尺五寸三分六厘。**第二铺作:**第一跳华栱一件,长三尺三寸六分,高一尺八厘,宽四寸八分。泥道栱一件,长二尺九寸七分六厘,高七寸二分,宽四寸八分;加栔长二尺一分六厘,高二寸八分八厘,宽一寸九分二厘。**第三铺作:**第二跳华栱一件,长五尺八寸五分六厘,高一尺八厘,宽四寸八分。壁内慢栱一件,长四尺四寸一分六厘,高七寸二分,宽四寸八分;加栔长三尺四寸五分六厘,高二寸八分八厘,宽一寸九分二厘。瓜子栱二件,长二尺九寸七分六厘,高七寸二分,宽四寸八分。**第四铺作:**第三跳华栱一件,长七尺六寸三分二厘,高一尺八厘,宽四寸八分。下昂一一件,平长九尺一寸二分,高七寸二分,宽四寸八分;加栔平长七尺六寸三分二厘,高二寸八分八厘,宽三寸八分四厘。慢栱二件,长四尺四寸一分六厘,高七寸二分;瓜子栱二件,长二尺九寸七分六厘,高七寸二分。俱宽四寸八分。**第五铺作:**里耍头一件,长六尺,高一尺八厘;下昂二一件,平长一十二尺八寸六分厘四毫,高七寸二分;慢栱二件,长四尺四寸一分六厘,高七寸二分;瓜子栱一件,长二尺九寸七分六厘,高七寸二分;令栱一件,长三尺四寸五分六厘,高七寸二分。俱宽四寸八分。**第六铺作:**外耍头一件,长四尺九寸七分七厘六毫,高一尺八厘,宽四寸八分;加栔长四尺八寸二分八厘八毫,高三寸二分一厘二毫,宽三寸八分四厘。慢栱一件,长四尺四寸一分六厘,高七寸二分,宽四寸八分。令栱一件,长三尺四寸五分六厘,高七寸二分,宽四寸八分。**第七铺作:**衬方头一件,长七尺一寸一分三厘六毫,高七寸二分,宽四寸八分。交互枓七个,长八寸六分四厘,宽七寸六分八厘;齐心枓二个,长七寸六分八厘,宽七寸六分八厘;散枓三十二个(其中四个用于垫柱头方),长六寸七分二厘,宽七寸六分八厘。俱高四寸八分。

[柱头铺作]

第一铺作:栌枓一个,长一尺五寸三分六厘,高九寸六分,宽一尺五寸三分六厘。**第二铺作:**第一跳华栱一件,长三尺三寸六分,高一尺八厘,宽四寸八分。泥道栱一件,长二尺九寸七分六厘,高七寸二分,宽四寸八分;加栔长二尺一分六厘,高二寸八分八厘,宽一寸九分二厘。**第三铺作:**第二跳华栱一件,长五尺八寸五分六厘,高一尺八厘,宽四寸八分。壁内慢栱一件,长四尺四寸一分六厘,高七寸二分,宽四寸八分;加栔长三尺四寸五分六厘,高二寸八分八厘,宽一寸九分二厘。瓜子栱二件,长二尺九寸七分六厘,高七寸二分,宽四寸八分。**第四铺作:**下昂一一件,平长九尺一寸二分,高七寸二分,宽四寸八分。加絜平长七尺六寸三分二厘,高二寸八分八厘,宽三寸八分四厘。慢栱二件,长四尺四寸一分六厘,高七寸二分;瓜子栱一件,长二尺九寸七分六厘,高七寸二分。俱宽四寸八分。**第五铺作**:下昂二一件,平长十尺六寸八厘,高七寸二分;慢栱一件,长四尺四寸一分六厘,高七寸二分;瓜子栱一件,长二尺九寸七分六厘,高七寸二分。俱宽四寸八分。**第六铺作**:耍头一件,长五尺一寸二分六厘四毫,高一尺八厘,宽四寸八分;加絜长四尺八寸三分八厘四毫,高二寸八分八厘,宽三寸八分四厘。慢栱一件,长四尺四寸一分六厘,高七寸二分;令栱一件,长三尺四寸五分六厘,高七寸二分。俱宽四寸八分。**第七铺作**:衬方头一件,长七尺一寸四厘,高七寸二分,宽四寸八分。骑栿枓二个,长一尺六寸三分二厘,宽八寸六分四厘,高五寸七分六厘。交互枓六个,长八寸六分四厘,宽七寸六分八厘;齐心枓一个,长七寸六分八厘,宽七寸六分八厘;散枓二十六个(其中四个用于垫柱头方),长六寸七分二厘,宽七寸六分八厘。俱高四寸八分。

[转角铺作]

第一铺作:角栌枓一个,长一尺七寸二分八厘,高九寸六分,宽一尺七寸二分八厘。**第二铺作**:华栱与泥道栱相列二件,长三尺二寸一分六厘,高一尺八厘,宽四寸八分。角华栱一件,长四尺五寸一分二厘四毫,高一尺八厘,宽四寸八分。**第三铺作**:第二跳华栱与慢栱相列二件,长五尺一寸八分四厘,高一尺八厘;外瓜子栱与小栱头相列二件,长三尺六寸九分六厘,高七寸二分;里瓜子栱与小栱头相列二件,长二尺三寸五分二厘,高七寸二分;第二跳角华栱一件,长八尺四分一厘四毫,高一尺八厘。俱宽四寸八分。**第四铺作**:华头子与下柱头方相列二件,前长三尺五寸四厘,后长至补间铺作或柱头铺作,高一尺八厘;慢栱与切几头相列二件,长四尺六寸五分六厘,高七寸二分;瓜子栱与小栱头鸳鸯交手二件,长四尺九寸四分四厘,高七寸二分;里慢栱与切几头相列或鸳鸯交手二件,长三尺三寸一分二厘,高七寸二分;瓜子栱与小栱头相列二件,长二尺二寸五分六厘,高七寸二分;角华头子与第三跳角华栱相列一件,长十尺六寸六分九厘九毫,高一尺八厘。俱宽四寸八分。**第五铺作**:下昂一与中柱头方相列二件,昂平长七尺二寸四分八厘,高一尺八厘;下昂二与上柱头方相列二件,昂平长八尺三寸三分七厘六毫,高七寸二分;慢栱与切几头鸳鸯交手二件,长五尺九寸四厘,高七寸二分;瓜子栱二件,长二尺九寸七分六厘,高七寸二分;外瓜子栱与小栱头相列二件,长二尺二寸五分六厘,高七寸二分;慢栱与切几头或鸳鸯交手二件,长三尺二寸一分六厘,高七寸二分;令栱与小栱头相列二件,长二尺四寸九分六厘,高七寸二分;角昂一连角耍头一件,角昂平长一十七尺三寸五分二厘,高一尺八厘;角耍头长六尺七寸二分四厘八毫,高一尺八厘;角昂二一件,平长一十四尺二寸九分九厘二毫,高一尺八厘。俱宽四寸八分。**第六铺作**:耍头二件,长五尺五分四厘四毫,高一尺八厘;慢栱与切几头相列鸳鸯交手二件,长七尺一寸五分二厘,高七寸二分;令栱二件,长三尺四寸五分六厘,高七寸二分;瓜子栱与令栱相列二件,长三尺二寸一分六厘,高七寸二分;由昂一件,平长一十一尺四寸四厘八毫,高八寸六分四厘。俱宽四寸八分。**第七铺作**:衬方头二件,长五尺一寸八分四厘,高一尺六分五厘六毫,宽四寸八分。平盘枓九个,长七寸六分八厘,宽七寸六分八厘,高二寸八分八厘。交互枓八个,长八寸六分四厘,宽七寸六分八厘;齐心枓三个(其中一个用于瓜子栱与令栱相列之上),长七寸六分八厘,宽七寸六分八厘;散科六十四个,长六寸七分二厘,宽七寸六分八厘。俱高四寸八分。

(五)七铺作重栱出双抄双下昂,里转六铺作重栱出三抄,并计心。补间铺作、柱头铺作、转角铺作五等材(四分四厘)各件尺寸开后

[补间铺作]

第一铺作:栌科一个,长一尺四寸八厘,高八寸八分,宽一尺四寸八厘。第二铺作:第一跳华栱一件,长三尺八分,高九寸二分四厘,宽四寸四分。泥道栱一件,长二尺七寸二分八厘,高六寸六分,宽四寸四分;加栔长一尺八寸四分八厘,高二寸六分四厘,宽一寸七分六厘。第三铺作:第二跳华栱一件,长五尺三寸六分八厘,高九寸二分四厘,宽四寸四分。壁内慢栱一件,长四尺四分八厘,高六寸六分,宽四寸四分;加栔长三尺一寸六分八厘,高二寸六分四厘,宽一寸七分六厘。瓜子栱二件,长二尺七寸二分八厘,高六寸六分,宽四寸四分。第四铺作:第三跳华栱一件,长六尺九寸九分六厘,高九寸二分四厘,宽四寸四分。下昂一一件,平长八尺三寸六分,高六寸六分,宽四寸四分;加栔平长六尺九寸九分六厘,高二寸六分四厘,宽三寸五分二厘。慢栱二件,长四尺四分八厘,高六寸六分;瓜子栱二件,长二尺七寸二分八厘,高六寸六分。俱宽四寸四分。第五铺作:里耍头一件,长五尺五寸,高九寸二分四厘;下昂二一件,平长一十一尺七寸三分九厘二毫,高六寸六分;慢栱二件,长四尺四分八厘,高六寸六分;瓜子栱一件,长二尺七寸二分八厘,高六寸六分;令栱一件,长三尺一寸六分八厘,高六寸六分。俱宽四寸四分。第六铺作:外耍头一件,长四尺五寸六分二厘八毫,高九寸二分四厘,宽四寸四分;加栔长四尺四寸二分六厘四毫,高二寸六分四厘,宽三寸三厘六毫。慢栱一件,长四尺四分八厘,高六寸六分,宽四寸四分。令栱一件,长三尺一寸六分八厘,高六寸六分,宽四寸四分。第七铺作:衬方头一件,长六尺五寸二分八毫,高六寸六分,宽四寸四分。交互科七个,长七寸九分二厘,宽七寸四厘;齐心科二个,长七寸四厘,宽七寸四厘;散科三十二个(其中四个用于垫柱头方),长六寸一分六厘,宽七寸四厘。俱高四寸四分。

[柱头铺作]

第一铺作:栌科一个,长一尺四寸八厘,高八寸八分,宽一尺四寸八厘。第二铺作:第一跳华栱一件,长三尺八分,高九寸二分四厘,宽四寸四分。泥道栱一件,长二尺七寸二分八厘,高二寸六分四厘,宽一寸七分六厘;加栔长一尺八寸四分八厘,高二寸六分四厘,宽一寸七分六厘。第三铺作:第二跳华栱一件,长五尺三寸六分八厘,高九寸二分四厘,宽四寸四分。壁内慢栱一件,长四尺四分八厘,高六寸六分,宽四寸四分;加栔长三尺一寸六分八厘,高二寸六分四厘,宽一寸七分六厘。瓜子栱二件,长二尺七寸二分八厘,高六寸六分,宽四寸四分。第四铺作:下昂一一件,平长八尺三寸六分,高六寸六分,宽四寸四分。加栔平长六尺九寸九分六厘,高二寸六分四厘,宽三寸五分二厘。慢栱二件,长四尺四分八厘,高六寸六分;瓜子栱一件,长二尺七寸二分八厘,高六寸六分。俱宽四寸四分。第五铺作:下昂二一件,平长九尺七寸二分四厘,高六寸六分;慢栱一件,长四尺四分八厘,高六寸六分;瓜子栱一件,长二尺七寸二分八厘,高六寸六分。俱宽四寸四分。第六铺作:耍头一件,长四尺六寸九分九厘二毫,高九寸二分四厘,宽四寸四分;加栔长四尺四寸三分五厘二毫,高二寸六分四厘,宽三寸五分二厘。慢栱一件,长四尺四分八厘,高六寸六分;令栱一件,长三尺一寸六分八厘,高六寸六分;俱宽四寸四分。**第七铺作**:衬方头一件,长六尺五寸一分二厘,高六寸六分,宽四寸四分。骑栿枓二个,长一尺四寸九分六厘,宽七寸九分二厘,高五寸二分八厘。交互枓六个,长七寸九分二厘,宽七寸四厘;齐心枓一个,长七寸四厘,宽七寸四厘;散枓二十六个(其中四个用于垫柱头方),长六寸一分六厘,宽七寸四厘。俱高四寸四分。

[转角铺作]

第一铺作:角栌枓一个,长一尺五寸八分四厘,高八寸八分,宽一尺五寸八分四厘。**第二铺作**:华栱与泥道栱相列二件,长二尺九寸四分八厘,高九寸二分四厘,宽四寸四分。角华栱一件,长四尺一寸三分六厘四毫,高九寸二分四厘,宽四寸四分。**第三铺作**:第二跳华栱与慢栱相列二件,长四尺七寸五分二厘,高九寸二分四厘;外瓜子栱与小栱头相列二件,长三尺三寸八分八厘,高六寸六分;里瓜子栱与小栱头相列二件,长二尺一寸五分六厘,高六寸六分;第二跳角华栱一件,长七尺三寸七分一厘三毫,高九寸二分四厘。俱宽四寸四分。**第四铺作**:华头子与下柱头方相列二件,前长三尺二寸一分二厘,后长至补间铺作或柱头铺作,高九寸二分四厘;慢栱与切几头相列二件,长四尺二寸六分八厘,高六寸六分;瓜子栱与小栱头鸳鸯交手二件,长四尺五寸三分二厘,高六寸六分;里慢栱与切几头相列或鸳鸯交手二件,长三尺三寸六厘,高六寸六分;瓜子栱与小栱头相列二件,长二尺六分八厘,高六寸六分;角华头子与第三跳角华栱相列一件,长九尺七寸八分七毫,高九寸二分四厘。俱宽四寸四分。**第五铺作**:下昂一与中柱头方相列二件,昂平长六尺六寸四分四厘,高九寸二分四厘;下昂二与上柱头方相列二件,昂平长七尺六寸四分二厘八毫,高六寸六分;慢栱与切几头鸳鸯交手二件,长五尺四寸一分二厘,高六寸六分;瓜子栱二件,长二尺七寸二分八厘,高六寸六分;外瓜子栱与小栱头相列二件,长二尺六分八厘,高六寸六分;慢栱与切几头或鸳鸯交手二件,长二尺九寸四分八厘,高六寸六分;令栱与小栱头相列二件,长二尺二寸八分八厘,高六寸六分;角昂一连角耍头一件:角昂平长一十五尺九寸六厘,高九寸二分四厘;角耍头长四尺五寸八分四毫,高九寸二分四厘;角昂二一件,平长一十三尺一寸七厘六毫,高九寸二分四厘。俱宽四寸四分。**第六铺作**:耍头二件,长四尺六寸三分三厘二毫,高九寸二分四厘;慢栱与切几头相列鸳鸯交手二件,长六尺五寸五分六厘,高六寸六分;令栱二件,长三尺一寸六分八厘,高六寸六分;瓜子栱与令栱相列二件,长二尺九寸四分八厘,高六寸六分;由昂一件,平长十尺四寸五分四厘四栱,高七寸九分二厘。俱宽四寸四分。**第七铺作**:衬方头二件,长四尺七寸五分二厘,高九寸七分六厘八毫,宽四寸四分。平盘枓九个,长七寸四厘,宽七寸四厘,高二寸六分四厘。交互枓八个,长七寸九分二厘,宽七寸四厘;齐心枓三个(其中一个用于瓜子栱与令栱相列之上),长七寸四厘,宽七寸四厘;散枓六十四个,长六寸一分六厘,宽七寸四厘。俱高四寸四分。

(六)七铺作重栱出双抄双下昂,里转六铺作重栱出三抄,并计心。补间铺作、柱头铺作、转角铺作六等材(四分)各件尺寸开后

[补间铺作]

第一铺作:栌枓一个,长一尺二寸八分,高八寸,宽一尺二寸八分。**第二铺作**:第一跳华栱一

件,长二尺八寸,高八寸四分,宽四寸。泥道栱一件,长二尺四寸八分,高六寸,宽四寸;加栔长一尺六寸八分,高二寸四分,宽一尺六寸。**第三铺作**:第二跳华栱一件,长四尺八寸八分,高八寸四分,宽四寸。壁内慢栱一件,长三尺六寸八分,高六寸,宽四寸;加栔长二尺八寸八分,高二寸四分,宽一寸六分。瓜子栱二件,长二尺四寸八分,高六寸,宽四寸。**第四铺作**:第三跳华栱一件,长六尺三寸六分,高八寸四分,宽四寸。下昂一一件,平长七尺六寸,高六寸,宽四寸;加栔平长六尺三寸六分,高二寸四分,宽三寸二分。慢栱二件,长三尺六寸八分,高六寸;瓜子栱二件,长二尺四寸八分,高六寸。俱宽四寸。**第五铺作**:里要头一件,长五尺,高八寸四分;下昂二一件,平长十尺六寸七分二厘,高六寸;慢栱二件,长三尺六寸八分,高六寸;瓜子栱一件,长二尺四寸八分,高六寸;令栱一件,长二尺八寸八分,高六寸。俱宽四寸。**第六铺作**:外要头一件,长四尺一寸四分八厘,高八寸四分,宽四寸;加栔长四尺二分四厘,高二寸七分六厘,宽三寸二分。慢栱一件,长三尺六寸八分,高六寸,宽四寸。令栱一件,长二尺八寸八分,高六寸,宽四寸。**第七铺作**:衬方头一件,长五尺九寸二分八厘,高六寸,宽四寸。交互枓七个,长七寸二分,宽六寸四分;齐心枓二个,长六寸四分,宽六寸四分;散枓三十二个(其中四个用于垫柱头方),长五寸六分,宽六寸四分。俱高四寸。

[柱头铺作]

第一铺作:栌枓一个,长一尺二寸八分,高八寸,宽一尺二寸八分。**第二铺作**:第一跳华栱一件,长二尺八寸,高八寸四分,宽四寸。泥道栱一件,长二尺四寸八分,高六寸,宽四寸;加栔长一尺六寸八分,高二寸四分,宽一寸六分。**第三铺作**:第二跳华栱一件,长四尺八寸八分,高八寸四分,宽四寸。壁内慢栱一件,长三尺六寸八分,高六寸,宽四寸;加栔长二尺八寸八分,高二寸四分,宽一寸六分。瓜子栱二件,长二尺四寸八分,高六寸,宽四寸。**第四铺作**:下昂一一件,平长七尺六寸,高六寸,宽四寸。加栔平长六尺三寸六分,高二寸四分,宽三寸二分。慢栱二件,长三尺六寸八分,高六寸;瓜子栱一件,长二尺四寸八分,高六寸。俱宽四寸。**第五铺作**:下昂二一件,平长八尺八寸四分,高六寸;慢栱一件,长三尺六寸八分,高六寸;瓜子栱一件,长二尺四寸八分,高六寸。俱宽四寸。**第六铺作**:要头一件,长四尺二寸七分二厘,高八寸四分,宽四寸;加栔长四尺三分二厘,高二寸四分,宽三寸二分。慢栱一件,长三尺六寸八分,高六寸;令栱一件,长二尺八寸八分,高六寸。俱宽四寸。**第七铺作**:衬方头一件,长五尺九寸二分,高六寸,宽四寸。骑栿枓二个,长一尺三寸六分,宽七寸二分,高四寸八分。交互枓六个,长七寸二分,宽六寸四分;齐心枓一个,长六寸四分,宽六寸四分;散枓二十六个(其中四个用于垫柱头方),长五寸六分,宽六寸四分。俱高四寸。

[转角铺作]

第一铺作:角栌枓一个,长一尺四寸四分,高八寸,宽一尺四寸四分。**第二铺作**:华栱与泥道栱相列二件,长二尺六寸八分,高八寸四分,宽四寸。角华栱一件,长三尺七寸六分四毫,高八寸四分,宽四寸。**第三铺作**:第二跳华栱与慢栱相列二件,长四尺三寸二分,高八寸四分;外瓜子栱与小栱头相列二件,长三尺八分,高六寸;里瓜子栱与小栱头相列二件,长一尺九寸六分,高六寸;第二跳角华栱一件,长六尺七寸一厘二毫,高八寸四分。俱宽四寸。**第四铺作**:华头子与下柱头方相列二件,前长二尺九寸二分,后长至补间铺作或柱头铺作,高八寸四分;慢栱与切几头相列二件,长三尺八寸八分,高六寸;瓜子栱与小栱头鸳鸯交手二件,长四尺一寸二分,高六寸;里慢栱与切几头相列或鸳鸯交手二件,长二尺七寸六分,高六寸;瓜子栱与小栱头相列二件,长一尺八寸八分,高六寸;角华头子与第三跳角华栱相列一件,长八尺八寸九分一厘六毫,高八寸四分。俱宽四寸。**第五铺作:**下昂一与中柱头方相列二件,昂平长六尺四寸,高八寸四分;下昂二与上柱头方相列二件,昂平长六尺九寸四分八厘,高六寸;慢栱与切几头鸳鸯交手二件,长四尺九寸二分,高六寸;瓜子栱二件,长二尺四寸八分,高六寸;外瓜子栱与小栱头相列二件,长一尺八寸八分,高六寸;慢栱与切几头或鸳鸯交手二件,长二尺六寸八分,高六寸;令栱与小栱头相列二件,长二尺八寸,高六寸;角昂一连角要头一件:角昂平长一十四尺四寸六分,高八寸四分;角要头长五尺六寸四厘,高八寸四分;角昂二一件,平长一十一尺九寸一分六厘,高八寸四分。俱宽四寸。**第六铺作:**要头二件,长四尺二寸一分二厘,高八寸四分;慢栱与切几头相列鸳鸯交手二件,长五尺九寸六分,高六寸;令栱二件,长二尺八寸八分,高六寸;瓜子栱与令栱相列二件,长二尺六寸八分,高六寸;由昂一件,平长九尺五寸四厘,高七寸二分。俱宽四寸。**第七铺作:**衬方头二件,长四尺三寸二分,高八寸八分八厘,宽四寸。平盘枓九个,长六寸四分,宽六寸四分,高二寸四分。交互枓八个,长七寸二分,宽六寸四分;齐心枓三个(其中一个用于瓜子栱与令栱相列之上),长六寸四分,宽六寸四分;散枓六十四个,长五寸六分,宽六寸四分。俱高四寸。

(七) 七铺作重栱出双抄双下昂,里转六铺作重栱出三抄,并计心。补间铺作、柱头铺作、转角铺作七等材(三分五厘)各件尺寸开后

[补间铺作]

第一铺作:栌枓一个,长一尺一寸二分,高七寸,宽一尺一寸二分。**第二铺作:**第一跳华栱一件,长二尺四寸五分,高七寸三分五厘,宽三寸五分。泥道栱一件,长二尺一寸七分,高五寸二分五厘,宽三寸五分;加栔长一尺四寸七分,高二寸一分,宽一寸四分。**第三铺作:**第二跳华栱一件,长四尺二寸七分,高七寸三分五厘,宽三寸五分。壁内慢栱一件,长三尺二寸二分,高五寸二分五厘,宽三寸五分;加栔长二尺五寸二分,高二寸一分,宽一寸四分。瓜子栱二件,长二尺一寸七分,高五寸二分五厘,宽三寸五分。**第四铺作:**第三跳华栱一件,长五尺五寸六分五厘,高七寸三分五厘,宽三寸五分。下昂一一件,平长六尺六寸五分,高七寸三分五厘,宽三寸五分;加栔平长五尺五寸六分五厘,高二寸一分,宽二寸八分。慢栱二件,长三尺二寸二分,高五寸二分五厘;瓜子栱二件,长二尺一寸七分,高七寸三分五厘。俱宽三寸五分。**第五铺作:**里要头一件,长四尺三寸七分五厘,高七寸三分五厘;下昂二一件,平长九尺三寸三分八厘,高五寸二分五厘;慢栱二件,长三尺二寸二分,高五寸二分五厘;瓜子栱一件,长二尺一寸七分,高五寸二分五厘;令栱一件,长二尺五寸二分,高五寸二分五厘。俱宽三寸五分。**第六铺作:**外要头一件,长三尺六寸二分九厘五毫,高七寸三分五厘,宽三寸五分;加栔长三尺五寸二分二厘,高二寸四分一厘五毫,宽二寸八分。慢栱一件,长三尺二寸二分,高五寸二分五厘,宽三寸五分。令栱一件,长二尺五寸二分,高五寸二分五厘,宽三寸五分。**第七铺作:**衬方头一件,长五尺一寸八分七厘,高五寸二分五厘,宽三寸五分。交互枓七个,长六寸三分,宽五寸六分;齐心枓二个,长五寸六分,宽五寸六分;散料三十二个(其中四个用于垫柱头方),长四寸九分,宽五寸六分。俱高三寸五分。

[柱头铺作]

第一铺作:栌枓一个,长一尺一寸二分,高七寸,宽一尺一寸二分。第二铺作:第一跳华栱一件,长二尺四寸五分,高七寸三分五厘,宽三寸五分。泥道栱一件,长二尺一寸七分,高五寸二分五厘,宽三寸五分;加栔长一尺四寸七分,高二寸一分,宽一寸四分。第三铺作:第二跳华栱一件,长四尺二寸七分,高七寸三分五厘,宽三寸五分。壁内慢栱一件,长三尺二寸二分,高五寸二分五厘,宽三寸五分;加栔长二尺五寸二分,高二寸一分,宽一寸四分。瓜子栱二件,长二尺一寸七分,高五寸二分五厘,宽三寸五分。第四铺作:下昂一一件,平长六尺六寸五分,高五寸二分五厘,宽三寸五分。加栔平长五尺五寸六分五厘,高二寸一分,宽二寸八分。慢栱二件,长三尺二寸二分,高五寸二分五厘;瓜子栱一件,长二尺一寸七分,高五寸二分五厘。俱宽三寸五分。第五铺作:下昂二一件,平长七尺七寸三分五厘,高五寸二分五厘;慢栱一件,长三尺二寸二分,高五寸二分五厘;瓜子栱一件,长二尺一寸七分,高五寸二分五厘。俱宽三寸五分。第六铺作:耍头一件,长三尺七寸三分八厘,高七寸三分五厘,宽三寸五分;加栔长三尺五寸二分八厘,高二寸一分,宽二寸八分。慢栱一件,长三尺二寸二分,高五寸二分五厘;令栱一件,长二尺五寸二分,高五寸二分五厘。俱宽三寸五分。第七铺作:衬方头一件,长五尺一寸八分,高五寸二分五厘,宽三寸五分。骑栿枓二个,长一尺一寸九分,宽六寸三分,高四寸二分。交互枓六个,长六寸三分,宽五寸六分;齐心枓一个,长五寸六分,宽五寸六分;散料二十六个(其中四个用于垫柱头方),长四寸九分,宽五寸六分。俱高三寸五分。

[转角铺作]

第一铺作:角栌枓一个,长一尺二寸六分,高七寸,宽一尺二寸六分。第二铺作:华栱与泥道栱相列二件,长二尺三寸四分五厘,高七寸三分五厘,宽三寸五分。角华栱一件,长三尺二寸九分三毫,高七寸三分五厘,宽三寸五分。第三铺作:第二跳华栱与慢栱相列二件,长三尺七寸八分,高七寸三分五厘,外瓜子栱与小栱头相列二件,长二尺六寸九分五厘,高五寸二分五厘;里瓜子栱与小栱头相列二件,长一尺七寸一分五厘,高五寸二分五厘;第二跳角华栱一件,长五尺八寸六分三厘五毫,高七寸三分五厘。俱宽三寸五分。第四铺作:华头子与下柱头方相列二件,前长二尺五寸五分五厘,后长至补间铺作或柱头铺作,高七寸三分五厘;慢栱与切几头相列二件,长三尺三寸九分五厘,高五寸二分五厘;瓜子栱与小栱头鸳鸯交手二件,长三尺六寸五厘,高五寸二分五厘;里慢栱与切几头相列或鸳鸯交手二件,长二尺四寸一分五厘,高五寸二分五厘;瓜子栱与小栱头相列二件,长一尺六寸四分五厘,高五寸二分五厘;角华头子与第三跳角华栱相列一件,长七尺七寸八分一毫,高七寸三分五厘。俱宽三寸五分。第五铺作:下昂一与中柱头方相列二件,昂平长五尺二寸八分五厘,高七寸三分五厘;下昂二与上柱头方相列二件,昂平长六尺七寸九厘五毫,高五寸二分五厘;慢栱与切几头鸳鸯交手二件,长四尺三寸五分,高五寸二分五厘;瓜子栱二件,长二尺一寸七分,高五寸二分五厘;外瓜子栱与小栱头相列二件,长一尺六寸四分五厘,高五寸二分五厘;慢栱与切几头或鸳鸯交手二件,长二尺三寸四分五厘,高五寸二分五厘;令栱与小栱头相列二件,长一尺八寸二分,高五寸二分五厘;角昂一连角耍头一件;角昂平长一十二尺六寸五分二厘五毫,高七寸三分五厘;角耍头长四尺九寸三厘五毫,高七寸三分五厘;角昂二一件,平长十尺四寸二分六厘五毫,高七寸三分五厘。俱宽三寸五分。**第六铺作:**耍头二件,长三尺六寸八分五厘五毫,高七寸三分五厘;慢栱与切几头相列鸳鸯交手二件,长五尺二寸一分五厘,高五寸二分五厘;令栱二件,长二尺五寸二分,高五寸二分五厘;瓜子栱与令栱相列二件,长二尺三寸四分五厘,高五寸二分五厘;由昂一件,平长八尺三寸一分六厘,高六寸三分。俱宽三寸五分。**第七铺作:**衬方头二件,长三尺七寸八分,高七寸七分七厘,宽三寸五分。平盘枓九个,长五寸六分,宽五寸六分,高二寸一分;交互枓八个,长六寸三分,宽五寸六分;齐心枓三个(其中一个用于瓜子栱与令栱相列之上),长五寸六分,宽五寸六分;散枓六十四个,长四寸九分,宽五寸六分。俱高三寸五分。

(八) 七铺作重栱出双抄双下昂,里转六铺作重栱出三抄,并计心。补间铺作、柱头铺作、转角铺作八等材(三分)各件尺寸开后

[补间铺作]

第一铺作:栌枓一个,长九寸六分,高六寸,宽九寸六分。**第二铺作:**第一跳华栱一件,长二尺一寸,高六寸三分,宽三寸。泥道栱一件,长一尺八寸六分,高四寸五分,宽三寸。加栔长一尺二寸六分,高一寸八分,宽一寸二分。**第三铺作:**第二跳华栱一件,长三尺六寸六分,高六寸三分,宽三寸。壁内慢栱一件,长二尺七寸六分,高四寸五分,宽三寸;加栔长二尺一寸六分,高一寸八分,宽一寸二分。瓜子栱二件,长一尺八寸六分,高四寸五分,宽三寸。**第四铺作:**第三跳华栱一件,长四尺七寸七分,高六寸三分,宽三寸。下昂一一件,平长五尺七寸,高四寸五分,宽三寸;加栔平长四尺七寸七分,高一寸八分,宽二寸四分;慢栱二件,长二尺七寸六分,高四寸五分;瓜子栱二件,长一尺八寸六分,高四寸五分。俱宽三寸。**第五铺作:**里耍头一件,长三尺七寸五分,高六寸三分;下昂二一件,平长八尺四厘,高四寸五分;慢栱二件,长二尺七寸六分,高四寸五分;瓜子栱一件,长一尺八寸六分,高四寸五分;令栱一件,长二尺一寸六分,高四寸五分。俱宽三寸。**第六铺作:**外耍头一件,长三尺一寸一分一厘,高六寸三分,宽三寸。加栔长三尺一分八厘,高二寸七厘,宽二寸四分。慢栱一件,长二尺七寸六分,高四寸五分,宽三寸。令栱一件,长二尺一寸六分,高四寸五分,宽三寸。**第七铺作:**衬方头一件,长四尺四寸四分六厘,高四寸五分,宽三寸。交互枓七个,长五寸四分,宽四寸八分;齐心枓二个,长四寸八分,宽四寸八分;散枓三十二个(其中四个用于垫柱头方),长四寸二分,宽四寸八分。俱高三寸。

[柱头铺作]

第一铺作:栌枓一个,长九寸六分,高六寸,宽九寸六分。**第二铺作:**第一跳华栱一件,长二尺一寸,高六寸三分,宽三寸。泥道栱一件,长一尺八寸六分,高四寸五分,宽三寸;加栔长一尺二寸六分,高一寸八分,宽一寸二分。**第三铺作:**第二跳华栱一件,长三尺六寸六分,高六寸三分,宽三寸。壁内慢栱一件,长二尺七寸六分,高四寸五分,宽三寸;加栔长二尺一寸六分,高一寸八分,宽一寸二分。瓜子栱二件,长一尺八寸六分,高四寸五分,宽三寸。**第四铺作:**下昂一一件,平长五尺七寸,高四寸五分,宽三寸。加栔平长四尺七寸七分,高一寸八分,宽二寸四分。慢栱二件,长二尺七寸六分,高四寸五分;瓜子栱一件,长一尺八寸六分,高四寸五分。俱宽三寸。

第五铺作:下昂二一件,平长六尺六寸三分,高四寸五分;慢栱一件,长二尺七寸六分,高四寸五分;瓜子栱一件,长一尺八寸六分,高四寸五分。俱宽三寸。第六铺作:要头一件,长三尺二寸四厘,高六寸三分,宽三寸;加栔长三尺二分四厘,高一寸八分,宽二寸四分。慢栱一件,长二尺七寸六分,高四寸五分;令栱一件,长二尺一寸六分,高四寸五分。俱宽三寸。第七铺作:衬方头一件,长四尺四寸四分,高四寸五分,宽三寸。骑栿枓二个,长一尺二分,宽五寸四分,高三寸六分。交互枓六个,长五寸四分,宽四寸八分;齐心枓一个,长四寸八分,宽四寸八分;散枓二十六个(其中四个用于垫柱头方),长四寸二分,宽四寸八分。俱高三寸。

[转角铺作]

第一铺作:角栌枓一个,长一尺八分,高六寸,宽一尺八分。第二铺作:华栱与泥道栱相列二件,长二尺一分,高六寸三分,宽三寸。角华栱一件,长二尺八寸二分三毫,高六寸三分,宽三寸。第三铺作:第二跳华栱与慢栱相列二件,长三尺二寸四分,高六寸三分;外瓜子栱与小栱头相列二件,长二尺三寸一分,高四寸五分;里瓜子栱与小栱头相列二件,长一尺四寸七分,高四寸五分;第二跳角华栱一件,长五尺二分五厘九毫,高六寸三分。俱宽三寸。第四铺作:华头子与下柱头方相列二件,前长二尺一寸九分,后长至补间铺作或柱头铺作,高六寸三分;慢栱与切几头相列二件,长二尺九寸一分,高四寸五分;瓜子栱与小栱头鸳鸯交手二件,长三尺九分,高四寸五分;里慢栱与切几头相列或鸳鸯交手二件,长二尺七分,高四寸五分;瓜子栱与小栱头相列二件,长一尺四寸一分,高四寸五分;角华头子与第三跳角华栱相列一件,长六尺六寸六分八厘七毫,高六寸三分。俱宽三寸。第五铺作:下昂一与中柱头方相列二件,昂平长四尺五寸三分,高六寸三分;下昂二与上柱头方相列二件,昂平长五尺二寸一分一厘,高四寸五分;慢栱与切几头鸳鸯交手二件,长三尺六寸九分,高四寸五分;瓜子栱二件,长一尺八寸六分,高四寸五分;外瓜子栱与小栱头相列二件,长一尺四寸一分,高四寸五分;慢栱与切几头或鸳鸯交手二件,长二尺一分,高四寸五分;令栱与小栱头相列二件,长一尺五寸六分,高四寸五分;角昂一连角要头一件:角昂平长十尺八寸四分五厘,高六寸三分;角要头长四尺二寸三厘,高六寸三分;角昂二一件,平长八尺九寸三分七厘,高六寸三分。俱宽三寸。第六铺作:要头二件,长三尺一寸五分九厘,高六寸三分;慢栱与切几头相列鸳鸯交手二件,长四尺四寸七分,高四寸五分;令栱二件,长二尺一寸六分,高四寸五分;瓜子栱与令栱相列二件,长二尺一分,高四寸五分;由昂一件,平长七尺一寸二分八厘,高五寸四分。俱宽三寸。第七铺作:衬方头二件,长三尺二寸四分,高六寸六分六厘,宽三寸。平盘枓九个,长四寸八分,宽四寸八分,高一寸八分。交互枓八个,长五寸四分,宽四寸八分;齐心枓三个(其中一个用于瓜子栱与令栱相列之上),长四寸八分,宽四寸八分;散枓六十四个,长四寸二分,宽四寸八分。俱高三寸。

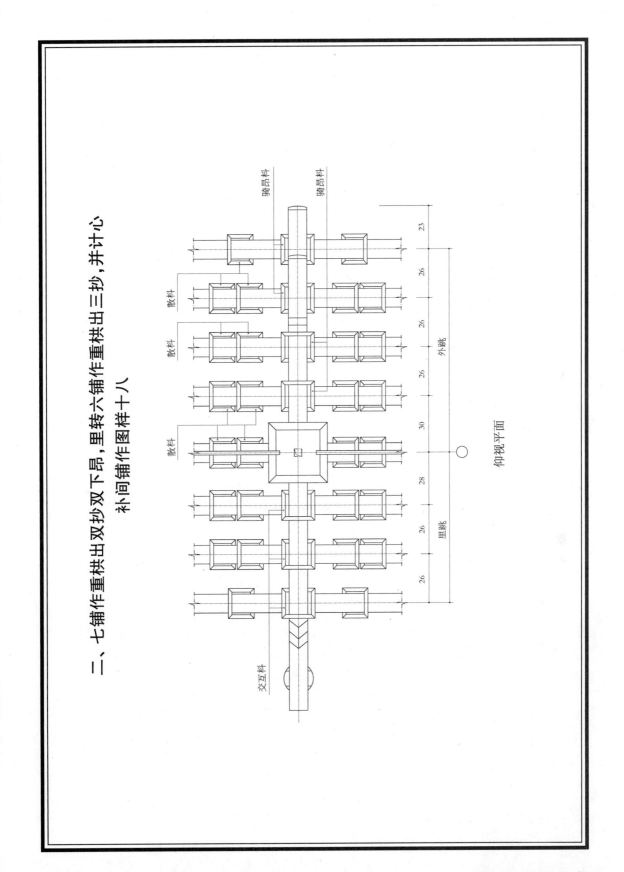

二、七铺作重栱出双抄双下昂，里转六铺作重栱出三抄，并计心

补间铺作图样十八

仰视平面

骑昂枓
骑昂枓
散枓
散枓
散枓
散枓
交互枓

23
26
26
26
30
28
26
26
外跳
里跳

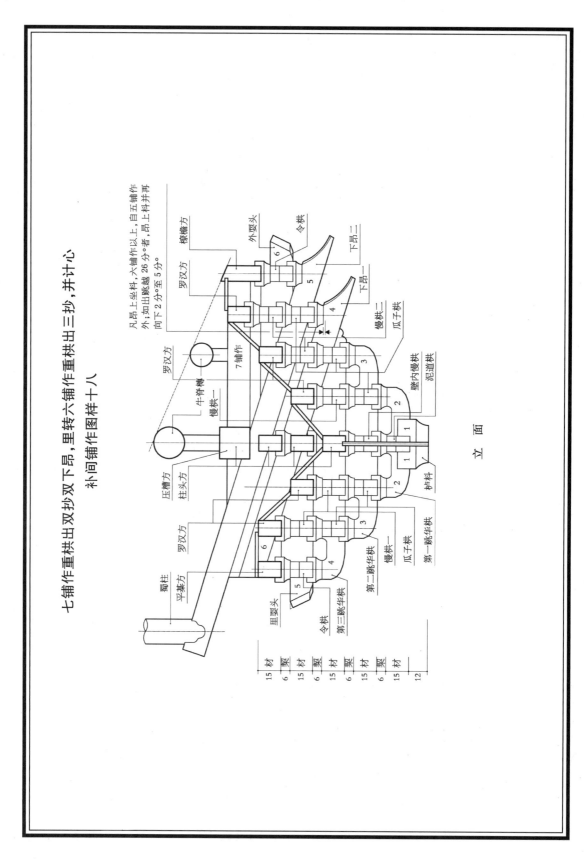

七铺作重栱出双抄双下昂，里转六铺作重栱出三抄，并计心
补间铺作图样十八

凡昂上坐枓，六铺作以上，自五铺作，昂，如出跳越 26 分°者，昂上枓并再外向下 2 分°至 5 分°。

立　面

罗汉方
外要头
令栱
下昂二
7铺作
罗汉方
慢栱二
瓜子栱
下昂一
3
壁内慢栱
泥道栱
慢栱一
2
牛脊槫
1
压槽方
柱头方
1
2
令栱
2
3
第二跳华栱
罗汉方
6
慢栱一
瓜子栱
4
第一跳华栱
蜀柱
平棊方
里要头
5
第三跳华栱

15 材
6 栔
15 材
6 栔
15 材
6 栔
15 材
6 栔
15 材
12

七铺作重栱出双抄双下昂,里转六铺作重栱出三抄,并计心
补间铺作图样十八 分件一

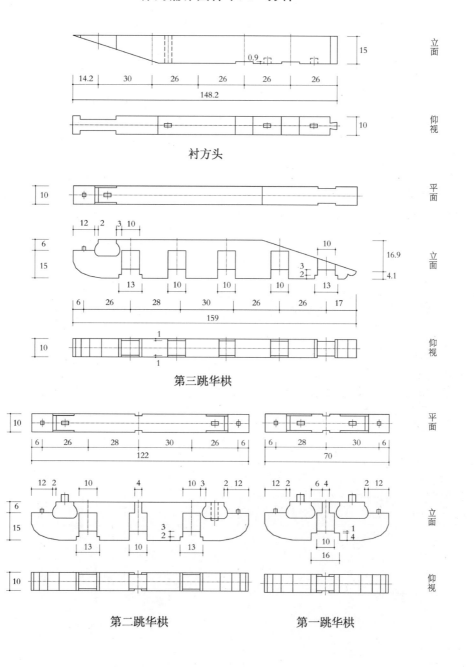

衬方头

第三跳华栱

第二跳华栱 第一跳华栱

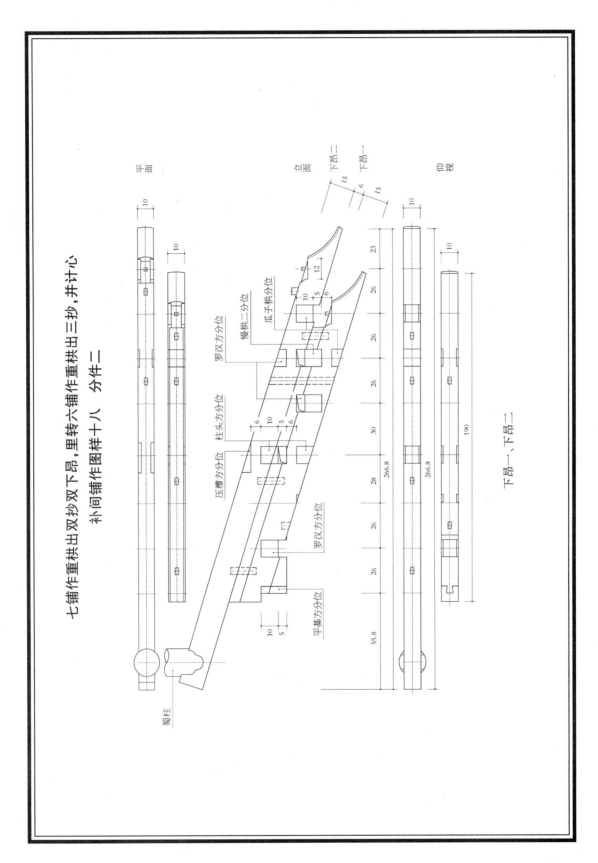

七铺作重栱出双抄双下昂，里转六铺作重栱出三抄，并计心
补间铺作图样十八 分件二

平面

立面

下昂二
下昂一

仰视

下昂一·下昂二

瓜子栱二分位
慢栱二分位
罗汉方分位
柱头方分位
压槽方分位
罗汉方分位
平棊方分位

蜀柱

七铺作重栱出双抄双下昂,里转六铺作重栱出三抄,并计心

补间铺作图样十八　分件三

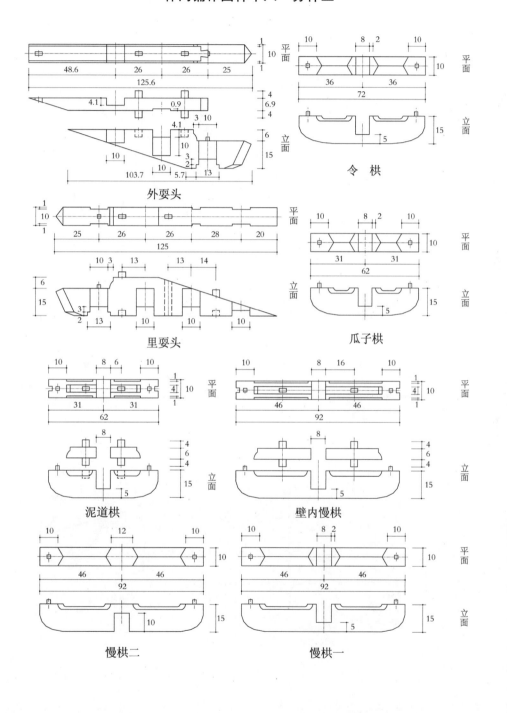

外要头

令　栱

里要头

瓜子栱

泥道栱

壁内慢栱

慢栱二

慢栱一

三、七铺作重栱出双抄双下昂,里转六铺作重栱出两抄,并计心柱头铺作图样十九

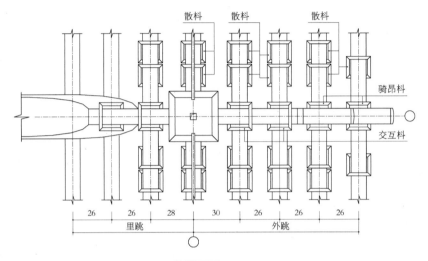

仰视平面

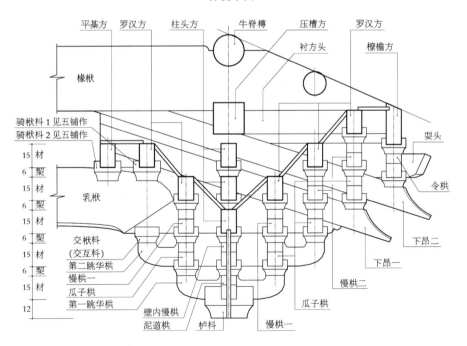

立 面

七铺作重栱出双抄双下昂,里转六铺作重栱出两抄,并计心
柱头铺作图样十九　分件一

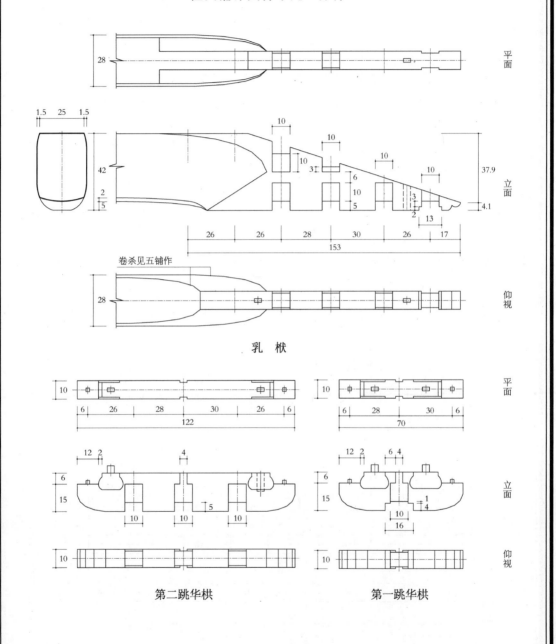

乳栿

第二跳华栱　　　　　第一跳华栱

七铺作重栱出双抄双下昂,里转六铺作重栱出两抄,并计心
柱头铺作图样十九　分件二

令　栱

要　头

下昂一、下昂二

七铺作重栱出双抄双下昂,里转六铺作重栱出两抄,并计心
柱头铺作图样十九　分件三

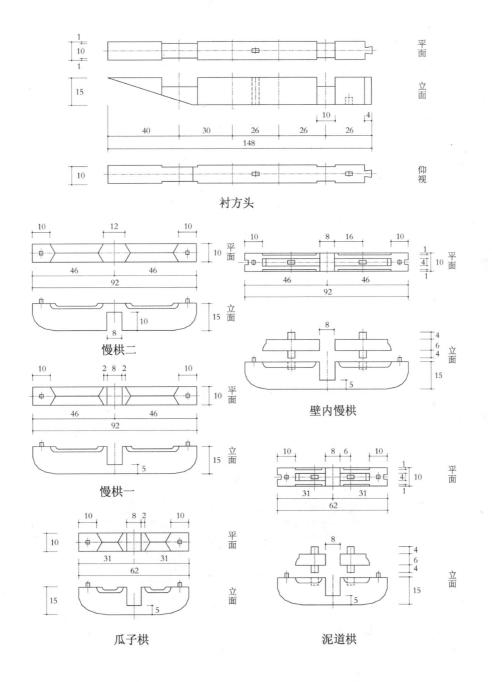

衬方头

慢栱二

慢栱一

瓜子栱

壁内慢栱

泥道栱

四、七铺作重栱出双抄双下昂,里转六铺作重栱出三抄,并计心 转角铺作图样二十

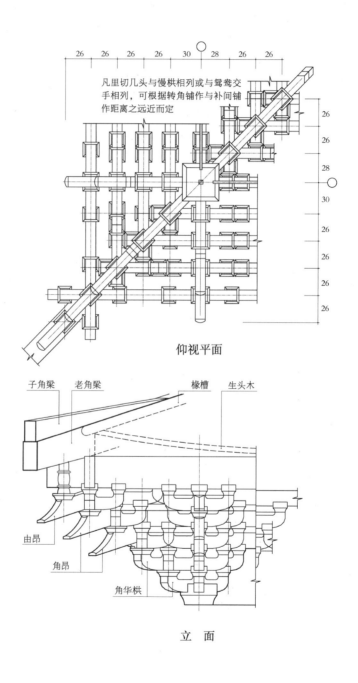

凡里切几头与慢栱相列或与鸳鸯交手相列,可根据转角铺作与补间铺作距离之远近而定

仰视平面

立 面

七铺作重栱出双抄双下昂,里转六铺作重栱出三抄,并计心
转角铺作图样二十　分件一

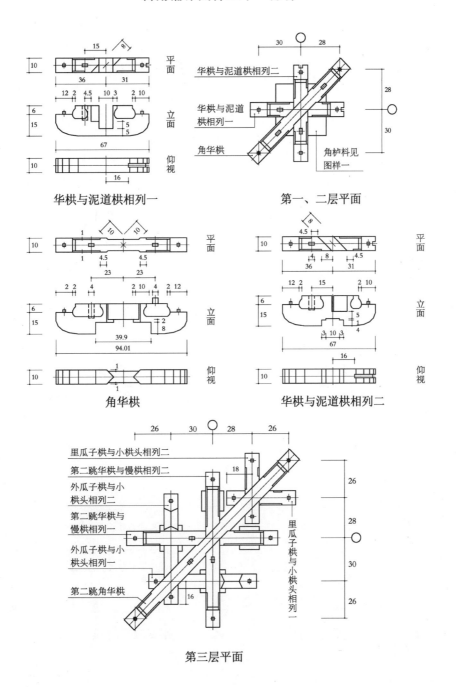

华栱与泥道栱相列一

第一、二层平面

角华栱

华栱与泥道栱相列二

第三层平面

七铺作重栱出双抄双下昂,里转六铺作重栱出三抄,并计心
转角铺作图样二十 分件二

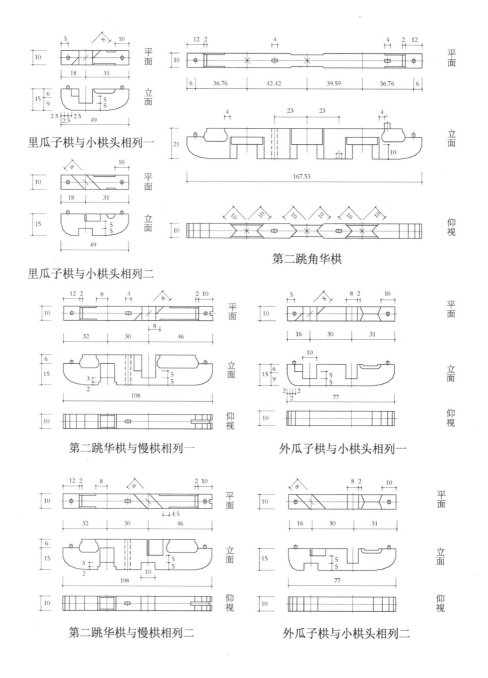

平面

立面

里瓜子栱与小栱头相列一

平面

立面

里瓜子栱与小栱头相列二

平面

立面

仰视

第二跳角华栱

平面

立面

仰视

第二跳华栱与慢栱相列一

平面

立面

仰视

外瓜子栱与小栱头相列一

平面

立面

仰视

第二跳华栱与慢栱相列二

平面

立面

仰视

外瓜子栱与小栱头相列二

七铺作重栱出双抄双下昂,里转六铺作重栱出三抄,并计心
转角铺作图样二十　分件三

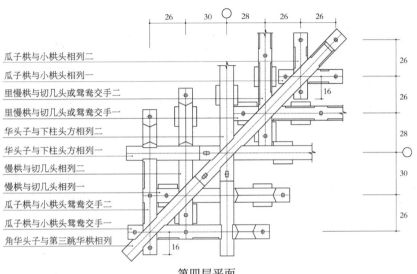

瓜子栱与小栱头相列二
瓜子栱与小栱头相列一
里慢栱与切几头或鸳鸯交手二
里慢栱与切几头或鸳鸯交手一
华头子与下柱头方相列二
华头子与下柱头方相列一
慢栱与切几头相列二
慢栱与切几头相列一
瓜子栱与小栱头鸳鸯交手二
瓜子栱与小栱头鸳鸯交手一
角华头子与第三跳华栱相列

第四层平面

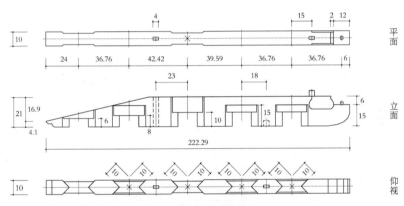

角华头子与第三跳角华栱相列

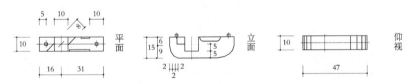

瓜子栱与小栱头相列一

七铺作重栱出双抄双下昂，里转六铺作重栱出三抄，并计心
转角铺作图样二十　分件四

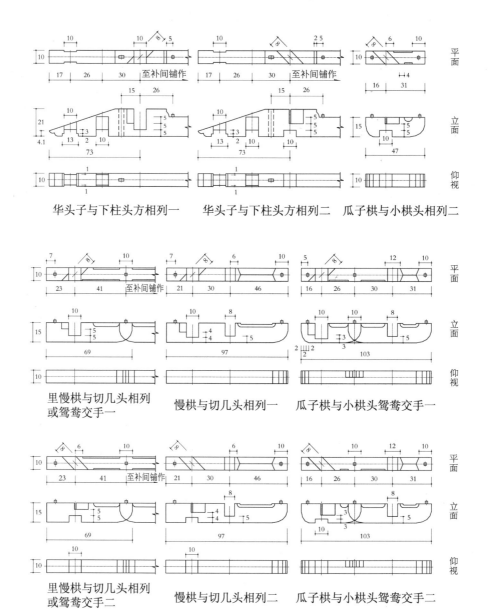

华头子与下柱头方相列一　　华头子与下柱头方相列二　　瓜子栱与小栱头相列二

里慢栱与切几头相列
或鸳鸯交手一　　　　慢栱与切几头相列一　　瓜子栱与小栱头鸳鸯交手一

里慢栱与切几头相列
或鸳鸯交手二　　　　慢栱与切几头相列二　　瓜子栱与小栱头鸳鸯交手二

七铺作重栱出双抄双下昂,里转六铺作重栱出三抄,并计心

转角铺作图样二十　分件五

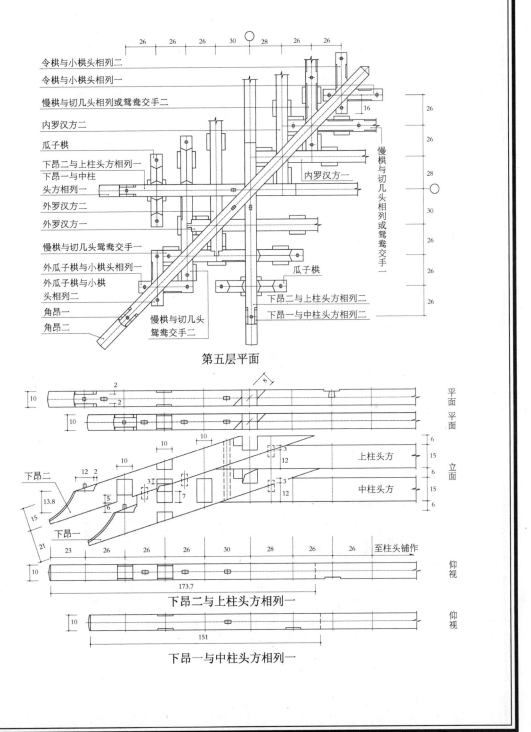

第五层平面

下昂二与上柱头方相列一

下昂一与中柱头方相列一

七铺作重栱出双抄双下昂，里转六铺作重栱出三抄，并计心
转角铺作图样二十　分件六

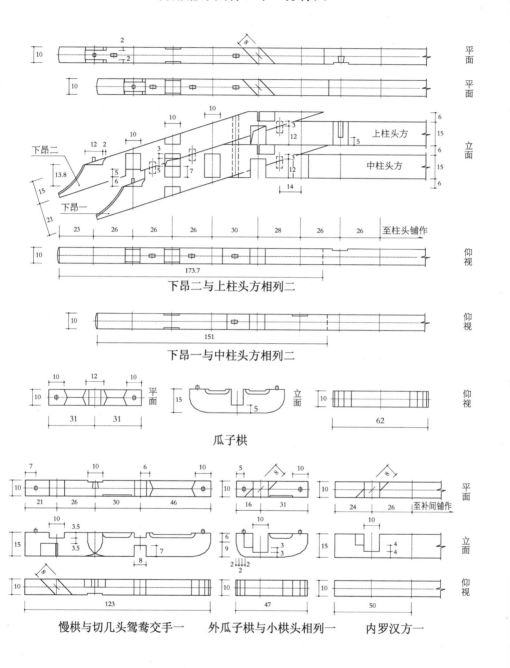

下昂二与上柱头方相列二

下昂一与中柱头方相列二

瓜子栱

慢栱与切几头鸳鸯交手一　　外瓜子栱与小栱头相列一　　内罗汉方一

七铺作重栱出双抄双下昂,里转六铺作重栱出三抄,并计心
转角铺作图样二十 分件七

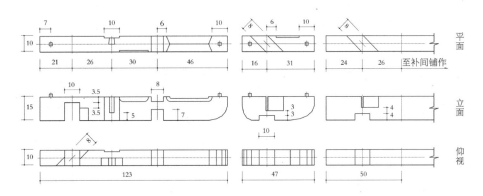

慢栱与切几头鸳鸯交手二　　外瓜子栱与小栱头相列二　　内罗汉方二

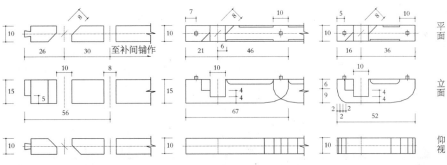

外罗汉方一　　　慢栱与切几头相列或鸳鸯交手一　　令栱与小栱头相列一

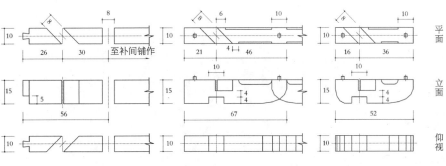

外罗汉方二　　　慢栱与切几头相列或鸳鸯交手二　令栱与小栱头相列二

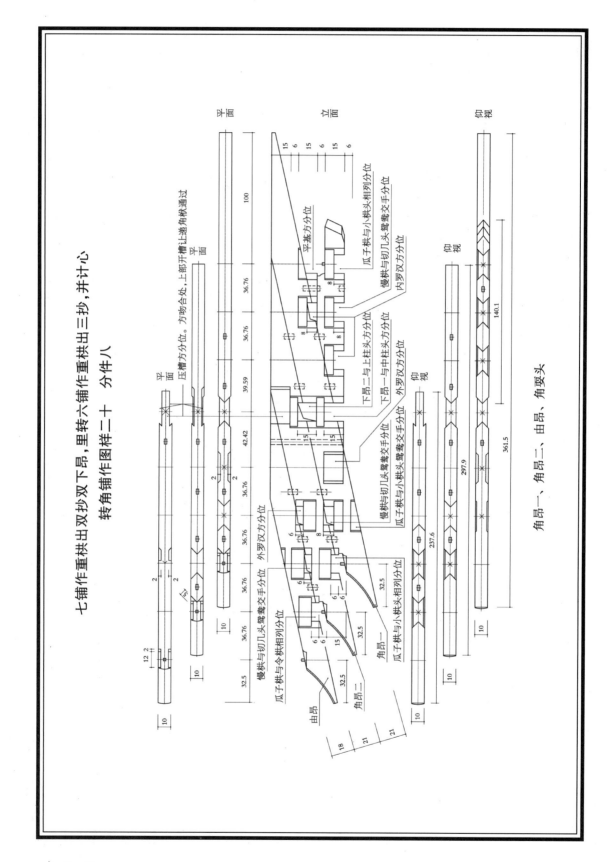

七铺作重栱出双抄双下昂，里转六铺六作重栱出三抄，并计心

转角铺作图样二十 分件八

角昂一、角昂二、由昂、角耍头

七铺作重栱出双抄双下昂,里转六铺作重栱出三抄,并计心
转角铺作图样二十 分件九

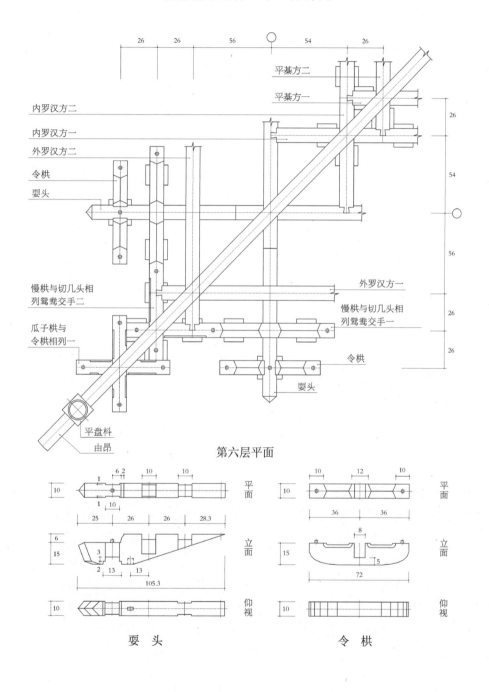

第六层平面

耍　头　　　　　　　　令　栱

七铺作重栱出双抄双下昂,里转六铺作重栱出三抄,并计心
转角铺作图样二十　分件十

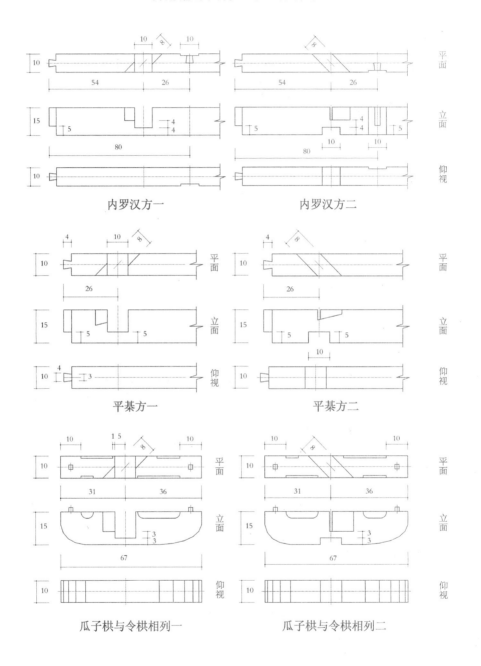

平面　立面　仰视

内罗汉方一　　　内罗汉方二

平面　立面　仰视

平棊方一　　　平棊方二

平面　立面　仰视

瓜子栱与令栱相列一　　　瓜子栱与令栱相列二

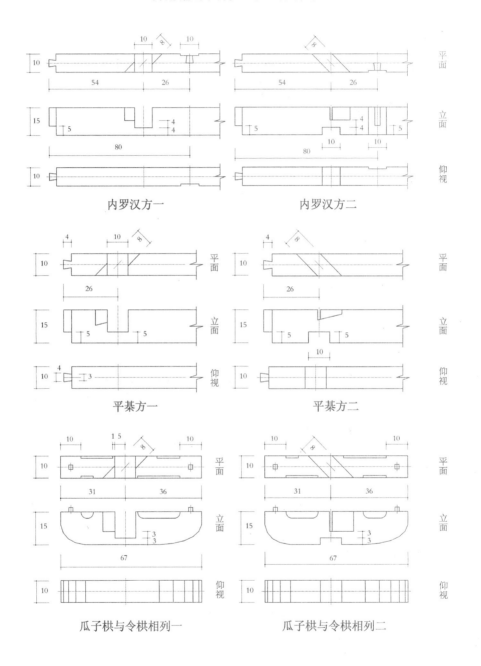

七铺作重栱出双抄双下昂,里转六铺作重栱出三抄,并计心
转角铺作图样二十　分件十一

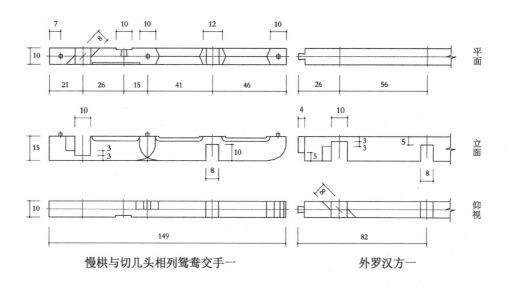

慢栱与切几头相列鸳鸯交手一　　　　　　外罗汉方一

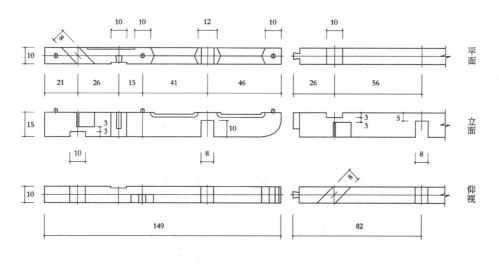

慢栱与切几头相列鸳鸯交手二　　　　　　外罗汉方二

七铺作重栱出双抄双下昂,里转六铺作重栱出三抄,并计心

转角铺作图样二十　分件十二

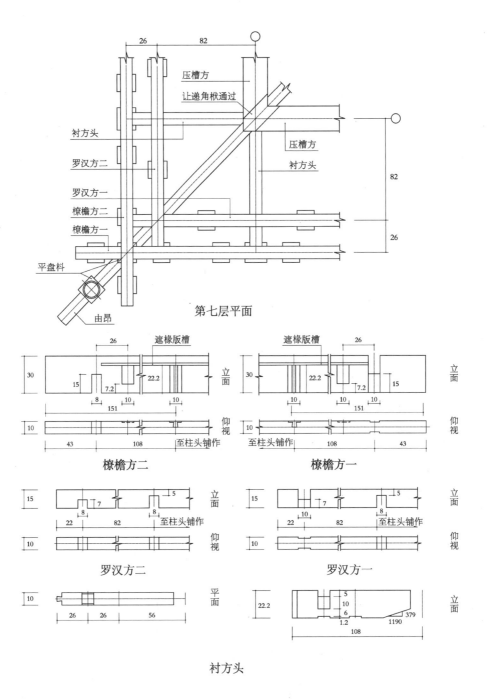

第七层平面

椽檐方二

椽檐方一

罗汉方二

罗汉方一

衬方头

五、七铺作重栱出双抄双下昂，里转六铺作重栱出三抄，并计心
各件尺寸权衡表

单位：分°

枓栱类别	构件名称		长	高	宽	件 数	备 注
补间铺作	栌枓		32	20	32	1	
	第一华栱		70	21	10	1	
	泥道栱	栱	62	15	10	1	
		加栔	42	6	4	1	
	第二跳华栱		122	21	10	1	
	壁内慢栱	栱	92	15	10	1	
		加栔	72	6	4	1	
	瓜子栱		62	15	10	2	
	第三跳华栱		159	21	10	1	
	下昂一	昂	平长190	15	10	1	
		加栔	平长159	6	8	1	
	慢 栱		92	15	10	2	
	瓜子栱		62	15	10	2	
	里要头		125	21	10	1	
	下昂二		平长266.8±	15	10	1	
	慢 栱		92	15	10	2	
	瓜子栱		62	15	10	1	
	令 栱		72	15	10	1	
	外要头	要头	103.7	21	10	1	
		加栔	100.6	6.9	8	1	
	慢 栱		92	15	10	1	
	令 栱		72	15	10	1	
	衬方头		148.2	15	10	1	
	交互枓		18	10	16	7	
	齐心枓		16	10	16	2	
	散 枓		14	10	16	32	其中四个用于垫柱头方
	栌 枓		32	20	32	1	
	第一跳华栱		70	21	10	1	

枓栱类别	构件名称		长	高	宽	件 数	备 注
柱头铺作	泥道栱	栱	62	15	10	1	
		加栔	42	6	4	1	
	第二跳华栱		122	21	10	1	
	壁内慢栱	栱	92	15	10	1	
		加栔	72	6	4	1	
	瓜子栱		62	15	10	2	
	下昂一	昂	平长 190	15	10	1	
		加栔	平长 159	6	8	1	
	慢 栱		92	15	10	2	
	瓜子栱		62	15	10	1	
	下昂二		平长 221	15	10	1	
	慢 栱		92	15	10	1	
	瓜子栱		62	15	10	1	
	耍 头	耍 头	106.8	21	10	1	
		加栔	100.8	6	8	1	
	慢 栱		92	15	10	1	
	令 栱		72	15	10	1	
	衬方头		148	15	10	1	
	骑栿枓		34	12.5	18	2	
	交互枓		18	10	16	6	
	齐心枓		16	10	16	1	
	散 枓		14	10	16	26	其中四个用于垫柱头方
转角铺作	角栌枓		36	20	36	1	
	华栱与泥道栱相列		67	21	10	2	
	角华栱		94.01	21	10	1	
	第二跳华栱与慢栱相列		108	21	10	2	
	外瓜子栱与小栱头相列		77	15	10	2	
	里瓜子栱与小栱头相列		49	15	10	2	
	第二跳角华栱		167.53	21	10	1	
	华头子与下柱头方相列		73	21	10	2	柱头方长至补间铺作或柱头铺作
	慢栱与切几头相列		97	15	10	2	
	瓜子栱与小栱头鸳鸯交手		103	15	10	2	

续表

枓栱类别	构件名称		长	高	宽	件 数	备 注
转角铺作	里慢栱与切几头相列或鸳鸯交手		69	15	10	2	
	瓜子栱与小栱头相列		47	15	10	2	
	角华头子与第三跳角华栱相列		222.29	21	10	1	
	下昂一与中柱头方相列		平长151	21	10	2	
	下昂二与上柱头方相列		平长173.7	15	10	2	
	慢栱与切几头鸳鸯交手		123	15	10	2	
	瓜子栱		62	15	10	2	
	外瓜子栱与小栱头相列		47	15	10	2	
	慢栱与切几头或鸳鸯交手		67	15	10	2	
	令栱与小栱头相列		52	15	10	2	
	角昂一连角耍头	昂	平长361.5	21	10	1	角昂一连角耍头共长501.6
		耍头	140.1	21	10	1	
	角昂二		平长297.9	21	10	1	
	耍 头		105.3	21	10	2	
	慢栱与切几头相列鸳鸯交手		149	15	10	2	
	令 栱		72	15	10	2	
	瓜子栱与令栱相列		67	15	10	2	
	由 昂		平长237.6	18	10	1	
	衬方头		108	22.2	10	2	
	平盘枓		16	6	16	9	
	交互枓		18	10	16	8	
	齐心枓		16	10	16	3	其中一个用于瓜子栱与令栱相列之上
	散 枓		14	10	16	64	

第十六节 八铺作重栱出双抄三下昂，
里转六铺作重栱出三抄，并计心

一、八铺作重栱出双抄三下昂，里转六铺作重栱出三抄，并计心
一至八等材各件尺寸

（一）八铺作重栱出双抄三下昂，里转六铺作重栱出三抄，并计心。补间铺作、柱头铺作、转角铺作一等材（六分）各件尺寸开后

[补间铺作]

第一铺作：栌枓一个，长一尺九寸二分，高一尺二寸，宽一尺九寸二分。**第二铺作**：第一跳华栱一件，长四尺二寸，高一尺二寸六分，宽六寸。泥道栱一件，长三尺七寸二分，高九寸，宽六寸；加栔长二尺五寸二分，高三寸六分，宽二寸四分。**第三铺作**：第二跳华栱一件，长七尺三寸二分，高一尺二寸六分，宽六寸。壁内慢栱一件，长五尺五寸二分，高九寸，宽六寸；加栔长四尺三寸二分，高三寸六分，宽二寸四分。瓜子栱二件，长三尺七寸二分，高九寸，宽六寸。**第四铺作**：第三跳华栱一件，长九尺五寸四分，高一尺二寸六分，宽六寸。下昂一一件，平长一十一尺四寸，高九寸，宽六寸；加栔平长九尺五寸四分，高三寸六分，宽四寸八分。慢栱二件，长五尺五寸二分，高九寸；瓜子栱二件，长三尺七寸二分，高九寸。俱宽六寸。**第五铺作**：里要头一件，长七尺五寸，高一尺二寸六分，宽六寸。下昂二一件，平长一十八尺四寸八分，高九寸，宽六寸；加栔平长一十六尺五寸，高三寸六分，宽四寸八分。慢栱二件，长五尺五寸二分，高九寸；瓜子栱一件，长三尺七寸二分，高九寸；令栱一件，长四尺三寸二分，高九寸。俱宽六寸。**第六铺作**：下昂三一件，平长一十九尺九寸二分，高九寸；慢栱一件，长五尺五寸二分，高九寸；瓜子栱一件，长三尺七寸二分，高九寸；俱宽六寸。**第七铺作**：外要头一件，长六尺四寸八厘，高一尺二寸六分，宽六寸；加栔长六尺三分六厘，高四寸三分二厘，宽四寸一分四厘。慢栱一件，长五尺五寸二分，高九寸；令栱一件，长四尺三寸二分，高九寸。俱宽六寸。**第八铺作**：衬方头一件，长八尺八寸九分二厘，高九寸，宽六寸。交互枓八个，长一尺八分，宽九寸六分；齐心枓二个，长九寸六分，宽九寸六分；散枓三十八个（其中六个用于垫柱头方），长八寸四分，宽九寸六分。俱高六寸。

[柱头铺作]

第一铺作：栌枓一个，长一尺九寸二分，高一尺二寸，宽一尺九寸二分。**第二铺作**：第一跳华栱一件，长四尺二寸，高一尺二寸六分，宽六寸。泥道栱一件，长三尺七寸二分，高九寸，宽六寸；加栔长二尺五寸二分，高三寸六分，宽二寸四分。**第三铺作**：第二跳华栱一件，长七尺三寸二分，高一尺二寸六分，宽六寸。壁内慢栱一件，长五尺五寸二分，高九寸，宽六寸；加栔长四尺三寸二分，高三寸六分，宽二寸四分。瓜子栱二件，长三尺七寸二分，高九寸，宽六寸。**第四铺作**：下昂一一件，平长一十八尺六寸一分二，高九寸，宽六寸。加栔平长一十三尺七寸六分四厘，高三寸

六分,宽四寸八分。慢栱二件,长五尺五寸二分,高九寸;瓜子栱一件,长三尺七寸二分,高七寸。俱宽六寸。**第五铺作:** 下昂二一件,平长一十五尺九寸六分,高九寸,宽六寸;加栔平长一十一尺一寸一分二厘,高三寸六分,宽四寸八分。慢栱一件,长五尺五寸二分,高九寸;瓜子栱一件,长三尺七寸二分,高九寸。俱宽六寸。**第六铺作:** 下昂三一件,平长一十三尺二寸六分,高九寸;慢栱一件,长五尺五寸二分,高九寸;瓜子栱一件,长三尺七寸二分,高九寸。俱宽六寸。**第七铺作:** 耍头一件,长六尺一寸九分八厘,高一尺二寸六分,宽六寸;加栔平长六尺三分六厘,高四寸一分四厘,宽四寸八分。慢栱一件,长五尺五寸二分,高九寸;令栱一件,长四尺三寸二分,高九寸。俱宽六寸。**第八铺作:** 衬方头一件,长八尺八寸九分二厘,高九寸,宽六寸。骑栿枓二个,长二尺四分,宽一尺八分,高七寸五分。交互枓七个,长一尺八分,宽九寸六分;齐心枓一个,长九寸六分,宽九寸六分;散枓三十二个(其中六个用于垫柱头方),长八寸四分,宽九寸六分。俱高六寸。

[转角铺作]

第一铺作: 角栌枓一个,长二尺一寸六分,高一尺二寸,宽二尺一寸六分。**第二铺作:** 华栱与泥道栱相列二件,长四尺二分,高一尺二寸六分,宽六寸。角华栱一件,长五尺六寸四分六毫,高一尺二寸六分,宽六寸。**第三铺作:** 第二跳华栱与慢栱相列二件,长六尺四寸八分,高一尺二寸六分;外瓜子栱与小栱头相列二件,长四尺六寸二分,高九寸;里瓜子栱与小栱头相列二件,长二尺九寸四分,高九寸;第二跳角华栱一件,长十尺五分一厘八毫,高一尺二寸六分。俱宽六寸。

第四铺作: 华头子与下柱头方相列二件,前长四尺三寸八分,后长至补间铺作或柱头铺作,高一尺二寸六分;慢栱与切几头相列二件,长五尺八寸二分,高九寸;瓜子栱与小栱头鸳鸯交手二件,长六尺一寸八分,高九寸;慢栱与切几头或鸳鸯交手二件,长四尺一寸四分,高九寸;瓜子栱与小栱头相列二件,长二尺八寸二分,高九寸;第三跳角华栱与华头子相列一件,长一十三尺三寸三分七厘四毫,高一尺二寸六分。俱宽六寸。**第五铺作:** 下昂一与中柱头方相列二件,昂平长九尺六分,高一尺二寸六分;下昂二与中上柱头方相列二件,昂平长十尺四寸二分二厘,高一尺二寸六分;慢栱与切几头鸳鸯交手二件,长七尺三寸八分,高九寸;瓜子栱二件,长三尺七寸二分,高九寸;瓜子栱与小栱头相列二件,长二尺八寸二分,高九寸;慢栱与切几头相列二件,长四尺二分,高九寸;令栱与小栱头相列二件,长三尺一寸二分,高九寸;角昂一连角耍头一件:角昂平长二十四尺九寸四分八厘,高一尺二寸六分;角耍头长八尺四寸六厘,高一尺二寸六分;角昂二一件,平长二十二尺三寸六分八厘,高一尺二寸六分。俱宽六寸。**第六铺作:** 下昂三与上柱头方相列二件,昂平长一十一尺七寸九分,高九寸;慢栱与切几头鸳鸯交手二件,长八尺九寸四分,高九寸;瓜子栱二件,长三尺七寸二分,高九寸;瓜子栱与小栱头相列二件,长二尺八寸二分,高九寸;角昂三一件,平长一十八尺九寸四分二厘,高一尺二寸六分。俱宽六寸。**第七铺作:** 耍头二件,长六尺二寸三分四厘,高一尺二寸六分;慢栱二件,长五尺五寸二分,高九寸;慢栱与切几头相列二件,长四尺二分,高九寸;令栱二件,长四尺三寸二分,高九寸;瓜子栱与令栱相列二件,长四尺二分,高九寸;由昂一件,平长一十五尺四寸一分四厘六毫,高一尺二寸。俱宽六寸。**第八铺作:** 衬方头二件,长七尺四寸四分,高一尺三寸三分二厘,宽六寸。平盘枓十个,长九寸六分,宽九寸六分,高三寸六分。交互枓十个,长一尺八分,宽九寸六分;齐心枓三件(其中一个用于瓜子栱与令栱相列之上),长九寸六分,宽九寸六分;散枓八十二个,长八寸四分,宽九寸六分。俱高六寸。

(二)八铺作重栱出双抄三下昂,里转六铺作重栱出三抄,并计心。补间铺作、柱头铺作、转角铺作二等材(五分五厘)各件尺寸开后

[补间铺作]

第一铺作:栌枓一个,长一尺七寸六分,高一尺一寸,宽一尺七寸六分。第二铺作:第一跳华栱一件,长三尺八寸五分,高一尺一寸五分五厘,宽五寸五分。泥道栱一件,长三尺四寸一分,高八寸二分五厘,宽五寸五分;加栔长二尺三寸一分,高三寸三分,宽二寸二分。第三铺作:第二跳华栱一件,长六尺七寸一分,高一尺一寸五分五厘,宽五寸五分。壁内慢栱一件,长五尺六寸,高八寸二分五厘,宽五寸五分;加栔长三尺九寸六分,高三寸三分,宽二寸二分。瓜子栱二件,长三尺四寸一分,高八寸二分五厘,宽五寸五分。第四铺作:第三跳华栱一件,长八尺七寸四分五厘,高一尺一寸五分五厘,宽五寸五分。下昂一一件,平长十尺四寸五分,高八寸二分五厘,宽五寸五分;加栔平长八尺七寸四分五厘,高三寸三分,宽四寸四分。慢栱二件,长五尺六寸,高八寸二分五厘;瓜子栱二件,长三尺四寸一分,高八寸二分五厘。俱宽五寸五分。第五铺作:里要头一件,长六尺八寸七分五厘,高一尺一寸五分五厘,宽五寸五分。下昂二一件,平长一十六尺九寸四分,高八寸二分五厘,宽五寸五分;加栔平长一十五尺一寸二分五厘,高三寸三分,宽四寸四分。慢栱二件,长五尺六寸,高八寸二分五厘;瓜子栱一件,长三尺四寸一分,高八寸二分五厘;令栱一件,长三尺九寸六分,高八寸二分五厘。俱宽五寸五分。第六铺作:下昂三一件,平长一十八尺二寸六分,高八寸二分五厘;慢栱一件,长五尺六寸,高八寸二分五厘;瓜子栱一件,长三尺四寸一分,高八寸二分五厘。俱宽五寸五分。第七铺作:外要头一件,长五尺八寸七分四厘,高一尺一寸五分五厘,宽五寸五分;加栔长五尺五寸三分三厘,高三寸七分九厘五毫,宽四寸四分。慢栱一件,长五尺六寸,高八寸二分五厘;令栱一件,长三尺九寸六分,高八寸二分五厘。俱宽五寸五分。第八铺作:衬方头一件,长八尺一寸五分一厘,高八寸二分五厘,宽五寸五分。交互枓八个,长九寸九分,宽八寸八分;齐心枓二个,长八寸八分,宽八寸八分;散枓三十八个(其中六个用于垫柱头方),长七寸七分,宽八寸八分。俱高五寸五分。

[柱头铺作]

第一铺作:栌枓一个,长一尺七寸六分,高一尺一寸,宽一尺七寸六分。第二铺作:第一跳华栱一件,长三尺八寸五分,高一尺一寸五分五厘,宽五寸五分。泥道栱一件,长三尺四寸一分,高八寸二分五厘,宽五寸五分;加栔长二尺三寸一分,高三寸三分,宽二寸二分。第三铺作:第二跳华栱一件,长六尺七寸一分,高一尺一寸五分五厘,宽五寸五分。壁内慢栱一件,长五尺六寸,高八寸二分五厘,宽五寸五分;加栔长三尺九寸六分,高三寸三分,宽二寸二分。瓜子栱二件,长三尺四寸一分,高八寸二分五厘,宽五寸五分。第四铺作:下昂一一件,平长一十七尺六分一厘,高八寸二分五厘,宽五寸五分。加栔平长一十二尺六寸一分七厘,高三寸三分,宽四寸四分。慢栱二件,长五尺六寸,高八寸二分五厘;瓜子栱一件,长三尺四寸一分,高八寸二分五厘。俱宽五寸五分。第五铺作:下昂二一件,平长一十四尺六寸三分,高八寸二分五厘,宽五寸五分;加栔平长

十尺一寸八分六厘,高三寸三分,宽四寸四分。慢栱一件,长五尺六分,高八寸二分五厘;瓜子栱一件,长三尺四寸一分,高八寸二分五厘。俱宽五寸五分。**第六铺作:**下昂三一件,平长一十二尺一寸五分五厘,高八寸二分五厘;慢栱一件,长五尺六分,高八寸二分五厘;瓜子栱一件,长三尺四寸一分,高八寸二分五厘。俱宽五寸五分。**第七铺作:**耍头一件,长五尺六寸八分一厘五毫,高一尺一寸五分五厘,宽五寸五分;加絜长五尺五寸三分三厘,高三寸七分九厘五毫,宽四寸四分。慢栱一件,长五尺六分,高八寸二分五厘;令栱一件,长三尺九寸六分,高八寸二分五厘。俱宽五寸五分。**第八铺作:**衬方头一件,长八尺一寸五分一厘,高八寸二分五厘,宽五寸五分。骑栿枓二个,长一尺八寸七分,宽九寸九分,高六寸六分。交互枓七个,长九寸九分,宽八寸八分;齐心枓一个,长八寸八分,宽八寸八分;散枓三十二个(其中六个用于垫柱头方),长七寸七分,宽八寸八分。俱高五寸五分。

[**转角铺作**]

第一铺作:角栌枓一个,长一尺九寸八分,高一尺一寸,宽一尺九寸八分。**第二铺作:**华栱与泥道栱相列二件,长三尺六寸八分五厘,高一尺一寸五分五厘,宽五寸五分。角华栱一件,长五尺一寸七分五毫,高一尺一寸五分五厘,宽五寸五分。**第三铺作:**第二跳华栱与慢栱相列二件,长五尺九寸四分,高一尺一寸五分五厘;外瓜子栱与小栱头相列二件,长四尺二寸三分五厘,高八寸二分五厘;里瓜子栱与小栱头相列二件,长二尺六寸九分五厘,高八寸二分五厘;第二跳角华栱一件,长九尺二寸一分四厘一毫,高一尺一寸五分五厘。俱宽五寸五分。**第四铺作:**华头子与下柱头方相列二件,前长四尺一分五厘,后长至补间铺作或柱头铺作,高一尺一寸五分五厘;慢栱与切几头相列二件,长五尺三寸三分五厘,高八寸二分五厘;瓜子栱与小栱头鸳鸯交手二件,长五尺六寸六分五厘,高八寸二分五厘;慢栱与切几头或鸳鸯交手二件,长三尺七寸九分五厘,高八寸二分五厘;瓜子栱与小栱头相列二件,长二尺五寸八分五厘,高八寸二分五厘;第三跳角华栱与华头子相列一件,长一十二尺二寸二分五厘九毫,高一尺一寸五分五厘。俱宽五寸五分。**第五铺作:**下昂一与中柱头方相列二件,昂平长八尺五寸五分五厘,高一尺一寸五分五厘;下昂二与中上柱头方相列二件,昂平长九尺五寸五分三厘五毫,高一尺一寸五分五厘;慢栱与切几头鸳鸯交手二件,长六尺七寸六分五厘,高八寸二分五厘;瓜子栱二件,长三尺四寸一分,高八寸二分五厘;瓜子栱与小栱头相列二件,长二尺五寸八分五厘,高八寸二分五厘;慢栱与切几头相列二件,长三尺六寸八分五厘,高八寸二分五厘;令栱与小栱头相列二件,长二尺八寸六分,高八寸二分五厘;角昂一连角耍头一件:角昂平长二十二尺八寸七分,高一尺一寸五分五厘;角耍头长七尺七寸五厘五毫,高一尺一寸五分五厘;角昂二一件,平长二十尺五寸四厘,高一尺一寸五分五厘。俱宽五寸五分。**第六铺作:**下昂三与上柱头方相列二件,昂平长十尺八寸七厘五毫,高八寸二分五厘;慢栱与切几头鸳鸯交手二件,长八尺一寸九分五厘,高八寸二分五厘;瓜子栱二件,长三尺四寸一分,高八寸二分五厘;瓜子栱与小栱头相列二件,长二尺五寸八分五厘,高八寸二分五厘;角昂三一件,平长一十七尺三寸六分三厘五毫,高一尺一寸五分五厘。俱宽五寸五分。**第七铺作:**耍头二件,长五尺七寸一分四厘五毫,高一尺一寸五分五厘;慢栱二件,长五尺六分,高八寸二分五厘;慢栱与切几头相列二件,长三尺六寸八分五厘,高八寸二分五厘;令栱二件,长三尺九寸六分,高八寸二分五厘;瓜子栱与令栱相列二件,长三尺六寸八分五厘,高八寸二分五厘;由昂一件,平长一十四尺一寸三分,高一尺一寸。俱宽五寸五分。第八铺作:衬方头二件,长六尺八寸二分,高一尺二寸二分一厘,宽五寸五分。平盘科十个,长八寸八分,宽八寸八分,高三寸三分。交互科十个,长九寸九分,宽八寸八分;齐心科三件(其中一个用于瓜子栱与令栱相列之上),长八寸八分,宽八寸八分;散科八十二个,长七寸七分,宽八寸八分。俱高五寸五分。

(三) 八铺作重栱出双抄三下昂,里转六铺作重栱出三抄,并计心。补间铺作、柱头铺作、转角铺作三等材(五分)各件尺寸开后

[补间铺作]

第一铺作:栌科一个,长一尺六寸,高一尺,宽一尺六寸。第二铺作:第一跳华栱一件,长三尺五寸,高一尺五分,宽五寸。泥道栱一件,长三尺一寸,高七寸五分,宽五寸;加栔长二尺一寸,高三寸,宽二寸。第三铺作:第二跳华栱一件,长六尺一寸,高一尺五分,宽五寸。壁内慢栱一件,长四尺六寸,高七寸五分,宽五寸;加栔长三尺六寸,高三寸,宽二寸。瓜子栱二件,长三尺一寸,高七寸五分,宽五寸。第四铺作:第三跳华栱一件,长七尺九寸五分,高一尺五分,宽五寸。下昂一一件,平长九尺五寸,高七寸五分,宽五寸;加栔平长七尺九寸五分,高三寸,宽四寸。慢栱二件,长四尺六寸,高七寸五分;瓜子栱二件,长三尺一寸,高七寸五分。俱宽五寸。第五铺作:里要头一件,长六尺二寸五分,高一尺五分,宽五寸。下昂二一件,平长一十五尺四寸,高七寸五分,宽五寸;加栔平长一十三尺七分五厘,高三寸,宽四寸。慢栱二件,长四尺六寸,高七寸五分;瓜子栱一件,长三尺一寸,高七寸五分;令栱一件,长三尺六寸,高七寸五分。俱宽五寸。第六铺作:下昂三一件,平长一十六尺六寸,高七寸五分;慢栱一件,长四尺六寸,高七寸五分;瓜子栱一件,长三尺一寸,高七寸五分。俱宽五寸。第七铺作:外要头一件,长五尺三寸四分,高一尺五分,宽五寸;加栔长五尺三分,高三寸四分五厘,宽四寸。慢栱一件,长四尺六寸,高七寸五分;令栱一件,长三尺六寸,高七寸五分。俱宽五寸。第八铺作:衬方头一件,长七尺四寸一分,高七寸五分,宽五寸。交互科八个,长九寸,宽八寸;齐心科二个,长八寸,宽八寸;散科三十八个(其中六个用于垫柱头方),长七寸,宽八寸。俱高五寸。

[柱头铺作]

第一铺作:栌科一个,长一尺六寸,高一尺,宽一尺六寸。第二铺作:第一跳华栱一件,长三尺五寸,高一尺五分,宽五寸。泥道栱一件,长三尺一寸,高七寸五分,宽五寸;加栔长二尺一寸,高三寸,宽二寸。第三铺作:第二跳华栱一件,长六尺一寸,高一尺五分,宽五寸。壁内慢栱一件,长四尺六寸,高七寸五分,宽五寸;加栔长三尺六寸,高三寸,宽二寸。瓜子栱二件,长三尺一寸,高七寸五分,宽五寸。第四铺作:下昂一一件,平长一十五尺五寸一分,高七寸五分,宽五寸。加栔平长一十一尺四寸七分,高三寸,宽四寸。慢栱二件,长四尺六寸,高七寸五分;瓜子栱一件,长三尺一寸,高七寸五分。俱宽五寸。第五铺作:下昂二一件,平长一十三尺三寸,高七寸五分,宽五寸;加栔平长九尺二寸六分,高三寸,宽四寸。慢栱一件,长四尺六寸,高七寸五分;瓜子栱一件,长三尺一寸,高七寸五分。俱宽五寸。第六铺作:下昂三一件,平长一十一尺五寸,高七寸五分;慢栱一件,长四尺六寸,高七寸五分;瓜子栱一件,长三尺一寸,高七寸五分。俱宽五寸。

第七铺作：耍头一件，长五尺一寸六分五厘，高一尺五分，宽五寸；加㭼平长五尺三分，高三寸四分五厘，宽四寸。慢栱一件，长四尺六寸，高七寸五分；令栱一件，长三尺六寸，高七寸五分。俱宽五寸。**第八铺作**：衬方头一件，长七尺四寸一分，高七寸五分，宽五寸。骑栿枓二个，长一尺七寸，宽九寸，高六寸。交互枓七个，长九寸，宽八寸；齐心枓一个，长八寸，宽八寸；散枓三十二个（其中六个用于垫柱头方），长七寸，宽八寸。俱高五寸。

[转角铺作]

第一铺作：角栌枓一个，长一尺八寸，高一尺，宽一尺八寸。**第二铺作**：华栱与泥道栱相列二件，长三尺三寸五分，高一尺五分，宽五寸。角华栱一件，长四尺七寸五毫，高一尺五分，宽五寸。

第三铺作：第二跳华栱与慢栱相列二件，长五尺四寸，高一尺五分；外瓜子栱与小栱头相列二件，长三尺八寸五分，高七寸五分；里瓜子栱与小栱头相列二件，长二尺四寸五分，高七寸五分；第二跳角华栱一件，长八尺三寸七分六厘五毫，高一尺五分。俱宽五寸。**第四铺作**：华头子与下柱头方相列二件，前长三尺六寸五分，后长至补间铺作或柱头铺作，高一尺五分；慢栱与切几头相列二件，长四尺八寸五分，高七寸五分；瓜子栱与小栱头鸳鸯交手二件，长五尺一寸五分，高七寸五分；慢栱与切几头或鸳鸯交手二件，长三尺四寸五分，高七寸五分；瓜子栱与小栱头相列二件，长二尺三寸五分，高七寸五分；第三跳角华栱与华头子相列一件，长一十一尺一寸一分四厘五毫，高一尺五分。俱宽五寸。**第五铺作**：下昂一与中柱头方相列二件，昂平长七尺五寸五分，高一尺五分；下昂二与中上柱头方相列二件，昂平长八尺六寸八分五厘，高一尺五分；慢栱与切几头鸳鸯交手二件，长六尺一寸五分，高七寸五分；瓜子栱二件，长二尺三寸五分，高七寸五分；瓜子栱与小栱头相列二件，长二尺四寸五分，高七寸五分；慢栱与切几头相列二件，长三尺三寸五分，高七寸五分；令栱与小栱头相列二件，长二尺六寸，高七寸五分；角昂一连角耍头一件：角昂平长二十尺七寸九分，高一尺五分；角耍头长七尺五厘，高一尺五分；角昂二一件，平长一十八尺六寸四分，高一尺五分。俱宽五寸。**第六铺作**：下昂三与上柱头方相列二件，昂平长九尺八寸二分五厘，高七寸五分；慢栱与切几头鸳鸯交手二件，长七尺四寸五分，高七寸五分；瓜子栱二件，长三尺一寸，高七寸五分；瓜子栱与小栱头相列二件，长二尺三寸五分，高七寸五分；角昂三一件，平长一十五尺七寸八分五厘，高一尺五分。俱宽五寸。**第七铺作**：耍头二件，长五尺一寸九分五厘，高一尺五分；慢栱二件，长四尺六寸，高七寸五分；慢栱与切几头相列二件，长三尺三寸五分，高七寸五分；令栱二件，长三尺六寸，高七寸五分；瓜子栱与令栱相列二件，长三尺三寸五分，高七寸五分；由昂一件，平长一十二尺八寸四分五厘五毫，高一尺。俱宽五寸。**第八铺作**：衬方头二件，长六尺二寸，高一尺一寸一分，宽五寸。平盘枓十个，长八寸，宽八寸，高三寸。交互枓十个，长九寸，宽八寸；齐心枓三件（其中一个用于瓜子栱与令栱相列之上），长八寸，宽八寸；散枓八十二个，长七寸，宽八寸。俱高五寸。

（四）八铺作重栱出双抄三下昂，里转六铺作重栱出三抄，并计心。补间铺作、柱头铺作、转角铺作四等材（四分八厘）各件尺寸开后

[补间铺作]

第一铺作：栌枓一个，长一尺五寸三分六厘，高九寸六分，宽一尺五寸三分六厘。**第二铺作**：

第一跳华栱一件,长三尺三寸六分,高一尺八厘,宽四寸八分。泥道栱一件,长二尺九寸七分六厘,高七寸二分,宽四寸八分;加栔长二尺一分六厘,高二寸八分八厘,宽一寸九分二厘。**第三铺作**:第二跳华栱一件,长五尺八寸五分六厘,高一尺八厘,宽四寸八分。壁内慢栱一件,长四尺四寸一分六厘,高七寸二分,宽四寸八分;加栔长三尺四寸五分六厘,高二寸八分八厘,宽一寸九分二厘。瓜子栱二件,长二尺九寸七分六厘,高七寸二分,宽四寸八分。**第四铺作**:第三跳华栱一件,长七尺六寸三分二厘,高一尺八厘,宽四寸八分。下昂一一件,平长九尺一寸二分,高七寸二分,宽四寸八分;加栔平长七尺六寸三分二厘,高二寸八分八厘,宽三寸八分四厘。慢栱二件,长四尺四寸一分六厘,高七寸二分;瓜子栱二件,长二尺九寸七分六厘,高七寸二分。俱宽四寸八分。**第五铺作**:里要头一件,长六尺,高一尺八厘,宽四寸八分。下昂二一件,平长一十四尺七寸八分四厘,高七寸二分,宽四寸八分;加栔平长一十三尺二寸,高二寸八分八厘,宽三寸八分四厘。慢栱二件,长四尺四寸一分六厘,高七寸二分;瓜子栱一件,长二尺九寸七分六厘,高七寸二分;令栱一件,长三尺四寸五分六厘,高七寸二分。俱宽四寸八分。**第六铺作**:下昂三一件,平长一十五尺九寸三分六厘,高七寸二分;慢栱一件,长四尺四寸一分六厘,高七寸二分;瓜子栱一件,长二尺九寸七分六厘,高七寸二分。俱宽四寸八分。**第七铺作**:外要头一件,长五尺一寸二分六厘四毫,高一尺八厘,宽四寸八分;加栔长四尺八寸二分八厘八毫,高三寸三分一厘二毫,宽三寸八分四厘。慢栱一件,长四尺四寸一分六厘,高七寸二分;令栱一件,长三尺四寸五分六厘,高七寸二分。俱宽四寸八分。**第八铺作**:衬方头一件,长七尺一寸一分三厘六毫,高七寸二分,宽四寸八分。交互枓八个,长八寸六分四厘,宽七寸六分八厘;齐心枓二个,长七寸六分八厘,宽七寸六分八厘;散枓三十八个(其中六个用于垫柱头方),长六寸七分二厘,宽七寸六分八厘。俱高四寸八分。

[柱头铺作]

第一铺作:栌枓一个,长一尺五寸三分六厘,高九寸六分,宽一尺五寸三分六厘。**第二铺作**:第一跳华栱一件,长三尺三寸六分,高一尺八厘,宽四寸八分。泥道栱一件,长二尺九寸七分六厘,高七寸二分,宽四寸八分;加栔长二尺一分六厘,高二寸八分八厘,宽一寸九分二厘。**第三铺作**:第二跳华栱一件,长五尺八寸五分六厘,高一尺八厘,宽四寸八分。壁内慢栱一件,长四尺四寸一分六厘,高七寸二分,宽四寸八分;加栔长三尺四寸五分六厘,高二寸八分八厘,宽一寸九分二厘。瓜子栱二件,长二尺九寸七分六厘,高七寸二分,宽四寸八分。**第四铺作**:下昂一一件,平长一十四尺八寸八分九厘六毫,高七寸二分,宽四寸八分。加栔平长一十一尺一分一厘二毫,高二寸八分八厘,宽三寸八分四厘。慢栱二件,长四尺四寸一分六厘,高七寸二分;瓜子栱一件,长二尺九寸七分六厘,高七寸二分。俱宽四寸八分。**第五铺作**:下昂二一件,平长一十二尺七寸六分八厘,高七寸二分,宽四寸八分;加栔平长八尺八寸八分九厘六毫,高二寸八分八厘,宽三寸八分四厘。慢栱一件,长四尺四寸一分六厘,高七寸二分;瓜子栱一件,长二尺九寸七分六厘,高七寸二分。俱宽四寸八分。**第六铺作**:下昂三一件,平长十尺六寸八厘,高七寸二分;慢栱一件,长四尺四寸一分六厘,高七寸二分;瓜子栱一件,长二尺九寸七分六厘,高七寸二分。俱宽四寸八分。**第七铺作**:要头一件,长四尺九寸五分八厘四毫,高一尺八厘,宽四寸八分;加栔平长四尺八寸二分八厘八毫,高三寸三分一厘二毫,宽三寸八分四厘。慢栱一件,长四尺四寸一分六厘,高七寸二分;令栱一件,长三尺四寸五分六厘,高七寸二分。俱宽四寸八分。**第八铺作:**衬方头一件,长七尺一寸一分三厘六毫,高七寸二分,宽四寸八分。骑枓科二个,长一尺六寸三分二厘,宽八寸六分四厘,高五寸七分六厘。交互科七个,长八寸六分四厘,宽七寸六分八厘;齐心科一个,长七寸六分八厘,宽七寸六分八厘;散科三十二个(其中六个用于垫柱头方),长六寸七分二厘,宽七寸六分八厘。俱高四寸八分。

[**转角铺作**]

第一铺作:角栌科一个,长一尺七寸二分八厘,高九寸六分,宽一尺七寸二分八厘。**第二铺作:**华栱与泥道栱相列二件,长三尺二寸一分六厘,高一尺八厘,宽四寸八分。角华栱一件,长四尺五寸一分二厘四毫,高一尺八厘,宽四寸八分。**第三铺作:**第二跳华栱与慢栱相列二件,长五尺一寸八分四厘,高一尺八厘;外瓜子栱与小栱头相列二件,长三尺六寸九分六厘,高七寸二分;里瓜子栱与小栱头相列二件,长二尺三寸五分二厘,高七寸二分;第二跳角华栱一件,长八尺四分一厘四毫,高一尺八厘。俱宽四寸八分。**第四铺作:**华头子与下柱头方相列二件,前长三尺五寸四厘,后长至补间铺作或柱头铺作,高一尺八厘;慢栱与切几头相列二件,长四尺六寸五分六厘,高七寸四分四厘;瓜子栱与小栱头鸳鸯交手二件,长四尺九分,高七寸二分;慢栱与切几头或鸳鸯交手二件,长三尺三寸一分二厘,高七寸二分;瓜子栱与小栱头相列二件,长二尺二寸五分六厘,高七寸二分;第三跳角华栱与华头子相列一件,长十尺六寸六分九厘九毫,高一尺八厘。俱宽四寸八分。**第五铺作:**下昂一与中柱头方相列二件,昂平长七尺二寸四分八厘,高一尺八厘;下昂二与中上柱头方相列二件,昂平长八尺三寸三分七厘六毫,高一尺八厘;慢栱与切几头鸳鸯交手二件,长五尺九寸四厘,高七寸二分;瓜子栱二件,长二尺九寸七分六厘,高七寸二分;瓜子栱与小栱头相列二件,长二尺二寸五分六厘,高七寸二分;慢栱与切几头相列二件,长三尺二寸一分六厘,高七寸二分;令栱与小栱头相列二件,长二尺四寸九分六厘,高七寸二分;角昂一连角要头一件:角昂平长一十九尺九寸五分八厘,高一尺八厘;角要头长六尺七寸二分四厘八毫,高一尺八厘;角昂二一件,平长一十七尺八寸九分四厘四毫,高一尺八厘。俱宽四寸八分。**第六铺作:**下昂三与上柱头方相列二件,昂平长九尺四寸三分二厘,高七寸二分;慢栱与切几头鸳鸯交手二件,长七尺一寸五分二厘,高七寸二分;瓜子栱二件,长二尺九寸七分六厘,高七寸二分;瓜子栱与小栱头相列二件,长二尺二寸五分六厘,高七寸二分;角昂三一件,平长一十五尺一寸五分三厘六毫,高一尺八厘。俱宽四寸八分。**第七铺作:**要头二件,长四尺九寸八分九厘二毫,高一尺八厘;慢栱二件,长四尺四寸一分六厘,高七寸二分。慢栱与切几头相列二件,长三尺二寸一分六厘,高七寸二分;令栱二件,长三尺四寸五分六厘,高七寸二分;瓜子栱与令栱相列二件,长三尺二寸一分六厘,高七寸二分;由昂一件,平长一十二尺三寸三分一厘七毫,高九寸一分二厘。俱宽四寸八分。**第八铺作:**衬方头二件,长五尺九寸五分二厘,高一尺六分五厘六毫,宽四寸八分。平盘科十个,长七寸六分八厘,宽七寸六分八厘,高二寸八分八厘。交互科十个,长八寸六分四厘,宽七寸六分八厘;齐心科三件(其中一个用于瓜子栱与令栱相列之上),长七寸六分八厘,宽七寸六分八厘;散科八十二个,长六寸七分二厘,宽七寸六分八厘。俱高四寸八分。

（五）八铺作重栱出双抄三下昂，里转六铺作重栱出三抄，并计心。补间铺作、柱头铺作、转角铺作五等材（四分四厘）各件尺寸开后

[补间铺作]

第一铺作：栌枓一个，长一尺四寸八厘，高八寸八分，宽一尺四寸八厘。**第二铺作**：第一跳华栱一件，长三尺八分，高九寸二分四厘，宽四寸四分。泥道栱一件，长二尺七寸二分八厘，高六寸六分，宽四寸四分；加栔长一尺八寸四分八厘，高二寸六分四厘，宽一寸七分六厘。**第三铺作**：第二跳华栱一件，长五尺三寸六分八厘，高九寸二分四厘，宽四寸四分。壁内慢栱一件，长四尺四分八厘，高六寸六分，宽四寸四分；加栔长三尺一寸六分八厘，高二寸六分四厘，宽一寸七分六厘。瓜子栱二件，长二尺七寸二分八厘，高六寸六分，宽四寸四分。**第四铺作**：第三跳华栱一件，长六尺九寸九分六厘，高九寸二分四厘，宽四寸四分。下昂一一件，平长八尺三寸六分，高六寸六分，宽四寸四分；加栔平长六尺九寸九分六厘，高二寸六分四厘，宽三寸五分二厘。慢栱二件，长四尺四分八厘，高六寸六分；瓜子栱二件，长二尺七寸二分八厘，高六寸六分。俱宽四寸四分。

第五铺作：里耍头一件，长五尺五寸，高九寸二分四厘，宽四寸四分。下昂二一件，平长一十三尺五寸五分二厘，高六寸六分，宽四寸四分；加栔平长一十二尺一寸，高二寸六分四厘，宽三寸五分二厘。慢栱二件，长四尺四分八厘，高六寸六分；瓜子栱一件，长二尺七寸二分八厘，高六寸六分；令栱一件，长三尺一寸六分八厘，高六寸六分。俱宽四寸四分。**第六铺作**：下昂三一件，平长一十四尺六寸八厘，高六寸六分；慢栱一件，长四尺四分八厘，高六寸六分；瓜子栱一件，长二尺七寸二分八厘，高六寸六分。俱宽四寸四分。**第七铺作**：外耍头一件，长四尺六寸九分九厘二毫，高九寸二分四厘，宽四寸四分；加栔长四尺四寸二分六厘四毫，高三寸三厘六毫，宽三寸五分二厘。慢栱一件，长四尺四分八厘，高六寸六分；令栱一件，长三尺一寸六分八厘，高六寸六分。俱宽四寸四分。**第八铺作**：衬方头一件，长六尺五寸二分八毫，高六寸六分，宽四寸四分。交互枓八个，长七寸九分二厘，宽七寸四厘；齐心枓二个，长七寸四厘，宽七寸四厘；散枓三十八个（其中六个用于垫柱头方），长六寸一分六厘，宽七寸四厘。俱高四寸四分。

[柱头铺作]

第一铺作：栌枓一个，长一尺四寸八厘，高八寸八分，宽一尺四寸八厘。**第二铺作**：第一跳华栱一件，长三尺八分，高九寸二分四厘，宽四寸四分。泥道栱一件，长二尺七寸二分八厘，高六寸六分，宽四寸四分；加栔长一尺八寸四分八厘，高二寸六分四厘，宽一寸七分六厘。**第三铺作**：第二跳华栱一件，长五尺三寸六分八厘，高九寸二分四厘，宽四寸四分。壁内慢栱一件，长四尺四分八厘，高六寸六分，宽四寸四分；加栔长三尺一寸六分八厘，高二寸六分四厘，宽一寸七分六厘。瓜子栱二件，长二尺七寸二分八厘，高六寸六分，宽四寸四分。**第四铺作**：下昂一一件，平长一十三尺六寸四分八厘八毫，高六寸六分，宽四寸四分。加栔平长十尺九分三厘六毫，高二寸六分四厘，宽三寸五分二厘。慢栱二件，长四尺四分八厘，高六寸六分；瓜子栱一件，长二尺七寸二分八厘，高六寸六分。俱宽四寸四分。**第五铺作**：下昂二一件，平长一十一尺七寸四厘，高六寸六分，宽四寸四分；加栔平长八尺一寸四分八厘八毫八厘，高二寸六分四厘，宽三寸五分二厘。慢栱一件，长四尺四分八厘，高六寸六分；瓜子栱一件，长二尺七寸二分八厘，高六寸六分。俱宽

四寸四分。**第六铺作**：下昂三一件，平长九尺七寸二分四厘，高六寸六分；慢栱一件，长四尺四分八厘，高六寸六分；瓜子栱一件，长二尺七寸二分八厘，高六寸六分。俱宽四寸四分。**第七铺作**：耍头一件，长四尺五寸四分五厘二毫，高九寸二料分四厘，宽四寸四分；加栔长四尺四寸二分六厘四毫，高三寸三厘六毫，宽三寸五分二厘。慢栱一件，长四尺四分八厘，高六寸六分；令栱一件，长三尺一寸六分八厘，高六寸六分。俱宽四寸四分。**第八铺作**：衬方头一件，长六尺五寸二分八毫，高六寸六分，宽四寸四分。骑栿料二个，长一尺四寸九分六厘，宽七寸九分二厘，高五寸二分八厘。交互料七个，长七寸九分二厘，宽七寸四厘；齐心料一个，长七寸四厘，宽七寸四厘；散料三十二个（其中六个用于垫柱头方），长六寸一分六厘，宽七寸四厘。俱高四寸四分。

[转角铺作]

第一铺作：角栌料一个，长一尺五寸八分四厘，高八寸八分，宽一尺五寸八分四厘。**第二铺作**：华栱与泥道栱相列二件，长二尺九寸四分八厘，高九寸二分四厘，宽四寸四分。角华栱一件，长四尺一寸三分六厘四毫，高九寸二分四厘，宽四寸四分。**第三铺作**：第二跳华栱与慢栱相列二件，长四尺七寸五分二厘，高九寸二分四厘；外瓜子栱与小栱头相列二件，长三尺三寸八分八厘，高六寸六分；里瓜子栱与小栱头相列二件，长二尺一寸五分六厘，高六寸六分；第二跳角华栱一件，长七尺三寸七分一厘三毫，高九寸二分四厘。俱宽四寸四分。**第四铺作**：华头子与下柱头方相列二件，前长三尺二寸一分二厘，后长至补间铺作或柱头铺作，高九寸二分四厘；慢栱与切几头相列二件，长四尺二寸六分八厘，高六寸六分；瓜子栱与小栱头鸳鸯交手二件，长四尺五寸三分二厘，高六寸六分；慢栱与切几头或鸳鸯交手二件，长三尺三分六厘，高六寸六分；瓜子栱与小栱头相列二件，长二尺六分八厘，高六寸六分；第三跳角华栱与华头子相列一件，长九尺七寸八分七毫，高九寸二分四厘。俱宽四寸四分。**第五铺作**：下昂一与中柱头方相列二件，昂平长六尺六寸四分四厘，高九寸二分四厘；下昂二与中上柱头方相列二件，昂平长七尺六寸四分二厘八毫，高九寸二分四厘；慢栱与切几头鸳鸯交手二件，长五尺四寸一分二厘，高六寸六分；瓜子栱二件，长二尺七寸二分八厘，高六寸六分；瓜子栱与小栱头相列二件，长二尺六分八厘，高六寸六分；慢栱与切几头相列二件，长二尺九寸四分八厘，高六寸六分；令栱与小栱头相列二件，长二尺二寸八分八厘，高六寸六分；角昂一连角耍头一件：角昂平长一十八尺二寸九分五厘，高九寸二分四厘；角耍头长六尺一寸六分四厘四毫，高九寸二分四厘；角昂二一件，平长一十六尺四寸三厘二毫，高六寸六分。俱宽四寸四分。**第六铺作**：下昂三与上柱头方相列二件，昂平长八尺六寸四分六厘，高六寸六分；慢栱与切几头鸳鸯交手二件，长六尺五寸五分六厘，高六寸六分；瓜子栱二件，长二尺七寸二分八厘，高六寸六分；瓜子栱与小栱头相列二件，长二尺六分八厘，高六寸六分；角昂三一件，平长一十三尺八寸九分八毫，高九寸二分四厘。俱宽四寸四分。**第七铺作**：耍头二件，长四尺五寸七分一厘六毫，高九寸二分四厘；慢栱二件，长四尺四分八厘，高六寸六分；慢栱与切几头相列二件，长二尺九寸四分八厘，高六寸六分；令栱二件，长三尺一寸六分八厘，高六寸六分；瓜子栱与令栱相列二件，长二尺九寸四分八厘，高六寸六分；由昂一件，平长一十一尺三寸四厘，高八寸八分。俱宽四寸四分。**第八铺作**：衬方头二件，长五尺四寸六分六厘，高九寸七分六厘八毫，宽四寸四分。平盘料十个，长七寸四厘，宽七寸四厘，高二寸六分四厘。交互料十个,长七寸九分二厘,宽七寸四厘;齐心枓三件(其中一个用于瓜子栱与令栱相列之上),长七寸四厘,宽七寸四厘;散枓八十二个,长六寸一分六厘,宽七寸四厘。俱高四寸四分。

(六) 八铺作重栱出双抄三下昂,里转六铺作重栱出三抄,并计心。补间铺作、柱头铺作、转角铺作六等材(四分)各件尺寸开后

[补间铺作]

第一铺作:栌枓一个,长一尺二寸八分,高八寸,宽一尺二寸八分。第二铺作:第一跳华栱一件,长二尺八寸,高八寸四分,宽四寸。泥道栱一件,长二尺四寸八分,高六寸,宽四寸;加栔长一尺六寸八分,高二寸四分,宽一寸六分。第三铺作:第二跳华栱一件,长四尺八寸八分,高八寸四分,宽四寸。壁内慢栱一件,长三尺六寸八分,高六寸,宽四寸;加栔长二尺八寸八分,高二寸四分,宽一寸六分。瓜子栱二件,长二尺四寸八分,高六寸,宽四寸。第四铺作:第三跳华栱一件,长六尺三寸六分,高八寸四分,宽四寸。下昂一一件,平长七尺六寸三分六厘,高六寸,宽四寸;加栔平长六尺三寸六分,高二寸四分,宽三寸二分。慢栱二件,长三尺六寸八分,高六寸;瓜子栱二件,长二尺四寸八分,高六寸。俱宽四寸。第五铺作:里要头一件,长五尺,高八寸四分,宽四寸。下昂二一件,平长一十二尺三寸二分,高六寸,宽四寸;加栔平长一十一尺,高二寸四分,宽三寸二分。慢栱二件,长三尺六寸八分,高六寸;瓜子栱一件,长二尺四寸八分,高六寸;令栱一件,长二尺八寸八分,高六寸。俱宽四寸。第六铺作:下昂三一件,平长一十三尺二寸八分,高六寸;慢栱一件,长三尺六寸八分,高六寸;瓜子栱一件,长二尺四寸八分,高六寸。俱宽四寸。第七铺作:外要头一件,长四尺二寸七分二厘,高八寸四分,宽四寸;加栔长四尺二分四厘,高二寸七分六厘,宽三寸二分。慢栱一件,长三尺六寸八分,高六寸;令栱一件,长二尺八寸八分,高六寸。俱宽四寸。第八铺作:衬方头一件,长五尺九寸二分八厘,高六寸,宽四寸。交互枓八个,长七寸二分,宽六寸四分;齐心枓二个,长六寸四分,宽六寸四分;散枓三十八个(其中六个用于垫柱头方),长五寸六分,宽六寸四分。俱高四寸。

[柱头铺作]

第一铺作:栌枓一个,长一尺二寸八分,高八寸,宽一尺二寸八分。第二铺作:第一跳华栱一件,长二尺八寸,高八寸四分,宽四寸。泥道栱一件,长二尺四寸八分,高六寸,宽四寸;加栔长一尺六寸八分,高二寸四分,宽一寸六分。第三铺作:第二跳华栱一件,长四尺八寸八分,高八寸四分,宽四寸。壁内慢栱一件,长三尺六寸八分,高六寸,宽四寸;加栔长二尺八寸八分,高二寸四分,宽一寸六分。瓜子栱二件,长二尺四寸八分,高六寸,宽四寸。第四铺作:下昂一一件,平长一十二尺四寸八厘,高六寸,宽四寸。加栔平长九尺一寸七分六厘,高二寸四分,宽三寸二分。慢栱二件,长三尺六寸八分,高六寸;瓜子栱一件,长二尺四寸八分,高六寸。俱宽四寸。第五铺作:下昂二一件,平长十尺六寸四分,高六寸,宽四寸;加栔平长七尺四寸八厘,高二寸四分,宽三寸二分。慢栱一件,长三尺六寸八分,高六寸;瓜子栱一件,长二尺四寸八分,高六寸。俱宽四寸。第六铺作:下昂三一件,平长八尺八寸四分,高六寸;慢栱一件,长三尺六寸八分,高六寸;瓜子栱一件,长二尺四寸八分,高六寸。俱宽四寸。第七铺作:要头一件,长四尺一寸三分二厘,高八寸四分,宽四寸;加栔平长四尺二分四厘,高二寸七分六厘,宽三寸二分。慢栱一件,长三尺六寸八分,高六寸;令栱一件,长二尺八寸八分,高六寸。俱宽四寸。**第八铺作**:衬方头一件,长五尺九寸二分八厘,高六寸,宽四寸。骑栿枓二个,长一尺三寸六分,宽七寸二分,高四寸八分。交互枓七个,长七寸二分,宽六寸四分;齐心枓一个,长六寸四分,宽六寸四分;散枓三十二个(其中六个用于垫柱头方),长五寸六分,宽六寸四分。俱高四寸。

[转角铺作]

第一铺作:角栌枓一个,长一尺四寸四分,高八寸,宽一尺四寸四分。**第二铺作**:华栱与泥道栱相列二件,长二尺六寸八分,高八寸四分,宽四寸。角华栱一件,长三尺七寸六分四毫,高八寸四分,宽四寸。**第三铺作**:第二跳华栱与慢栱相列二件,长四尺三寸二分,高八寸四分;外瓜子栱与小栱头相列二件,长三尺八寸,高六寸;里瓜子栱与小栱头相列二件,长一尺九寸六分,高六寸;第二跳角华栱一件,长六尺七寸一厘二毫,高八寸四分。俱宽四寸。**第四铺作**:华头子与下柱头方相列二件,前长二尺九寸二分,后长至补间铺作或柱头铺作,高八寸四分。慢栱与切几头相列二件,长三尺八寸八分,高六寸;瓜子栱与小栱头鸳鸯交手二件,长四尺一寸二分,高六寸;慢栱与切几头或鸳鸯交手二件,长二尺七寸六分,高六寸;瓜子栱与小栱头相列二件,长一尺八寸八分,高六寸;第三跳角华栱与华头子相列一件,长八尺九寸九分一厘六毫,高八寸四分。俱宽四寸。**第五铺作**:下昂一与中柱头方相列二件,昂平长六尺四寸,高八寸四分;下昂二与中上柱头方相列二件,昂平长六尺九寸四分八厘,高八寸四分;慢栱与切几头鸳鸯交手二件,长四尺九寸二分,高六寸;瓜子栱二件,长二尺四寸八分,高六寸;瓜子栱与小栱头相列二件,长一尺八寸八分,高六寸;慢栱与切几头相列二件,长二尺六寸八分,高六寸;令栱与小栱头相列二件,长二尺八分,高六寸;角昂一连角耍头一件,角昂平长一十六尺六寸三分二厘,高八寸四分;角耍头长五尺六寸四厘,高八寸四分;角昂二一件,平长一十四尺九寸一分二厘,高八寸四分。俱宽四寸。**第六铺作**:下昂三与上柱头方相列二件,昂平长七尺八寸六分,高六寸;慢栱与切几头鸳鸯交手二件,长五尺九寸六分,高六寸;瓜子栱二件,长二尺四寸八分,高六寸;瓜子栱与小栱头相列二件,长一尺八寸八分,高六寸;角昂三一件,平长一十二尺六寸二分八厘,高八寸四分。俱宽三尺六寸八分。**第七铺作**:耍头二件,长四尺一寸五分六厘,高八寸四分;慢栱二件,长三尺六寸八分,高六寸;慢栱与切几头相列二件,长二尺六寸八分,高六寸;令栱二件,长二尺八寸八分,高六寸;瓜子栱与令栱相列二件,长二尺六寸六分,高六寸;由昂一件,平长十尺二寸七分六厘四毫,高八寸。俱宽四寸。**第八铺作**:衬方头二件,长四尺九寸六分,高八寸八分八厘,宽四寸。平盘枓十个,长六寸四分,宽六寸四分,高二寸四分。交互枓十个,长七寸二分,宽六寸四分;齐心枓三件(其中一个用于瓜子栱与令栱相列之上),长六寸四分,宽六寸四分;散枓八十二个,长五寸六分,宽六寸四分。俱高四寸。

(七)八铺作重栱出双抄三下昂,里转六铺作重栱出三抄,并计心。补间铺作、柱头铺作、转角铺作七等材(三分五厘)各件尺寸开后

[补间铺作]

第一铺作:栌枓一个,长一尺一寸二分,高七寸,宽一尺一寸二分。**第二铺作**:第一跳华栱一件,长二尺四寸五分,高七寸三分五厘,宽三寸五分。泥道栱一件,长二尺一寸七分,高五寸二分五厘,宽三寸五分;加椠长一尺四寸七分,高二寸一分,宽一寸四分。**第三铺作**:第二跳华栱一件,长四尺二寸七分,高七寸三分五厘,宽三寸五分。壁内慢栱一件,长三尺二寸二分,高五寸二分五厘,宽三寸五分;加栔长二尺五寸二分,高二寸一分,宽一寸四分。瓜子栱二件,长二尺一寸七分,高五寸二分五厘,宽三寸五分。**第四铺作:** 第三跳华栱一件,长五尺五寸六分五厘,高七寸三分五厘,宽三寸五分。下昂一一件,平长六尺六寸五分,高五寸二分五厘,宽三寸五分;加栔平长五尺五寸六分五厘,高二寸一分,宽二寸八分。慢栱二件,长三尺二寸二分,高五寸二分五厘;瓜子栱二件,长二尺一寸七分,高五寸二分五厘。俱宽三寸五分。**第五铺作:** 里要头一件,长四尺三寸七分五厘,高七寸三分五厘,宽三寸五分。下昂二一件,平长十尺七寸八分,高五寸二分五厘,宽三寸五分;加栔平长九尺六寸二分五厘,高二寸一分,宽二寸八分。慢栱二件,长三尺二寸二分,高五寸二分五厘;瓜子栱一件,长二尺一寸七分,高五寸二分五厘;令栱一件,长二尺五寸二分,高五寸二分五厘。俱宽三寸五分。**第六铺作:** 下昂三一件,平长一十一尺六寸二分,高五寸二分五厘;慢栱一件,长三尺二寸二分,高五寸二分五厘;瓜子栱一件,长二尺一寸七分,高五寸二分五厘。俱宽三寸五分。**第七铺作:** 外要头一件,长三尺七寸三分八厘,高七寸三分五厘,宽三寸五分;加栔长三尺五寸二分一厘,高二寸四分一厘五毫,宽二寸八分。慢栱一件,长三尺二寸二分,高五寸二分五厘;令栱一件,长二尺五寸二分,高五寸二分五厘。俱宽三寸五分。

第八铺作: 衬方头一件,长五尺一寸八分七厘,高五寸二分五厘,宽三寸五分。交互枓八个,长六寸三分,宽五寸六分;齐心枓二个,长五寸六分,宽五寸六分;散枓三十八个(其中六个用于垫柱头方),长四寸九分,宽五寸六分。俱高三寸五分。

[柱头铺作]

第一铺作: 栌枓一个,长一尺一寸二分,高七寸,宽一尺一寸二分。**第二铺作:** 第一跳华栱一件,长二尺四寸五分,高七寸三分五厘,宽三寸五分。泥道栱一件,长二尺一寸七分,高五寸二分五厘,宽三寸五分;加栔长一尺四寸七分,高二寸一分,宽一寸四分。**第三铺作:** 第二跳华栱一件,长四尺二寸七分,高七寸三分五厘,宽三寸五分。壁内慢栱一件,长三尺二寸二分,高五寸二分五厘,宽三寸五分;加栔长二尺五寸二分,高二寸一分,宽一寸四分。瓜子栱二件,长二尺一寸七分,高五寸二分五厘,宽三寸五分。**第四铺作:** 下昂一一件,平长十尺八寸五分七厘,高五寸二分五厘,宽三寸五分。加栔平长八尺二分九厘,高二寸一分,宽二寸八分。慢栱二件,长三尺二寸二分,高五寸二分五厘;瓜子栱一件,长二尺一寸七分,高五寸二分五厘。俱宽三寸五分。**第五铺作:** 下昂二一件,平长九尺三寸一分,高五寸二分五厘,宽三寸五分;加栔平长六尺四寸八分二厘,高二寸一分,宽二寸八分。慢栱一件,长三尺二寸二分,高五寸二分五厘;瓜子栱一件,长二尺一寸七分,高五寸二分五厘。俱宽三寸五分。**第六铺作:** 下昂三一件,平长七尺七寸三分五厘,高五寸二分五厘;慢栱一件,长三尺二寸二分,高五寸二分五厘;瓜子栱一件,长二尺一寸七分,高五寸二分五厘。俱宽三寸五分。**第七铺作:** 要头一件,长三尺六寸一分五厘五毫,高七寸三分五厘,宽三寸五分;加栔平长三尺五寸二分一厘,高二寸四分一厘五毫,宽二寸八分。慢栱一件,长三尺二寸二分,高五寸二分五厘;令栱一件,长二尺五寸二分,高五寸二分五厘。俱宽三寸五分。**第八铺作:** 衬方头一件,长五尺一寸八分七厘,高五寸二分五厘,宽三寸五分。骑栿枓二个,长一尺一寸九分,宽六寸三分,高四寸二分。交互枓七个,长六寸三分,宽五寸六分;齐心料一个,长五寸六分,宽五寸六分;散料三十二个(其中六个用于垫柱头方),长四寸九分,宽五寸六分。俱高三寸五分。

[转角铺作]

第一铺作:角栌料一个,长一尺二寸六分,高七寸,宽一尺二寸六分。第二铺作:华栱与泥道栱相列二件,长二尺三寸四分五厘,高七寸三分五厘,宽三寸五分。角华栱一件,长三尺二寸九分三毫,高七寸三分五厘,宽三寸五分。第三铺作:第二跳华栱与慢栱相列二件,长三尺七寸八分,高七寸三分五厘;外瓜子栱与小栱头相列二件,长二尺六寸九分五厘,高七寸三分五厘;里瓜子栱与小栱头相列二件,长一尺七寸一分五厘,高五寸二分五厘;第二跳角华栱一件,长五尺八寸六分三厘五毫,高七寸三分五厘。俱宽三寸五分。第四铺作:华头子与下柱头方相列二件,前长二尺五寸五分五厘,后长至补间铺作或柱头铺作,高七寸三分五厘;慢栱与切几头相列二件,长三尺三寸九分五厘,高五寸二分五厘;瓜子栱与小栱头鸳鸯交手二件,长三尺六寸五厘,高五寸二分五厘;慢栱与切几头或鸳鸯交手二件,长二尺四寸一分五厘,高五寸二分五厘;瓜子栱与小栱头相列二件,长一尺六寸四分五厘,高五寸二分五厘;第三跳角华栱与华头子相列一件,长七尺七寸八分一毫,高七寸三分五厘。俱宽三寸五分。第五铺作:下昂一与中柱头方相列二件,昂平长五尺二寸八分五厘,高七寸三分五厘;下昂二与中上柱头方相列二件,昂平长六尺七分九厘五毫,高七寸三分五厘;慢栱与切几头鸳鸯交手二件,长四尺三寸五厘,高五寸二分五厘;瓜子栱二件,长二尺一寸七分,高五寸二分五厘;瓜子栱与小栱头相列二件,长一尺六寸四分五厘,高五寸二分五厘;慢栱与切几头相列二件,长二尺三寸四分五厘,高五寸二分五厘;令栱与小栱头相列二件,长一尺八寸二分,高五寸二分五厘;角昂一连角耍头一件:角昂平长一十四尺五寸五分三厘,高七寸三分五厘;角耍头长四尺九寸三厘五毫;角昂二一件,平长一十三尺四分八厘,高七寸三分五厘。俱宽三寸五分。第六铺作:下昂三与上柱头方相列二件,昂平长六尺八寸七分七厘五毫,高五寸二分五厘;慢栱与切几头鸳鸯交手二件,长五尺二寸一分五厘,高五寸二分五厘;瓜子栱二件,长二尺一寸七分,高五寸二分五厘;瓜子栱与小栱头相列二件,长一尺六寸五分五厘,高五寸二分五厘;角昂三一件,平长一十一尺四分九厘五毫,高七寸三分五厘。俱宽三寸五分。第七铺作:耍头二件,长三尺六寸三分六厘五毫,高七寸三分五厘;慢栱二件,长三尺二寸二分,高五寸二分五厘;慢栱与切几头相列二件,长二尺三寸四分五厘,高五寸二分五厘;令栱二件,长二尺五寸二分,高五寸二分五厘;瓜子栱与令栱相列二件,长二尺三寸四分五厘,高五寸二分五厘;由昂一件,平长八尺九寸九分一厘九毫,高七寸。俱宽三寸五分。第八铺作:衬方头二件,长四尺三寸四分,高七寸七分七厘,宽三寸五分。平盘料十个,长五寸六分,宽五寸六分,高二寸一分。交互料十个,长六寸三分,宽五寸六分;齐心料三件(其中一个用于瓜子栱与令栱相列之上),长五寸六分,宽五寸六分;散料八十二个,长四寸九分,宽五寸六分。俱高三寸五分。

(八)八铺作重栱出双抄三下昂,里转六铺作重栱出三抄,并计心。补间铺作、柱头铺作、转角铺作八等材(三分)各件尺寸开后

[补间铺作]

第一铺作:栌料一个,长九寸六分,高六寸,宽九寸六分。第二铺作:第一跳华栱一件,长二尺一寸,高六寸三分,宽三寸。泥道栱一件,长一尺八寸六分,高四寸五分,宽三寸;加栔长一尺二寸六分,高一寸八分,宽一寸二分。**第三铺作:**第二跳华栱一件,长三尺六寸六分,高六寸三分,宽三寸。壁内慢栱一件,长二尺七寸六分,高四寸五分,宽三寸;加栔长二尺一寸六分,高一寸八分,宽一寸二分。瓜子栱二件,长一尺八寸六分,高四寸五分,宽三寸。**第四铺作:**第三跳华栱一件,长四尺七寸七分,高六寸三分,宽三寸。下昂一一件,平长五尺七寸,高四寸五分,宽三寸;加栔平长四尺七寸七分,高一寸八分,宽二寸四分。慢栱二件,长二尺七寸六分,高四寸五分;瓜子栱二件,长一尺八寸六分,高四寸五分。俱宽三寸。**第五铺作:**里耍头一件,长三尺七寸五分,高六寸三分,宽三寸。下昂二一件,平长九尺二寸四分,高四寸五分,宽三寸;加栔平长八尺二寸五分,高一寸八分,宽二寸四分。慢栱二件,长二尺七寸六分,高四寸五分;瓜子栱一件,长一尺八寸六分,高四寸五分;令栱一件,长二尺一寸六分,高四寸五分。俱宽三寸。**第六铺作:**下昂三一件,平长九尺九寸六分,高四寸五分;慢栱一件,长二尺七寸六分,高四寸五分;瓜子栱一件,长一尺八寸六分,高四寸五分。俱宽三寸。**第七铺作:**外耍头一件,长三尺二寸四厘,高六寸三分,宽三寸;加栔长三尺一分八厘,高二寸七厘,宽二寸四分。慢栱一件,长二尺七寸六分,高四寸五分;令栱一件,长二尺一寸六分,高四寸五分。俱宽三寸。**第八铺作:**衬方头一件,长四尺四寸四分六厘,高四寸五分,宽三寸。交互科八个,长五寸四分,宽四寸八分;齐心科二个,长四寸八分,宽四寸八分;散科三十八个(其中六个用于垫柱头方),长四寸二分,宽四寸八分。俱高三寸。

[柱头铺作]

第一铺作:栌科一个,长九寸六分,高六寸,宽九寸六分。**第二铺作:**第一跳华栱一件,长二尺一寸,高六寸三分,宽三寸。泥道栱一件,长一尺八寸六分,高四寸五分,宽三寸;加栔长一尺二寸六分,高一寸八分,宽一寸二分。**第三铺作:**第二跳华栱一件,长三尺六寸六分,高六寸三分,宽三寸。壁内慢栱一件,长二尺七寸六分,高四寸五分,宽三寸;加栔长二尺一寸六分,高一寸八分,宽一寸四分。瓜子栱二件,长一尺八寸六分,高四寸五分,宽三寸。**第四铺作:**下昂一一件,平长九尺三寸六厘,高四寸五分,宽三寸。加栔平长六尺八寸八分二厘,高一寸八分,宽二寸四分。慢栱二件,长二尺七寸六分,高四寸五分;瓜子栱一件,长一尺八寸六分,高四寸五分。俱宽三寸。**第五铺作:**下昂二一件,平长七尺九寸八分,高四寸五分,宽三寸;加栔平长五尺五寸五分六厘,高一寸八分,宽二寸四分。慢栱一件,长二尺七寸六分,高四寸五分;瓜子栱一件,长一尺八寸六分,高四寸五分。俱宽三寸。**第六铺作:**下昂三一件,平长六尺六寸三分,高四寸五分;慢栱一件,长二尺七寸六分,高四寸五分;瓜子栱一件,长一尺八寸六分,高四寸五分。俱宽三寸。**第七铺作:**耍头一件,长三尺八寸二分二厘,高六寸三分,宽三寸;加栔平长三尺一分八厘,高二寸七厘,宽二寸四分。慢栱一件,长二尺七寸六分,高四寸五分;令栱一件,长二尺一寸六分,高四寸五分。俱宽三寸。**第八铺作:**衬方头一件,长四尺四寸四分六厘,高四寸五分,宽三寸。骑栿科一个,长一尺二分,宽五寸四分,高三寸六分。交互科七个,长五寸四分,宽四寸八分;齐心科一个,长四寸八分,宽四寸八分;散科三十二个(其中六个用于垫柱头方),长四寸二分,宽四寸八分。俱高三寸。

[转角铺作]

第一铺作:角栌枓一个,长一尺八分,高六寸,宽一尺八分。**第二铺作**:华栱与泥道栱相列二件,长二尺一分,高六寸三分,宽三寸。角华栱一件,长二尺八寸二分三毫,高六寸三分,宽三寸。

第三铺作:第二跳华栱与慢栱相列二件,长三尺二寸四分,高六寸三分;外瓜子栱与小栱头相列二件,长二尺三寸一分,高四寸五分;里瓜子栱与小栱头相列二件,长一尺四寸七分,高四寸五分;第二跳角华栱一件,长五尺二分五厘九毫,高六寸三分。俱宽三寸。**第四铺作**:华头子与下柱头方相列二件,前长二尺一寸九分,后长至补间铺作或柱头铺作,高六寸三分;慢栱与切几头相列二件,长二尺九寸一分,高四寸五分;瓜子栱与小栱头鸳鸯交手二件,长三尺九分,高四寸五分;慢栱与切几头或鸳鸯交手二件,长二尺七寸,高四寸五分;瓜子栱与小栱头相列二件,长一尺四寸一分,高四寸五分;第三跳角华栱与华头子相列一件,长六尺六寸六分八厘七毫,高六寸三分。俱宽三寸。**第五铺作**:下昂一与中柱头方相列二件,昂平长四尺五寸三分,高六寸三分;下昂二与中上柱头方相列二件,昂平长五尺二寸一分一厘,高六寸三分;慢栱与切几头鸳鸯交手二件,长三尺六寸九分,高四寸五分;瓜子栱二件,长一尺八寸六分,高四寸五分;瓜子栱与小栱头相列二件,长一尺四寸一分,高四寸五分;慢栱与切几头相列二件,长二尺一分,高四寸五分;令栱与小栱头相列二件,长一尺五寸六分,高四寸五分;角昂一连角耍头一件:角昂平长一十二尺四寸七分四厘,高六寸三分;角耍头长四尺二寸三厘,高六寸三分;角昂二一件,平长一十一尺一寸八分四厘,高六寸三分。俱宽三寸。**第六铺作**:下昂三与上柱头方相列二件,昂平长五尺八寸九分五厘,高四寸五分;慢栱与切几头鸳鸯交手二件,长四尺四寸七分,高四寸五分;瓜子栱二件,长一尺八寸六分,高四寸五分;瓜子栱与小栱头相列二件,长一尺四寸一分,高四寸五分;角昂三一件,平长九尺四寸七分一厘,高六寸三分。俱宽三寸。**第七铺作**:耍头二件,长三尺一寸一分七厘,高六寸三分;慢栱二件,长二尺七寸六分,高四寸五分;慢栱与切几头相列二件,长二尺一分,高四寸五分;令栱二件,长二尺一寸六分,高四寸五分;瓜子栱与令栱相列二件,长二尺一分,高四寸五分;由昂一件,平长七尺七寸七厘三毫,高六寸。俱宽三寸。**第八铺作**:衬方头二件,长三尺七寸二分,高六寸六分六厘,宽三寸。平盘枓十个,长四寸八分,宽四寸八分,高一寸八分。交互枓十个,长五寸四分,宽四寸八分;齐心枓三件(其中一个用于瓜子栱与令栱相列之上),长四寸八分,宽四寸八分;散枓八十二个,长四寸二分,宽四寸八分。俱高三寸。

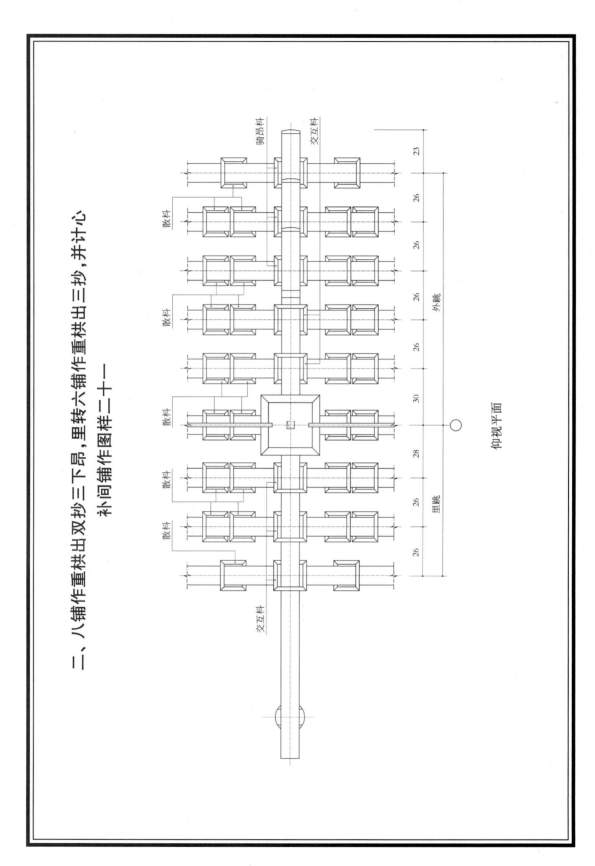

二、八铺作重栱出双抄三下昂，里转六铺作重栱出三抄，并计心
补间铺作图样二十一

骑昂枓

交互枓

散枓

散枓

散枓

散枓

散枓

散枓

散枓

交互枓

23 26 26 26 26 30 28 26 26

外跳 里跳

仰视平面

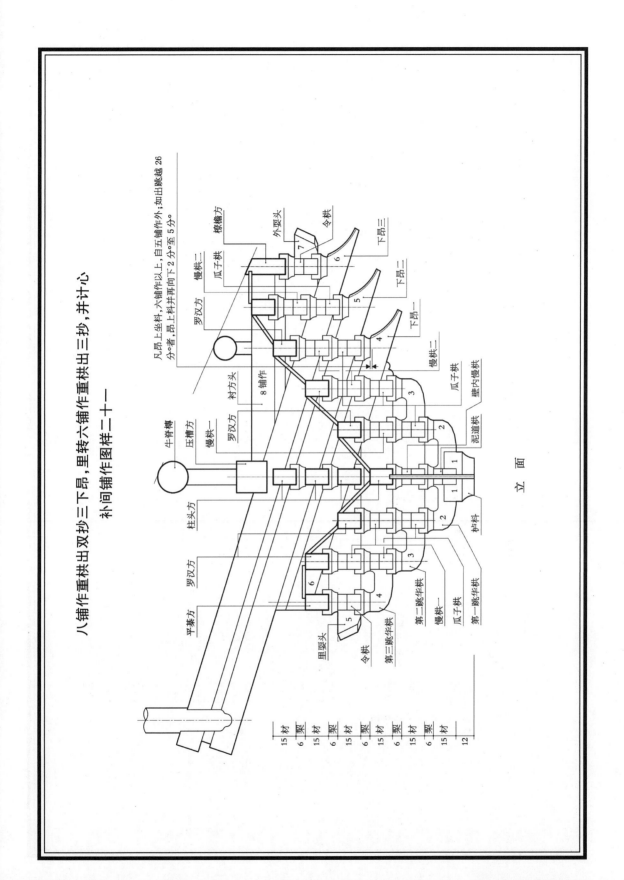

八铺作重栱出双抄三下昂，里转六铺作重栱出三抄，并计心

补间铺作图样二十一

凡昂上坐枓，六铺作以上，自五铺作外，如出跳越 26
分°者，昂上枓并向下 2 分°至 5 分°。

立　面

八铺作重栱出双抄三下昂,里转六铺作重栱出三抄,并计心
补间铺作图样二十一　分件一

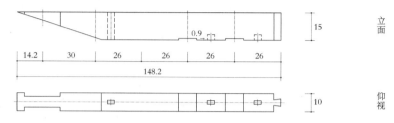

衬方头

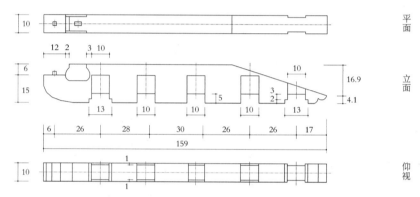

第三跳华栱

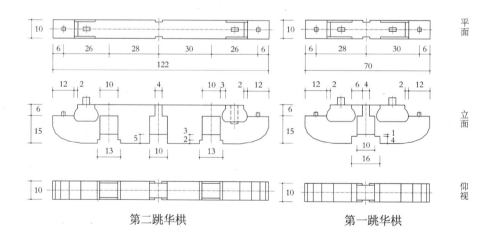

第二跳华栱　　　　　　　第一跳华栱

八铺作重栱出双抄三下昂，里转六铺作重栱出三抄，并计心

补间铺作图样二十一　分件二

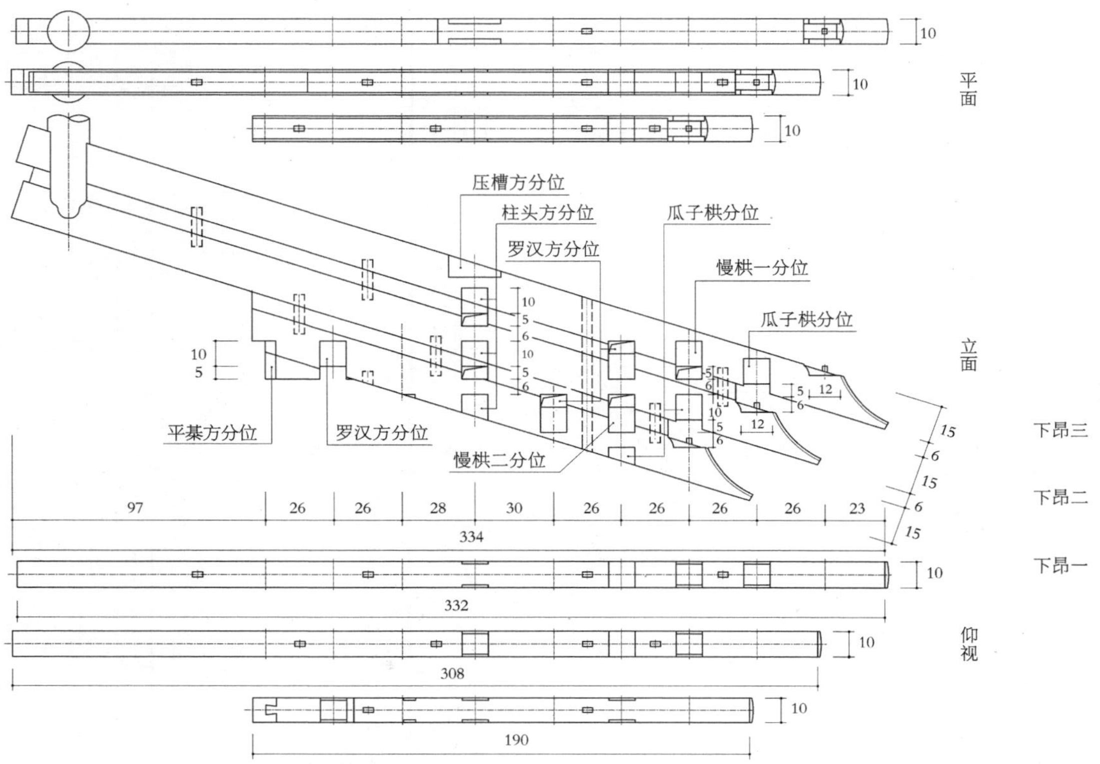

平面
立面
仰视
压槽方分位
柱头方分位
罗汉方分位
瓜子栱分位
慢栱一分位
瓜子栱分位
平棊方分位
罗汉方分位
慢栱二分位
下昂三
下昂二
下昂一
97
26
26
28
30
26
26
26
26
23
334
332
308
190
10
5
6
12
15

下昂一、下昂二、下昂三

八铺作重栱出双抄三下昂,里转六铺作重栱出三抄,并计心

补间铺作图样二十一 分件三

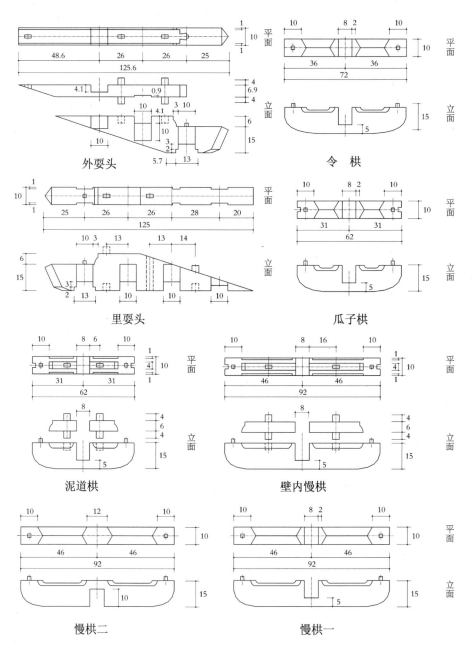

外耍头

令 栱

里耍头

瓜子栱

泥道栱

壁内慢栱

慢栱二

慢栱一

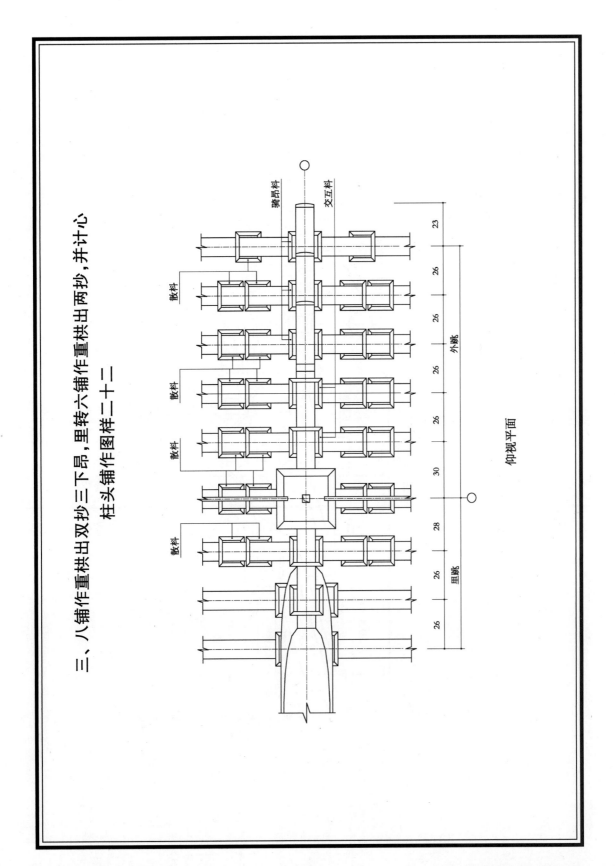

三、八铺作重栱出双抄三下昂，里转六铺作重栱出两抄，并计心
柱头铺作图样二十二

散枓
散枓
散枓
散枓
散枓
散枓

骑昂枓
交互枓

仰视平面

里跳
外跳

26 26 28 30 26 26 26 26 23

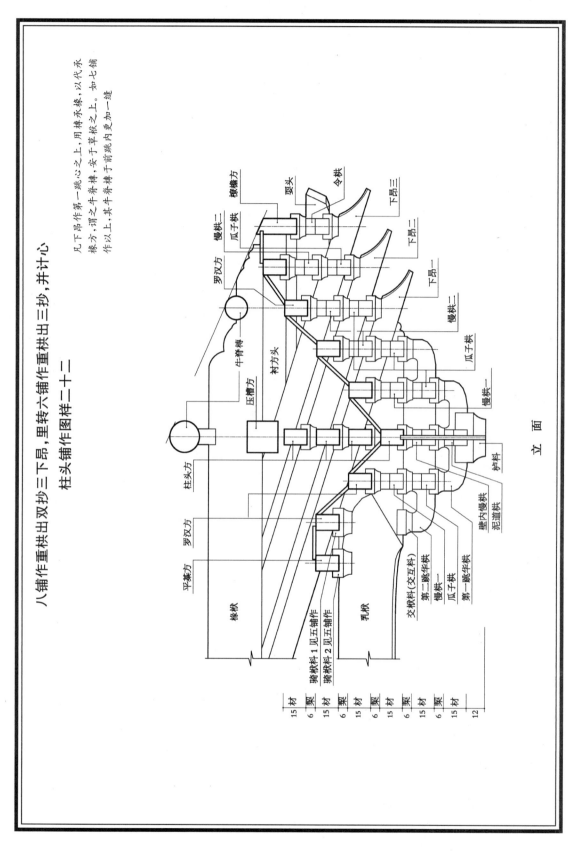

八铺作重栱出双抄三下昂，里转六铺作重栱出三抄，并计心

柱头铺作图样二十二

凡下昂作第一跳心之上，用棹承棹，以代承
椽方，谓之牛脊椽，安于草栿栿之上。如七铺
作以上，其牛脊椽子前跳内更加一缝

罗汉方
柱头方
平棊方

橑檐方
要头
令栱
下昂三
瓜子栱二
慢栱二
下昂二
下昂一
慢栱二
瓜子栱
慢栱一
瓜子栱
第二跳华栱
慢栱一
瓜子栱
第一跳华栱
华栱
壁内慢栱
泥道栱

牛脊椽
村方头
压槽方

交互枓（交互枓）
骑枓栱 1 见五铺作
骑枓栱 2 见五铺作

橑栱
乳栱

立 面

12										
15	材									
6	栔									
15	材									
6	栔									
15	材									
6	栔									
15	材									
6	栔									
15	材									

八铺作重栱出双抄三下昂,里转六铺作重栱出两抄,并计心
柱头铺作图样二十二 分件一

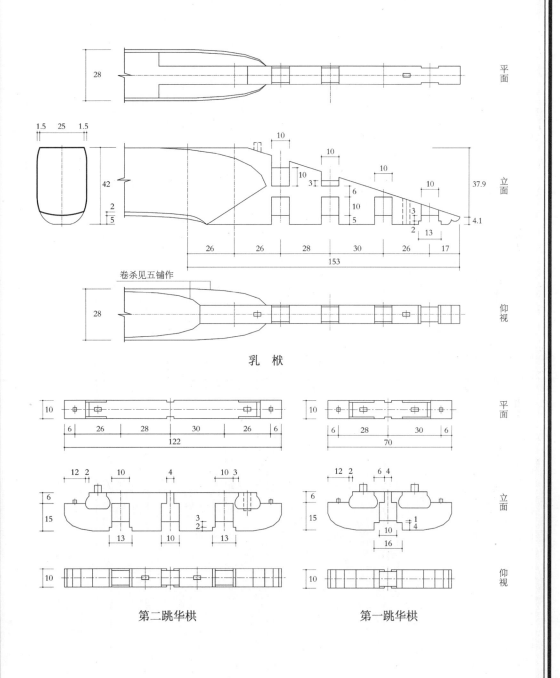

乳栿

第二跳华栱

第一跳华栱

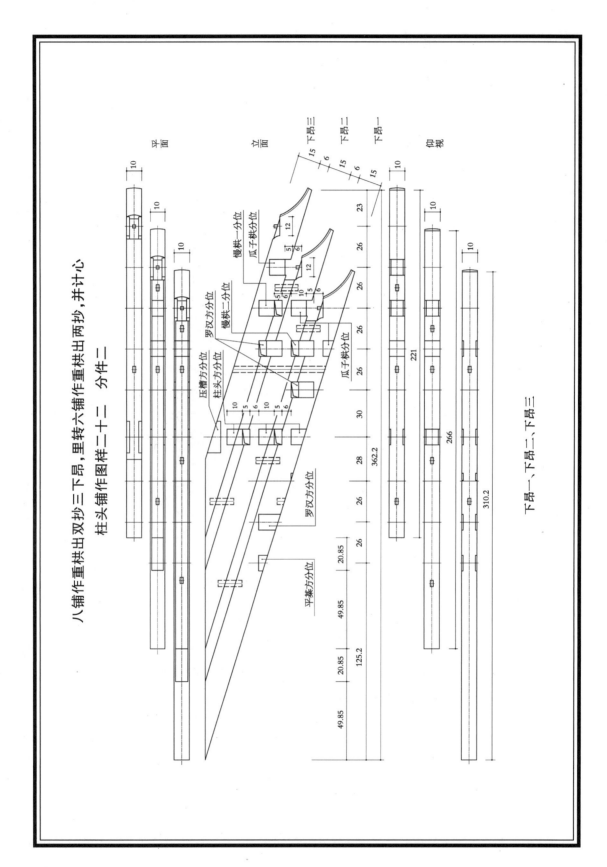

八铺作重栱出双抄三下昂,里转六铺作重栱出两抄,并计心

柱头铺作图样二十二 分件二

平面

立面

仰视

慢栱一分位

瓜子栱一分位

慢栱二分位

罗汉方分位

压槽方分位

柱头方分位

瓜子栱分位

罗汉方分位

平棊方分位

下昂一

下昂二

下昂三

下昂一、下昂二、下昂三

八铺作重栱出双抄三下昂,里转六铺作重栱出两抄,并计心
柱头铺作图样二十二　分件三

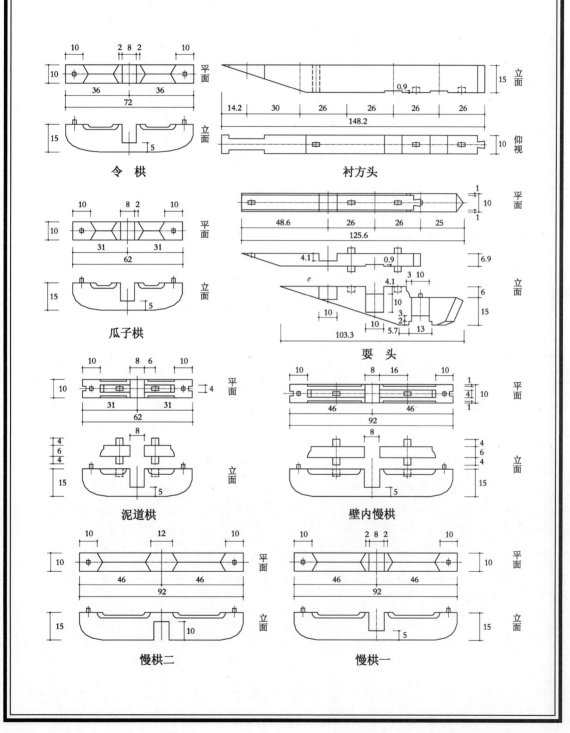

令　栱

衬方头

瓜子栱

耍　头

泥道栱

壁内慢栱

慢栱二

慢栱一

四、八铺作重栱出双抄三下昂,里转六铺作重栱出三抄,并计心转角铺作图样二十三

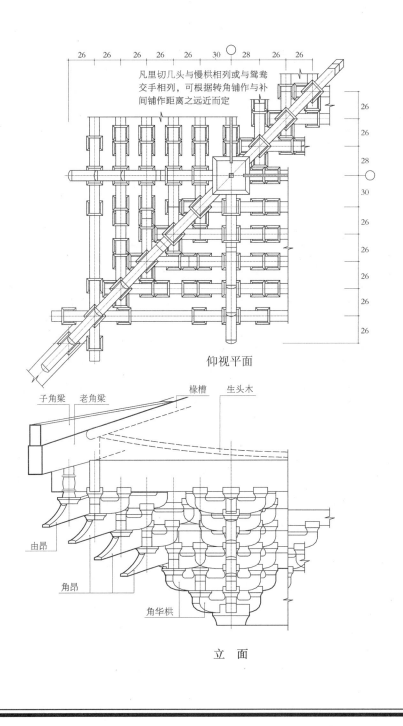

仰视平面

立　面

八铺作重栱出双抄三下昂,里转六铺作重栱出三抄,并计心
转角铺作图样二十三　分件一

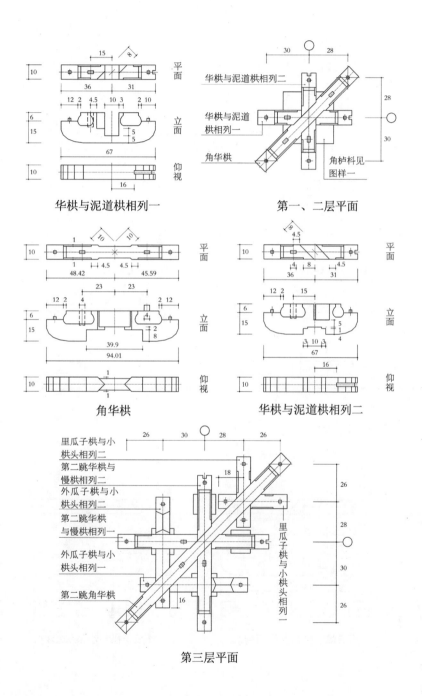

华栱与泥道栱相列一

第一、二层平面

角华栱

华栱与泥道栱相列二

第三层平面

八铺作重栱出双抄三下昂,里转六铺作重栱出三抄,并计心

转角铺作图样二十三　分件二

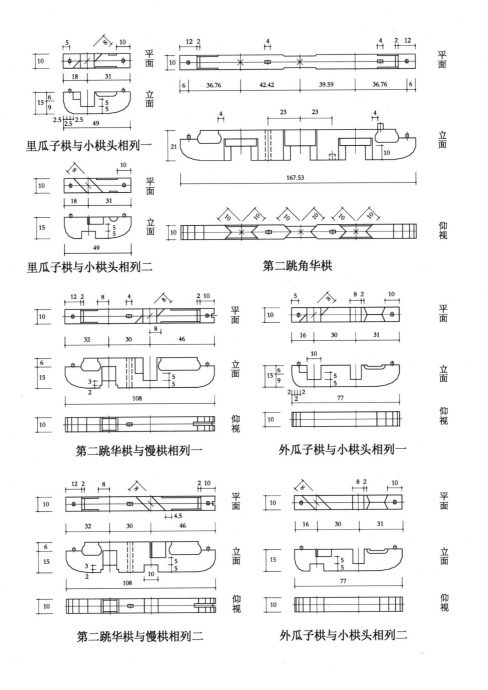

里瓜子栱与小栱头相列一

里瓜子栱与小栱头相列二

第二跳角华栱

第二跳华栱与慢栱相列一

外瓜子栱与小栱头相列一

第二跳华栱与慢栱相列二

外瓜子栱与小栱头相列二

八铺作重栱出双抄三下昂，里转六铺作重栱出三抄，并计心
转角铺作图样二十三　分件三

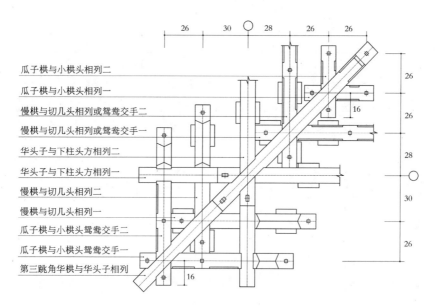

瓜子栱与小栱头相列二
瓜子栱与小栱头相列一
慢栱与切几头相列或鸳鸯交手二
慢栱与切几头相列或鸳鸯交手一
华头子与下柱头方相列二
华头子与下柱头方相列一
慢栱与切几头相列二
慢栱与切几头相列一
瓜子栱与小栱头鸳鸯交手二
瓜子栱与小栱头鸳鸯交手一
第三跳角华栱与华头子相列

第四层平面

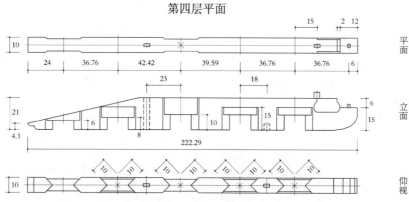

平面

立面

仰视

第三跳角华栱与华头子相列

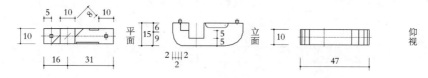

瓜子栱与小栱头相列一

八铺作重栱出双抄三下昂,里转六铺作重栱出三抄,并计心
转角铺作图样二十三 分件四

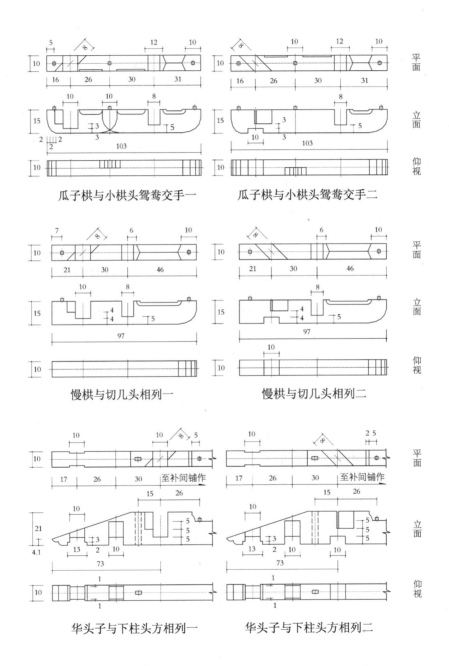

瓜子栱与小栱头鸳鸯交手一　　　瓜子栱与小栱头鸳鸯交手二

慢栱与切几头相列一　　　慢栱与切几头相列二

华头子与下柱头方相列一　　　华头子与下柱头方相列二

八铺作重栱出双抄三下昂,里转六铺作重栱出三抄,并计心
转角铺作图样二十三　分件五

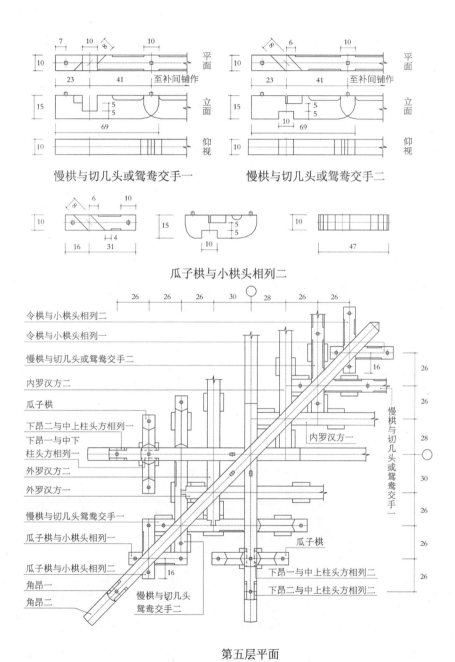

慢栱与切几头或鸳鸯交手一　　　慢栱与切几头或鸳鸯交手二

瓜子栱与小栱头相列二

第五层平面

八铺作重栱出双抄三下昂,里转六铺作重栱出三抄,并计心

转角铺作图样二十三　分件六

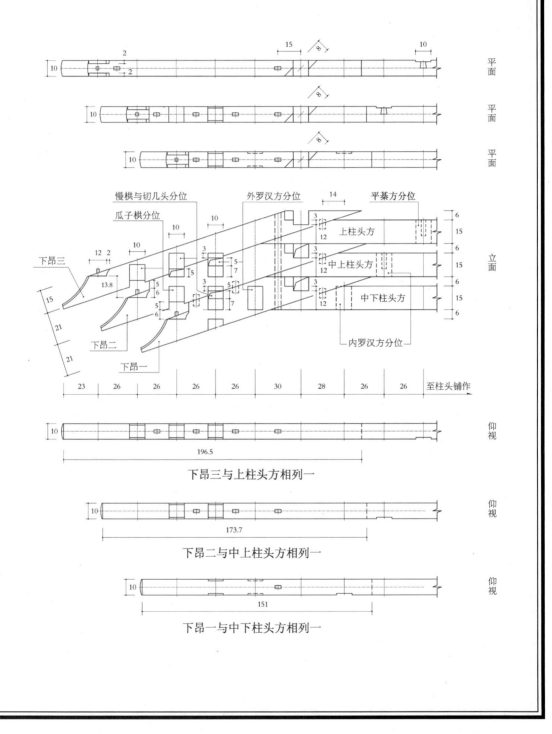

下昂三与上柱头方相列一

下昂二与中上柱头方相列一

下昂一与中下柱头方相列一

八铺作重栱出双抄三下昂,里转六铺作重栱出三抄,并计心
转角铺作图样二十三　分件七

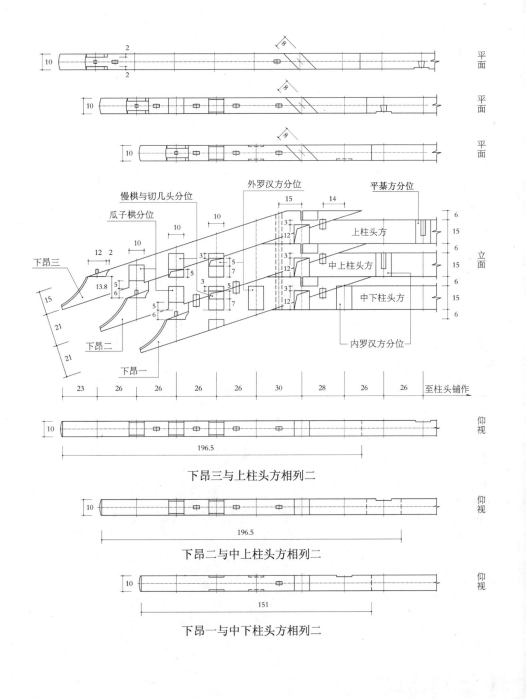

下昂三与上柱头方相列二

下昂二与中上柱头方相列二

下昂一与中下柱头方相列二

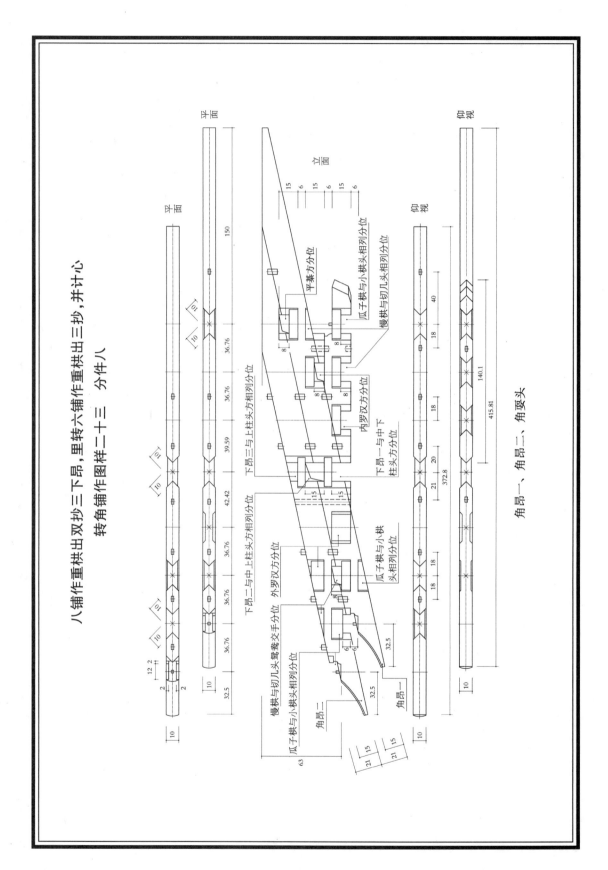

八铺作重栱出双抄三下昂,里转六铺作重栱出三抄,并计心

转角铺作图样二十三　分件八

角昂一、角昂二、角要头

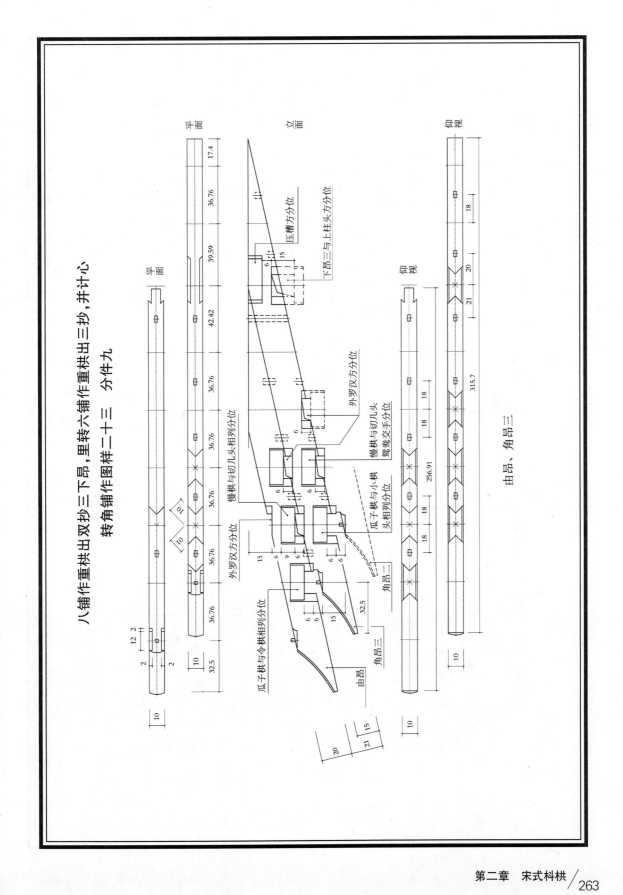

八铺作重栱出双抄三下昂，里转六铺作重栱出三抄，并计心

转角铺作图样二十三　分件九

由昂、角昂三

八铺作重栱出双抄三下昂,里转六铺作重栱出三抄,并计心
转角铺作图样二十三　分件十

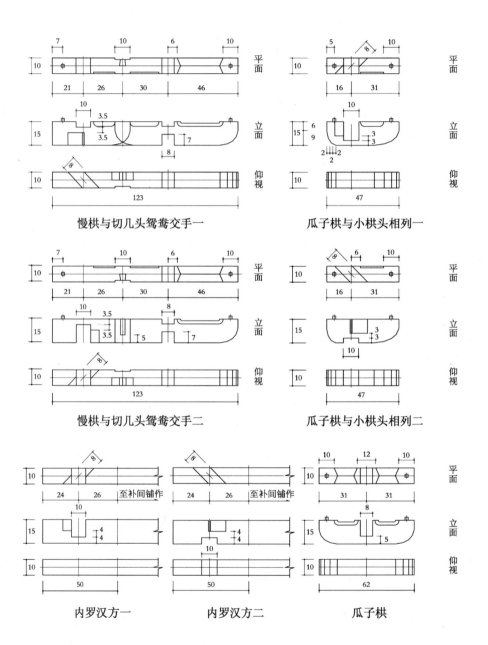

慢栱与切几头鸳鸯交手一　　　　　　瓜子栱与小栱头相列一

慢栱与切几头鸳鸯交手二　　　　　　瓜子栱与小栱头相列二

内罗汉方一　　　　　内罗汉方二　　　　　瓜子栱

八铺作重栱出双抄三下昂,里转六铺作重栱出三抄,并计心

转角铺作图样二十三 分件十一

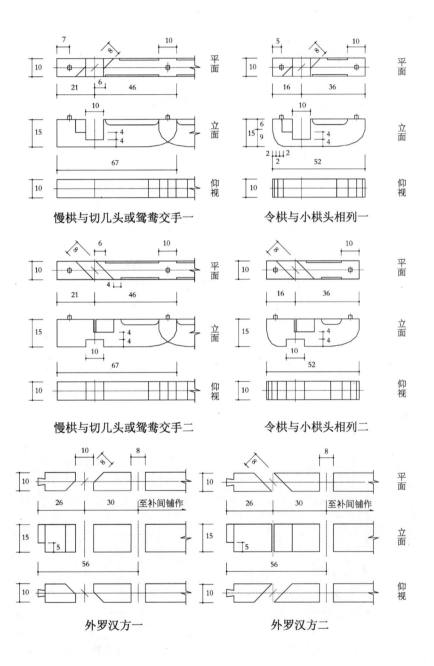

慢栱与切几头或鸳鸯交手一

令栱与小栱头相列一

慢栱与切几头或鸳鸯交手二

令栱与小栱头相列二

外罗汉方一

外罗汉方二

八铺作重栱出双抄三下昂，里转六铺作重栱出三抄，并计心
转角铺作图样二十三　分件十二

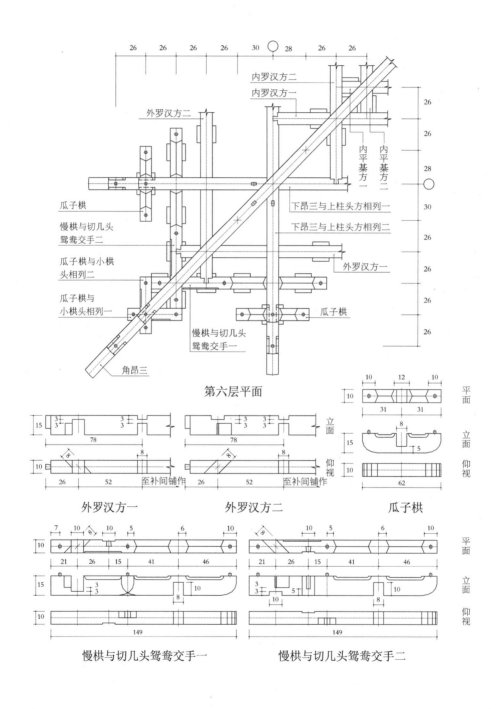

第六层平面

外罗汉方一　　　　　外罗汉方二　　　　　瓜子栱

慢栱与切几头鸳鸯交手一　　　　　慢栱与切几头鸳鸯交手二

八铺作重栱出双抄三下昂,里转六铺作重栱出三抄,并计心
转角铺作图样二十三　分件十三

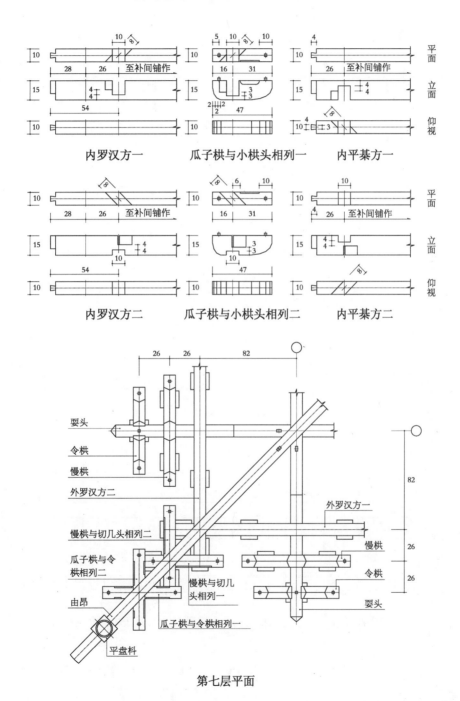

内罗汉方一　　瓜子栱与小栱头相列一　　内平棊方一

内罗汉方二　　瓜子栱与小栱头相列二　　内平棊方二

第七层平面

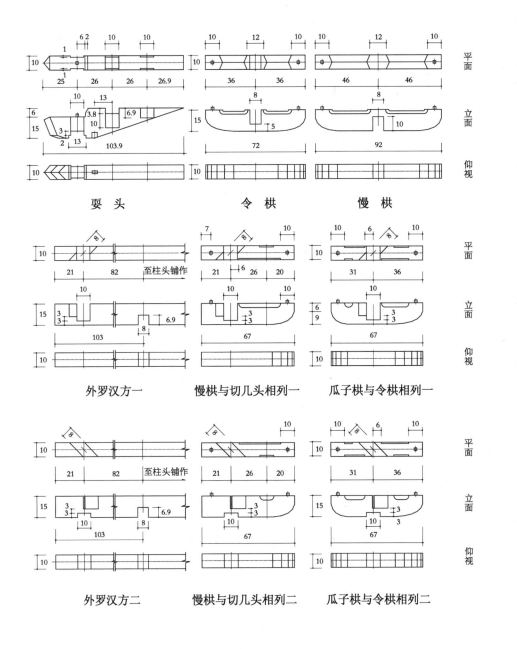

要　头　　　　　　令　栱　　　　　　慢　栱

外罗汉方一　　　　慢栱与切几头相列一　　瓜子栱与令栱相列一

外罗汉方二　　　　慢栱与切几头相列二　　瓜子栱与令栱相列二

八铺作重栱出双抄三下昂,里转六铺作重栱出三抄,并计心
转角铺作图样二十三　分件十五

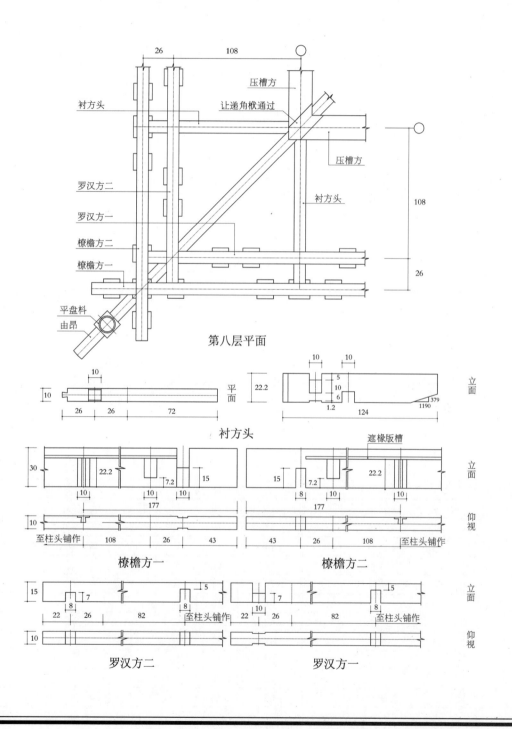

第八层平面

衬方头

橑檐方一　　橑檐方二

罗汉方二　　罗汉方一

五、八铺作重栱出双抄三下昂,里转六铺作重栱出三抄,并计心各件尺寸权衡表

枓栱类别	构件名称		长	高	宽	件数	备注
补间铺作	栌枓		32	20	32	1	
	第一跳华栱		70	21	10	1	
	泥道栱	栱	62	15	10	1	
		加栔	42	6	4	1	
	第二跳华栱		122	21	10	1	
	壁内慢栱	栱	92	15	10	1	
		加栔	72	6	4	1	
	瓜子栱		62	15	10	2	
	第三跳华栱		159	21	10	1	
	下昂一	昂	平长 190	15	10	1	
		加栔	平长 159	6	8	1	
	慢栱		92	15	10	2	
	瓜子栱		62	15	10	2	
	里耍头		125	21	10	1	
	下昂二	昂	平长 308	15	10	1	
		加栔	平长 275	6	8	1	
	慢栱		92	15	10	2	
	瓜子栱		62	15	10	1	
	令栱		72	15	10	2	
	下昂三		平长 332	15	10	1	
	慢栱		92	15	10	2	
	瓜子栱		62	15	10	1	
	外耍头	耍头	106.8	21	10	1	
		加栔	100.6	6.9	8	1	
	衬方头		148.2	15	10	1	
	交互枓		18	10	16	8	
	齐心枓		16	10	16	2	
	散枓		14	10	16	38	其中六个用于垫柱头方
柱头铺作	栌枓		32	20	32	1	
	第一跳华栱		70	21	10	1	
	泥道栱	栱	62	15	10	1	
		加栔	42	6	4	1	
	第二跳华栱		122	21	10	1	
	壁内慢栱	栱	92	15	10	1	
		加栔	72	6	4	1	
	瓜子栱		62	15	10	2	

续表

斗栱类别	构件名称		长	高	宽	件 数	备 注
柱头铺作	下昂一	昂	平长 310.2	15	10	1	
		加栔	平长 229.4	6	8	1	
	慢栱		92	15	10	2	
	瓜子栱		62	15	10	1	
	下昂二	昂	平长 266	15	10	1	
		加栔	平长 185.2	6	8	1	
	慢栱		92	15	10	1	
	瓜子栱		62	15	10	1	
	下昂三		平长 221	15	10	1	
	慢栱		92	15	10	1	
	瓜子栱		62	15	10	1	
	耍头	耍头	103.3	21	10	1	
		加栔	平长 100.6	6.9	8	1	
	慢栱		92	15	10	1	
	令栱		72	15	10	1	
	衬方头		148.2	15	10	1	
	骑栿斗		34	12.5	18	2	
	交互斗		18	10	16	7	
	齐心斗		16	10	16	1	
	散斗		14	10	16	32	其中六个用于垫柱头方
转角铺作	角栌斗		36	20	36	1	
	华栱与泥道栱相列		67	21	10	2	
	角华栱		94.01	21	10	1	
	第二跳华栱与慢栱相列		108	21	10	2	
	外瓜子栱与小栱头相列		77	15	10	2	
	里瓜子栱与小栱头相列		49	15	10	2	
	第二跳角华栱		167.53	21	10	1	
	华头子与下柱头方相列		73	21	10	2	柱头方长至补间铺作或柱头铺作
	慢栱与切几头相列		97	15	10	2	
	瓜子栱与小栱头鸳鸯交手		103	15	10	2	
	慢栱与切几头或鸳鸯交手		69	15	10	2	
	瓜子栱与小栱头相列		47	15	10	2	
	第三跳角华栱与华头子相列		222.29	21	10	1	
	下昂一与中柱头方相列		平长 151	21	10	2	
	下昂二与中上柱头方相列		平长 173.7	21	10	2	
	慢栱与切几头鸳鸯交手		123	15	10	2	
	瓜子栱		62	15	10	2	
	瓜子栱与小栱头相列		47	15	10	2	
	慢栱与切几头相列		67	15	10	2	

科栱类别	构件名称		长	高	宽	件 数	备 注
转角铺作	令栱与小栱头相列		52	15	10	2	
	角昂一连角耍头	昂	平长 411.6	21	10	1	角昂一连角耍头共长 551.7
		耍头	140.1	21	10	1	
	角昂二		平长 372.8	21	10	1	
	下昂三与上柱头方相列		平长 196.5	15	10	2	
	慢栱与切几头鸳鸯交手		149	15	10	2	
	瓜子栱		62	15	10	2	
	外瓜子栱与小栱头相列		47	15	10	2	
	角昂三		平长 315.7	21	10	1	
	耍头		103.9	21	10	2	
	慢栱		92	15	10	2	
	慢栱与切几头相列		67	15	10	2	
	令栱		72	15	10	2	
	瓜子栱与令栱相列		67	15	10	2	
	由昂		平长 256.91	20	10	1	
	衬方头		124	22.2	10	2	
	平盘枓		16	6	16	10	
	交互枓		18	10	16	10	
	齐心枓		16	10	16	3	其中一个用于瓜子栱与令栱相列之上
	散枓		14	10	16	82	

第十七节　上昂图样

一、五铺作重栱出单抄单上昂，并计心
图样二十四

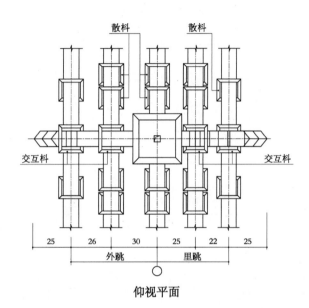

仰视平面

立面

五铺作重栱出单抄单上昂,并计心
图样二十四　分件一

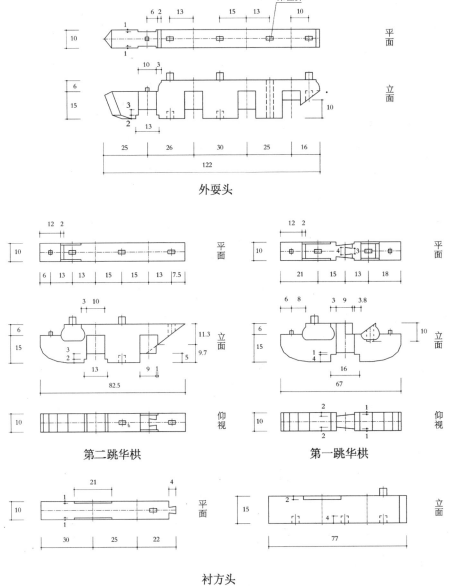

外耍头

第二跳华栱　　　第一跳华栱

衬方头

五铺作重栱出单抄单上昂,并计心
图样二十四　分件二

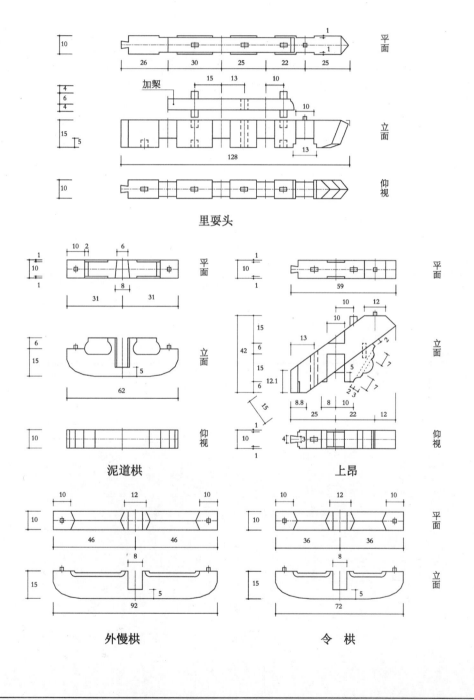

里要头

泥道栱　　　　　　　　上昂

外慢栱　　　　　　　　令　栱

五铺作重栱出单抄单上昂,并计心
图样二十四　分件三

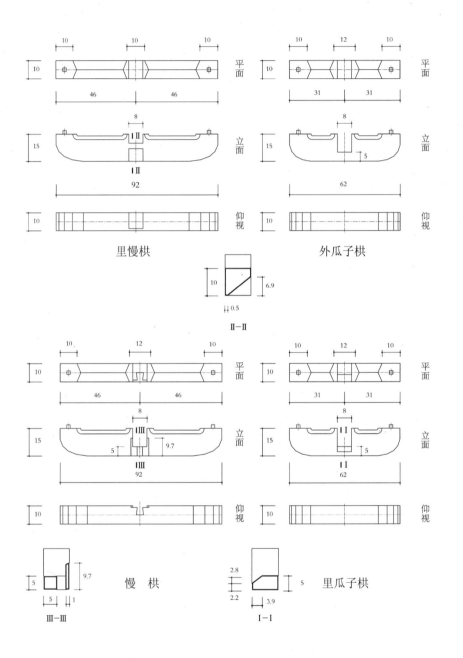

里慢栱

外瓜子栱

II—II

慢　栱

III—III

里瓜子栱

I—I

二、六铺作重栱出双抄单上昂偷心跳,内当中施骑枓栱
图样二十五

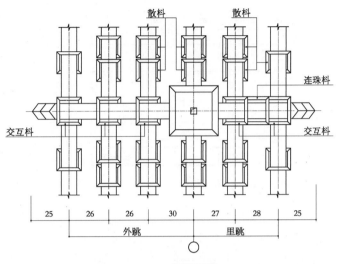

仰视平面

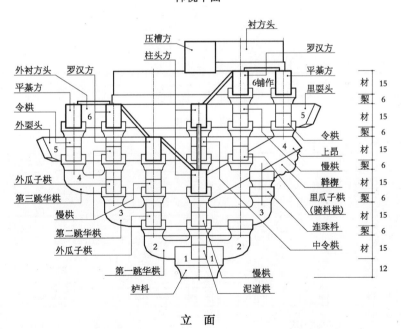

立　面

六铺作重栱出双抄单上昂偷心跳,内当中施骑枓栱
图样二十五　分件一

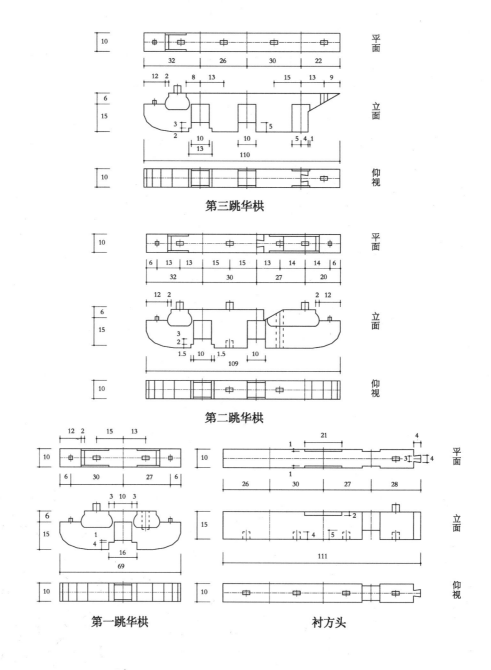

第三跳华栱

第二跳华栱

第一跳华栱　　　　　　　　衬方头

六铺作重栱出双抄单上昂偷心跳,内当中施骑枓栱
图样二十五　分件二

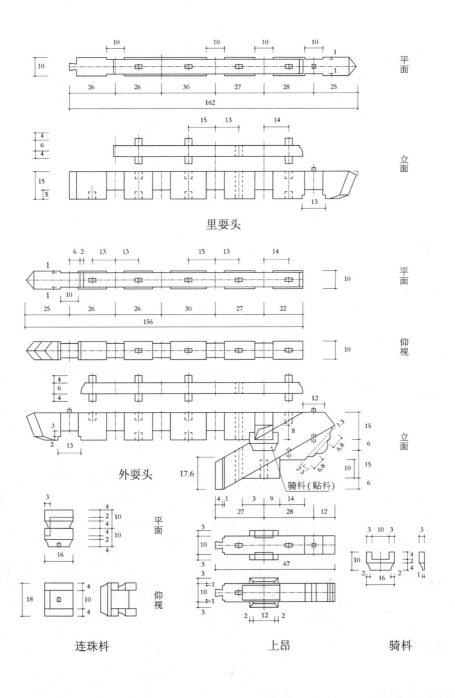

里耍头

外耍头

骑枓(贴枓)

连珠枓　　　　　　　　上昂　　　　　　　　骑枓

六铺作重栱出双抄单上昂偷心跳,内当中施骑枓栱
图样二十五　分件三

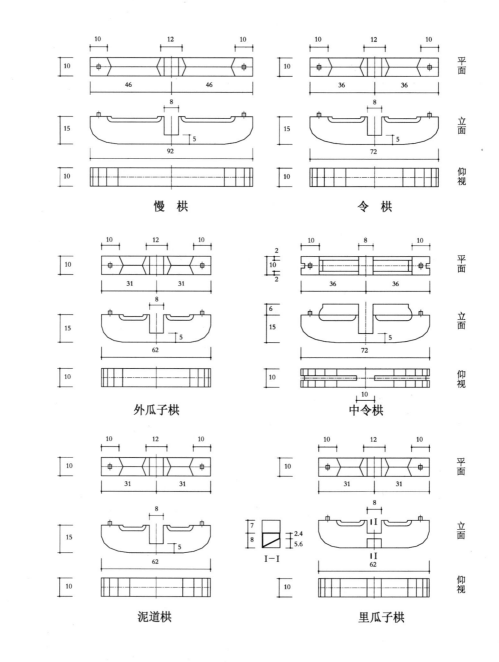

慢　栱

令　栱

外瓜子栱

中令栱

泥道栱

里瓜子栱

三、七铺作重栱出双抄双上昂偷心跳，内当中施骑枓栱

图样二十六

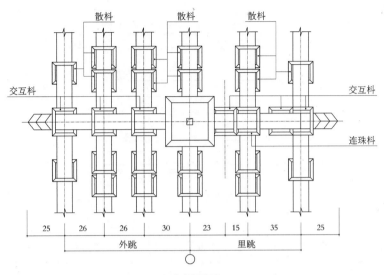

仰视平面

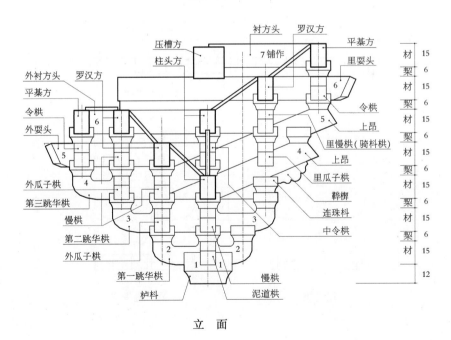

立　面

七铺作重栱出双抄双上昂偷心跳,内当中施骑枓栱
图样二十六　分件一

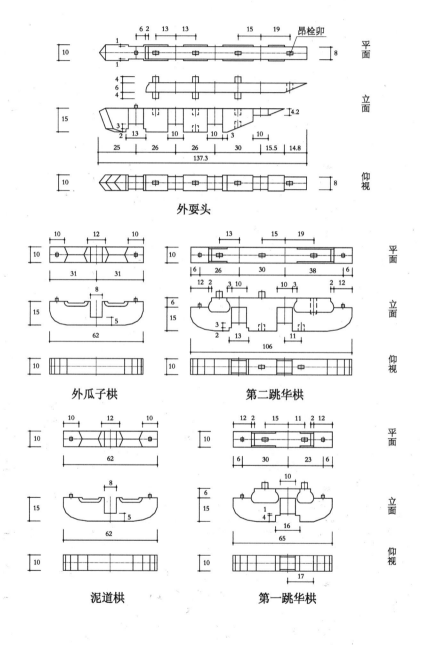

外耍头

外瓜子栱　　第二跳华栱

泥道栱　　第一跳华栱

七铺作重栱出双抄双上昂偷心跳，内当中施骑枓栱

图样二十六　分件二

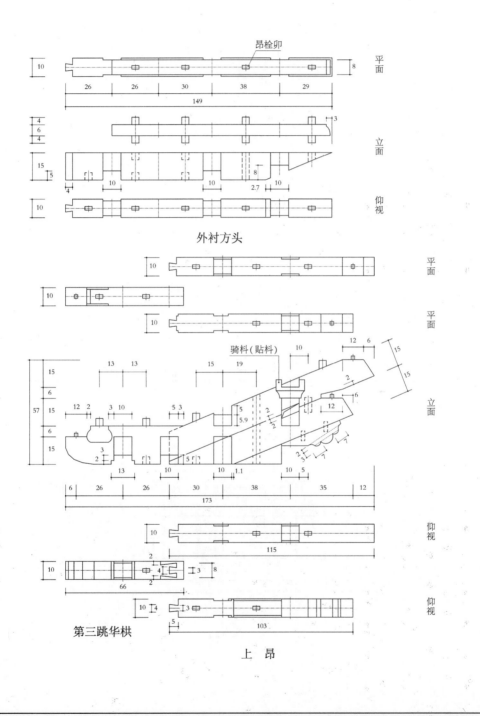

外衬方头

第三跳华栱

上　昂

七铺作重栱出双抄双上昂偷心跳,内当中施骑枓栱
图样二十六 分件三

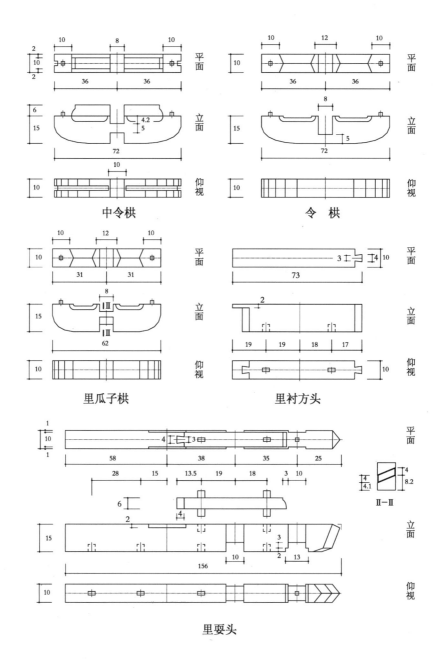

中令栱

令 栱

里瓜子栱

里衬方头

里耍头

七铺作重栱出双抄双上昂偷心跳,内当中施骑枓栱

图样二十六　分件四

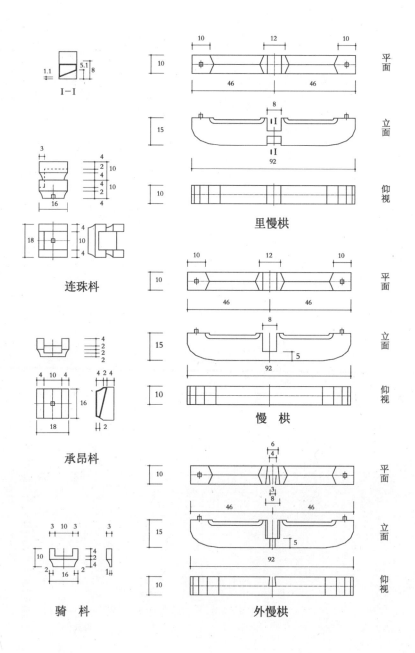

I-I

里慢栱

连珠枓

承昂枓

慢　栱

骑　枓

外慢栱

四、八铺作重栱出三抄双上昂偷心跳，内当中施骑枓栱

图样二十七

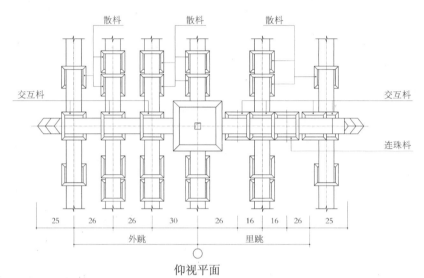

散枓　散枓　散枓

交互枓　　　　　　　　　　　　　　交互枓

连珠枓

| 25 | 26 | 26 | 30 | 26 | 16 | 16 | 26 | 25 |

外跳　　　　里跳

仰视平面

上衬方头　罗汉方　平棊方

压槽方　　　　　　　8铺作　　　令栱

柱头方　　　　　　　　　　　里耍头

下衬方头　罗汉方　　　　　　　　　　　　慢栱

平棊方　　　　　　　　　　　　　　　上昂

令栱　　　　　　　　　　　　　　　承昂枓

外耍头　　　　　　　　　　　　　　上昂

　　　　　　　　　　　　　　　鞞楔

外瓜子栱　　　　　　　　　　　里瓜子栱

第三跳华栱　　　　　　　　　　连珠枓

慢栱　　　　　　　　　　　　上慢栱

第二跳华栱

外瓜子栱　　　　　　　　　　上泥道栱

第一跳华栱

栌枓　　　　慢栱

下泥道栱

材	15
栔	6
材	15
栔	6
材	15
栔	6
材	15
栔	6
材	15
栔	6
材	15
栔	6
材	15
	12

立　面

八铺作重栱出三抄双上昂偷心跳,内当中施骑枓栱
图样二十七　分件一

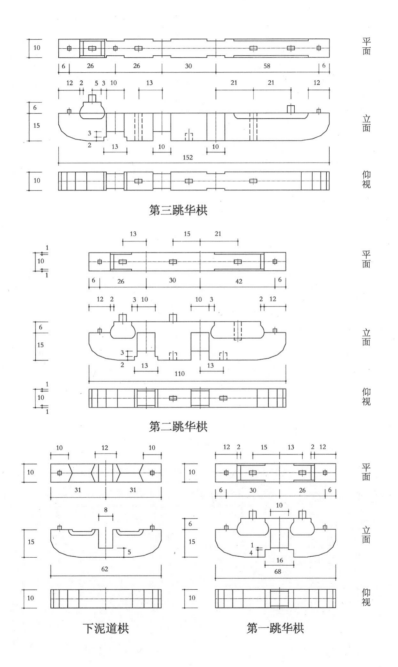

第三跳华栱

第二跳华栱

下泥道栱　　　　　　第一跳华栱

八铺作重栱出三抄双上昂偷心跳，内当中施骑枓栱
图样二十七　分件二

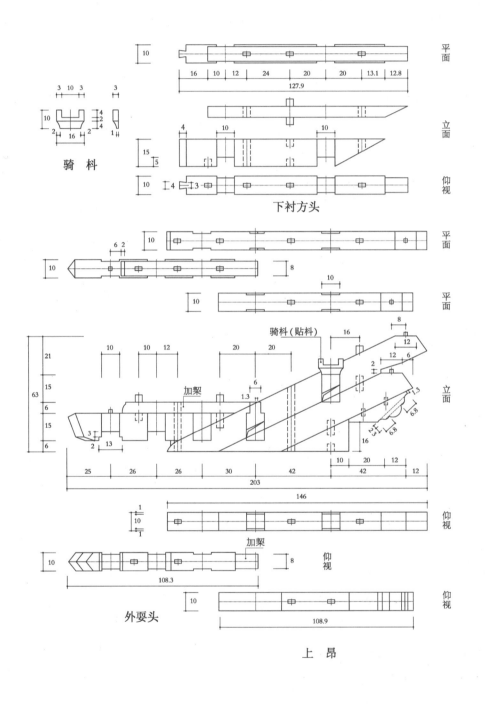

平面

立面

仰视

骑　枓

下衬方头

平面

平面

骑枓（贴枓）

加栔

立面

仰视

加栔

仰视

外耍头

仰视

上　昂

八铺作重栱出三抄双上昂偷心跳,内当中施骑枓栱
图样二十七　分件三

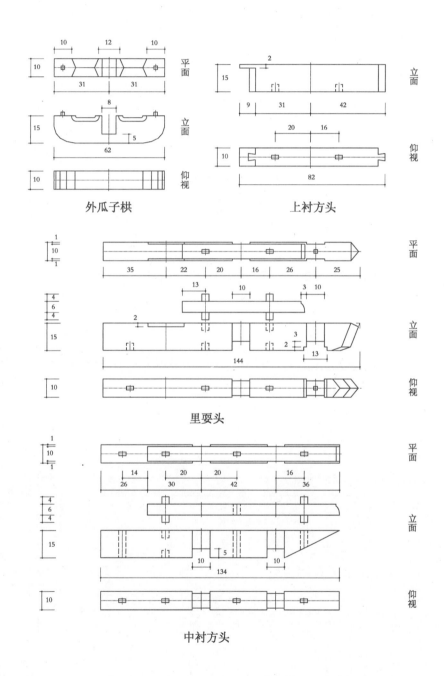

外瓜子栱

上衬方头

里耍头

中衬方头

八铺作重栱出三抄双上昂偷心跳,内当中施骑枓栱
图样二十七　分件四

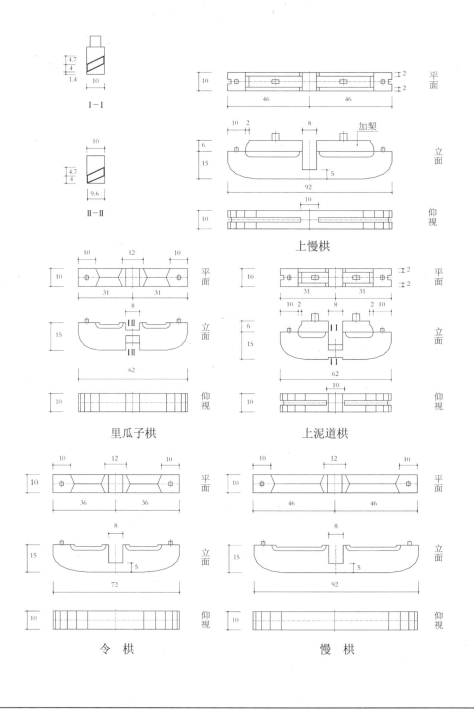

I－I

II－II

上慢栱

里瓜子栱

上泥道栱

令　栱

慢　栱

第十八节 总铺作次序

一、五铺作一抄一昂、六铺作一抄两昂或两抄一昂
图样二十八

凡铺作当柱头壁栱，谓之影栱；又谓之扶壁栱。如铺作重栱全计心造，则于泥道重栱上施素方；方上斜安遮椽版。

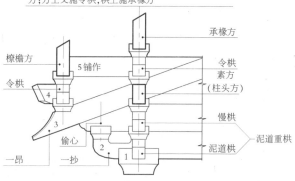

五铺作一抄一昂：若下一抄偷心，则泥道重栱上施素方；方上又施令栱，栱上施承椽方

五铺作一抄一昂

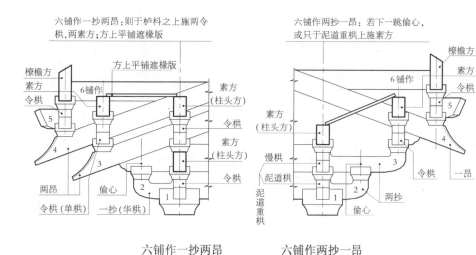

六铺作一抄两昂：则于栌枓之上施两令栱，两素方；方上平铺遮椽版

六铺作两抄一昂：若下一跳偷心，或只于泥道重栱上施素方

六铺作一抄两昂

六铺作两抄一昂

二、七铺作两抄两昂、八铺作两抄三昂
图样二十九

单栱七铺作两抄两昂：若下一抄偷心，
则于栌枓之上施两令栱；素方，方上平
铺遮椽版

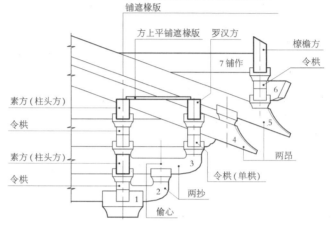

七铺作两抄两昂

单栱八铺作两抄三昂：若下两抄偷心，则泥
道栱上施素方；方上又施重栱素方；方上平
铺遮椽版

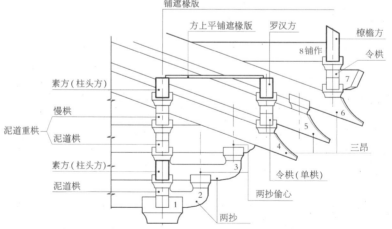

八铺作两抄三昂

第十九节 平 坐

一、造平坐之制

图样三十

造平坐之制之一 叉柱造

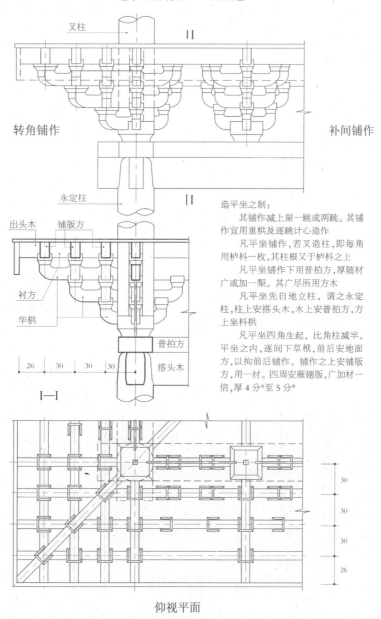

造平坐之制：

其铺作减上屋一跳或两跳。其铺作宜用重栱及逐跳计心造作

凡平坐铺作，若叉造柱，即每角用栌枓一枚，其柱根又于栌枓之上

凡平坐铺作下用普拍方，厚随材广或加一栔。其广尽所用方木

凡平坐先自地立柱，谓之永定柱，柱上安搭头木，木上安普拍方，方上坐枓栱

凡平坐四角生起，比角柱减半。平坐之内，逐间下草栿，前后安地面方，以拘前后铺作。铺作之上安铺版方，用一材。四周安雁翅版，广加材一倍，厚4分°至5分°。

仰视平面

二、造平坐之制楼阁平坐铺作

图样三十一

造平坐之制之二　缠柱之一

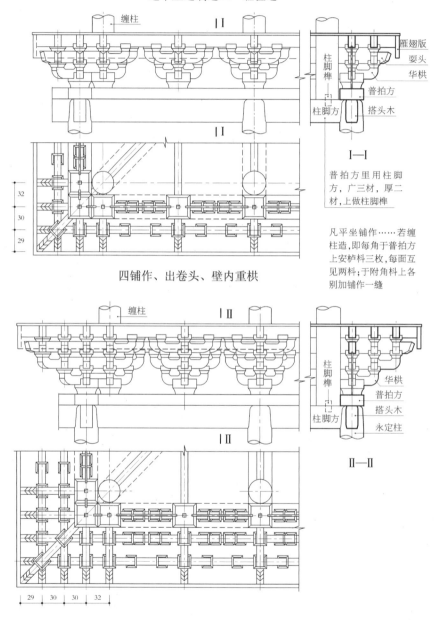

缠柱

I—I

柱脚榫

雁翅版
耍头
华栱

普拍方
柱脚方
搭头木

I—I

普拍方里用柱脚方，广三材，厚二材，上做柱脚榫

凡平坐铺作……若缠柱造，即每角于普拍方上安栌枓三枚，每面互见两枓；于附角枓上各别加铺作一缝

32
30
29

四铺作、出卷头、壁内重栱

缠柱

II—II

柱脚榫

华栱
普拍方
搭头木
柱脚方
永定柱

II—II

29　30　30　32

五铺作、重栱、出卷头、计心

三、造平坐之制楼阁平坐铺作
图样三十二

造平坐之制之二　缠柱之二

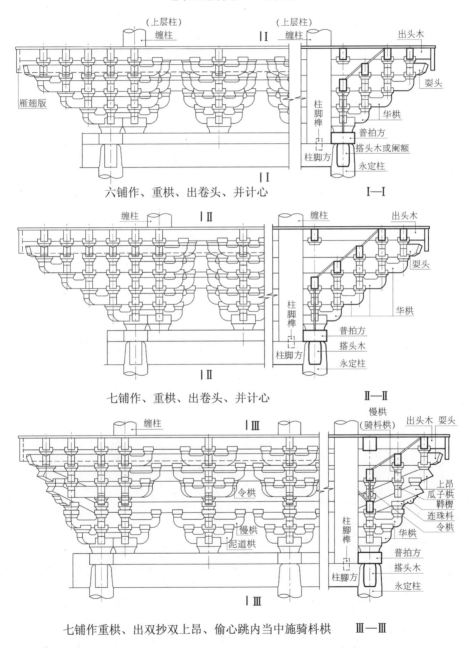

六铺作、重栱、出卷头、并计心

七铺作、重栱、出卷头、并计心

七铺作重栱、出双抄双上昂、偷心跳内当中施骑枓栱

第二十节　槫缝

造槫间之制
图样三十三

槫缝槫间之制：

凡屋如彻上明造，即于蜀柱之上安枓，枓上安随间槫间之丁华抹颏栱。枓上安随间槫间，或一材或两材，若枓华抹颏栿之丁华抹颏栿，即于蜀柱上安枓（若叉手上角内安枓，两面出要头者，谓之丁华抹颏栱）。枓上安随间槫间，或一材或两材，长随间广，若随间槫间，出半栱在外，半栱连身对隐，枓上安随间槫间广，厚并如材，出半栱在外，半栱连身对隐，若两材造，即每间各用一材，隔间上下相闪，令慢栱在上，瓜子栱在下。若一材造，只用令栱，隔间上下相闪，令慢栱在上，瓜子栱在下。若一材造，只用令栱，隔间一材，如屋内遍用槫间一材或两材，并与梁头相交（或于两际随槫作搭头承枓以承替木）。

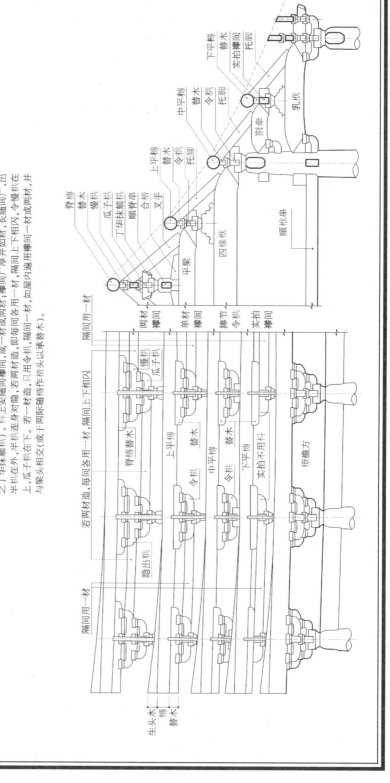

第二十一节 虾须栱

造虾须栱
图样三十四

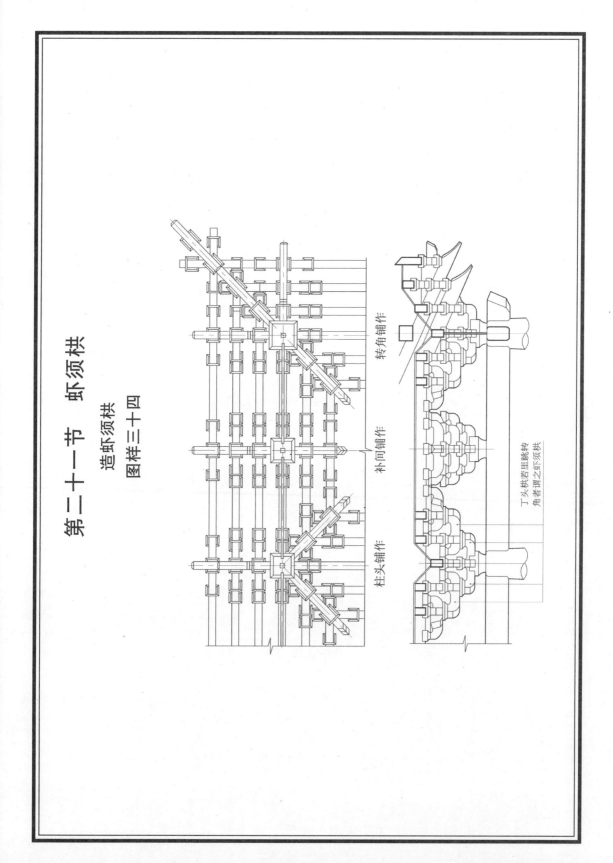

柱头铺作　补间铺作　转角铺作

丁头栱若里跳转
角者谓之虾须栱

宋式枓栱模型

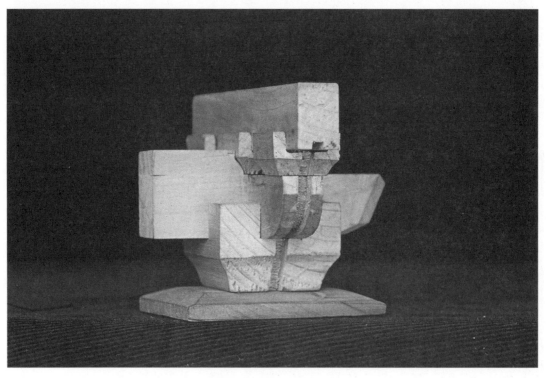

把头绞项造(见图样五)

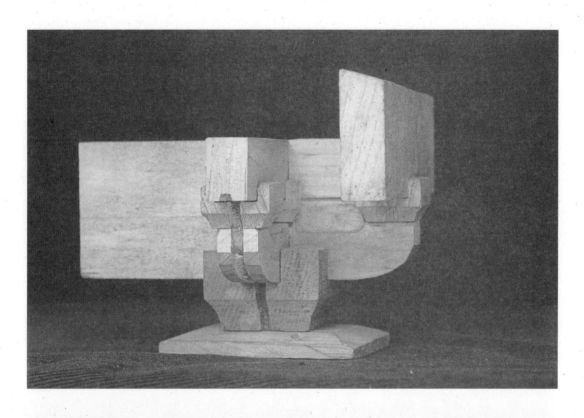

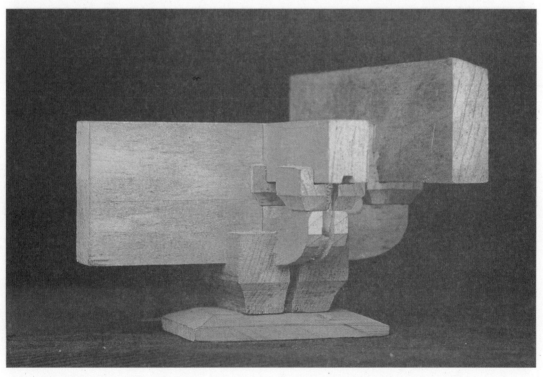

枓口跳(见图样六)

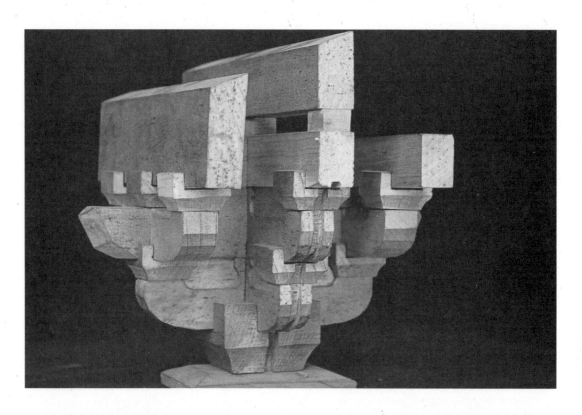

四铺作里外并一抄卷头，壁内用重栱(见图样七)

四铺作插昂
补间铺作(见图样八)

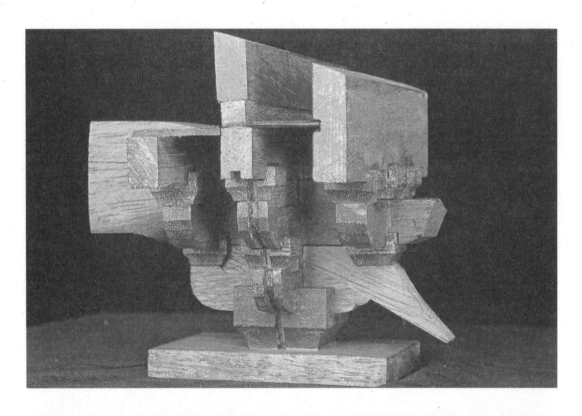

四铺作插昂
柱头铺作(见图样九)

正面

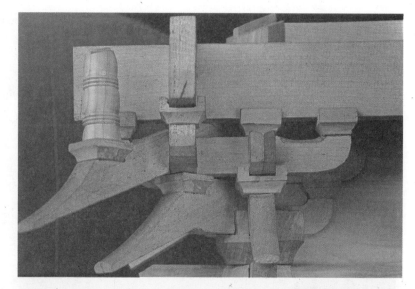

角面

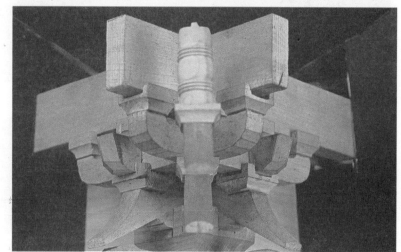

后面

四铺作插昂

转角铺作(见图样十)

五铺作重栱出单抄单下昂，里转五铺作重栱出两抄，并计心

补间铺作（见图样十一）

五铺作重栱出单抄单下昂，里转五铺作出单抄，并计心

柱头铺作(见图样十二)

正面

角面

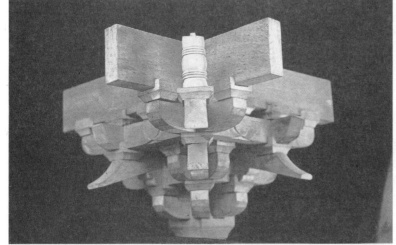

后面

五铺作重栱出单抄单
下昂，里转五铺作重栱
出两抄，并计心

转角铺作

（见图样十三）

正面

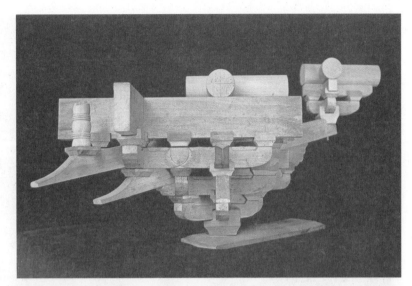

角面

后面

五铺作重栱出单抄插
昂，里转五铺作重栱出
两抄，偷心

转角铺作

（见图样十四）

六铺作重栱出单抄双下昂，里转五铺作重栱出两抄，并计心

补间铺作(见图样十五)

六铺作重栱出单抄双下昂，里转五铺作出单抄，并计心

柱头铺作（见图样十六）

正面

角面

后面

六铺作重棋出单抄双
下昂，里转五铺作重棋
出两抄，并计心
转角铺作
（见图样十七）

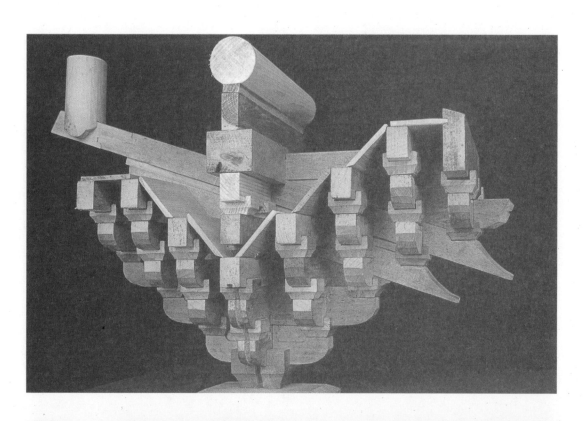

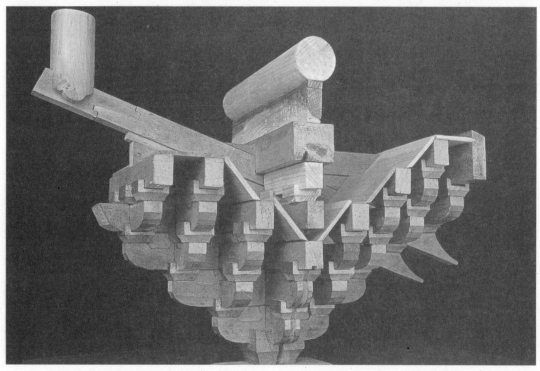

七铺作重栱出双抄双下昂，里转六铺作重栱出三抄，并计心

补间铺作(见图样十八)

七铺作重栱出双抄双下昂,里转六铺作重栱出两抄,并计心

柱头铺作(见图样十九)

正面

角面

后面

七铺作重栱出双抄双
下昂,里转六铺作重栱
出三抄,并计心
转角铺作
(见图样二十)

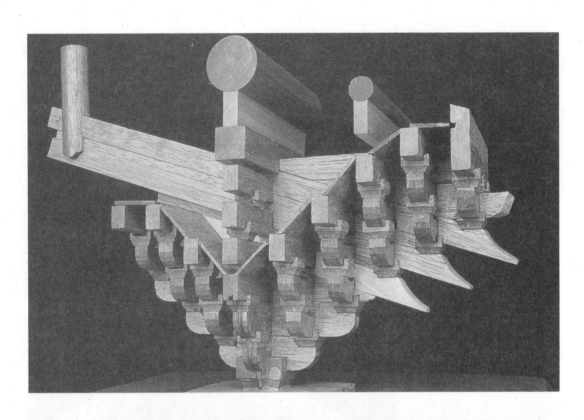

八铺作重栱出双抄三下昂，里转六铺作重栱出三抄，并计心

补间铺作（见图样二十一）

八铺作重栱出双抄三下昂,里转六铺作重栱出两抄,并计心

柱头铺作(见图样二十二)

正面

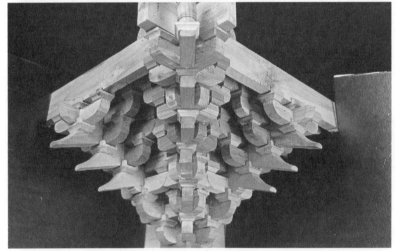

角面

后面

八铺作重栱出双抄三
下昂,里转六铺作重栱
出三抄,并计心
转角铺作
(见图样二十三)

五铺作重栱出单抄单上昂,并计心(见图样二十四)

六铺作重栱出双抄单上昂偷心跳，内当中施骑枓栱(见图样二十五)

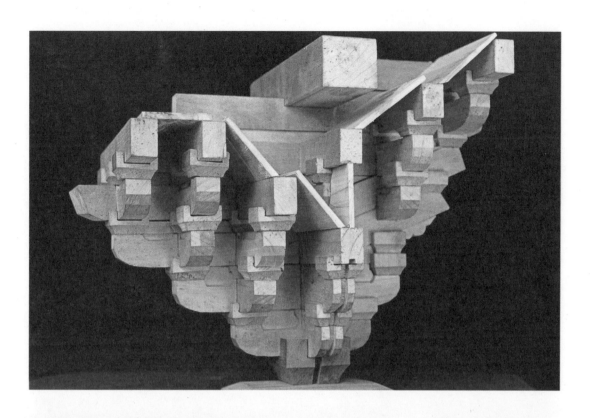

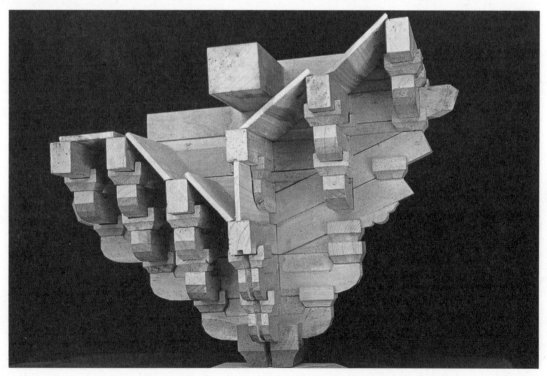

七铺作重栱出双抄双上昂偷心跳，内当中施骑斗栱（见图样二十六）

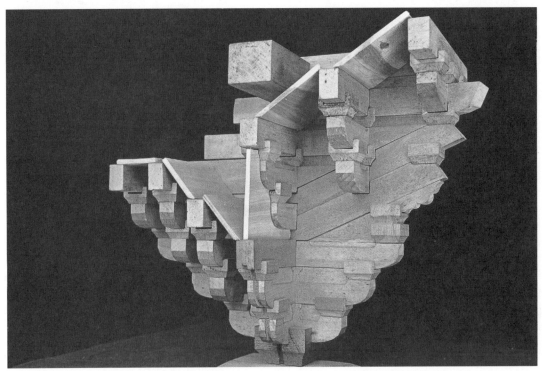

八铺作重栱出三抄双上昂偷心跳，内当中施骑枓栱（见图样二十七）

五铺作一抄一昂

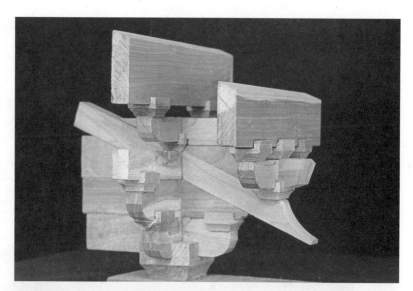

六铺作一抄两昂

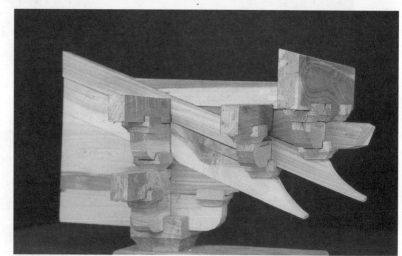

六铺作两抄一昂

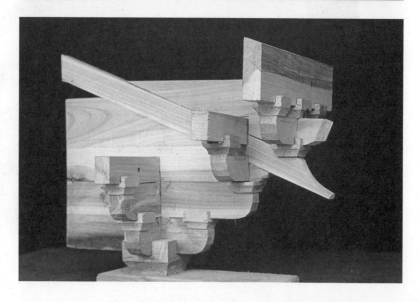

（见图样二十八）

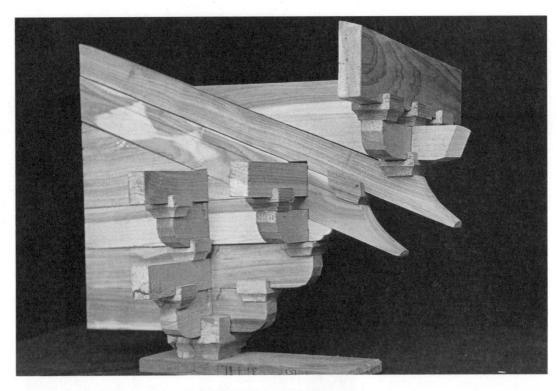

七铺作两抄两昂

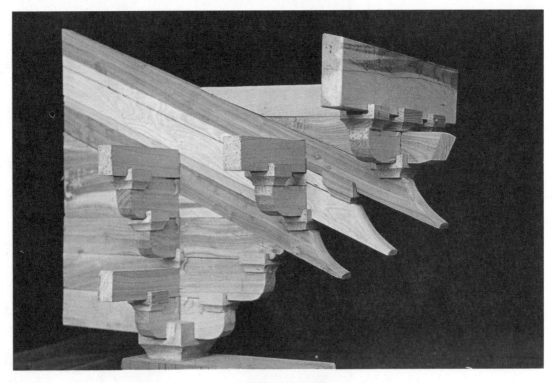

八铺作两抄三昂

（见图样二十九）

《营造法式》
原书图样

注：用上海商务印书馆 1933 年 12 月出版《万有文库》版，

1954 年重印《营造法式》第三册宋式枓栱插图。

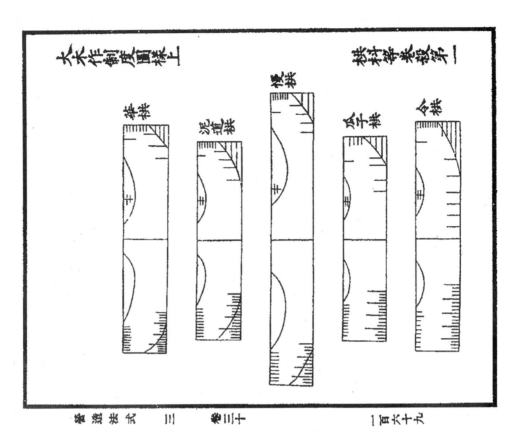

大木作制度圖樣上　　　　　　　　　　　　　栱枓等卷殺第一

華栱　泥道栱　慢栱　瓜子栱　令栱

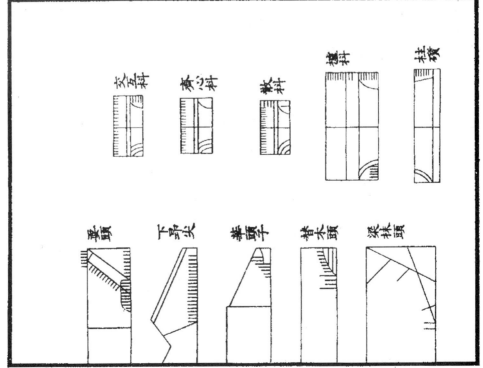

交互枓　齊心枓　散枓　櫨枓　枓槽

耍頭　下昂头　華頭子　昔木頭　梁抹頭

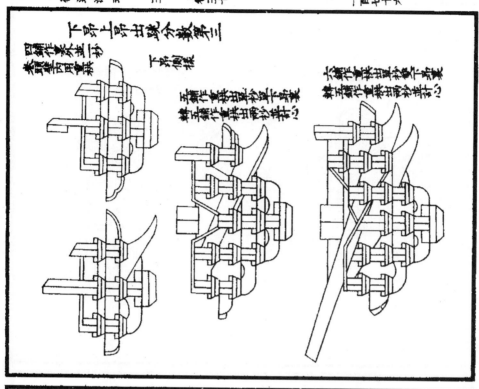

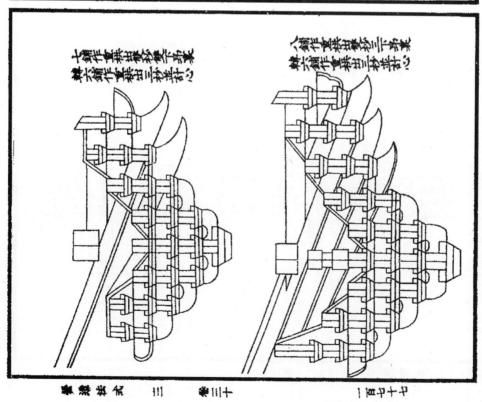

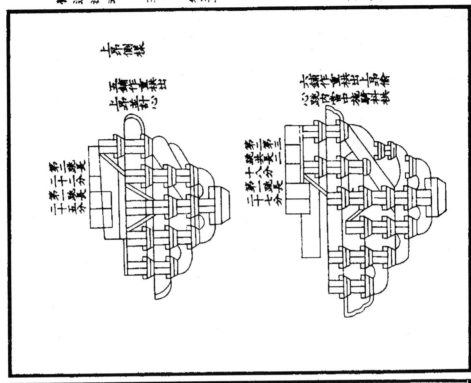

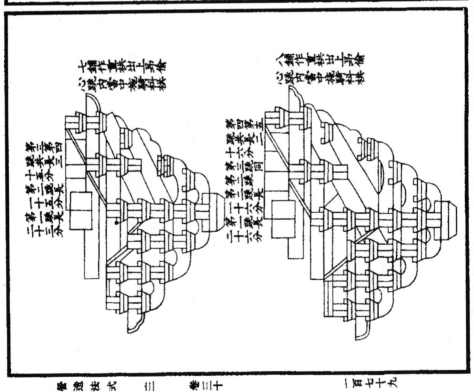

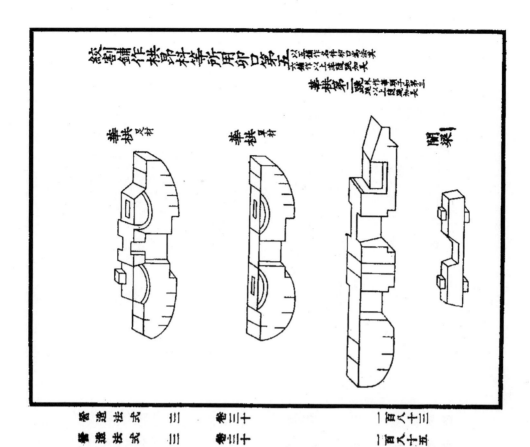

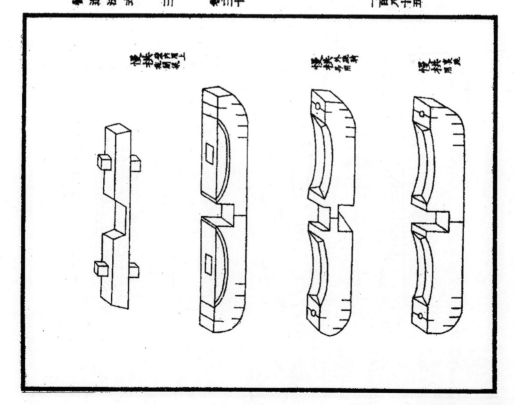

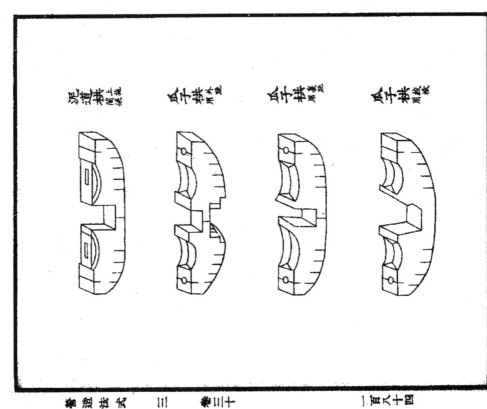

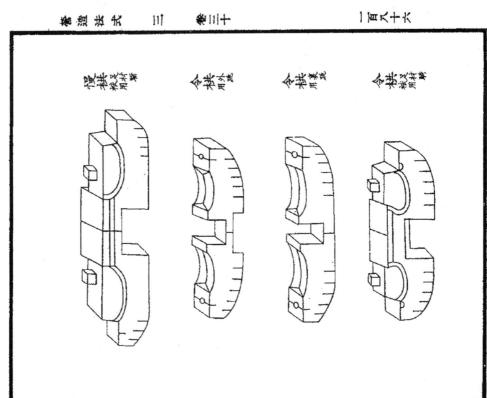

華栱與泥道栱相列用法

慢栱與華頭子相列用法　以上栱見卷三十

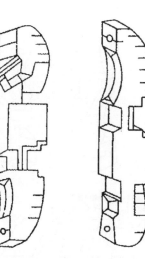
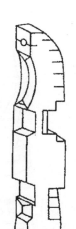
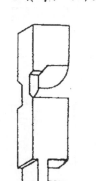
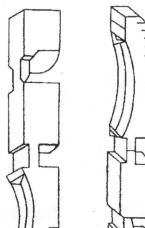
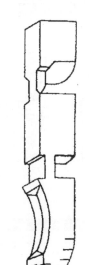
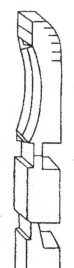

舊營造法式　三　卷三十　一百八十七
營造法式　二　卷三十　一百八十八

瓜子栱與小栱頭相列用法

慢栱與切几頭相列用法

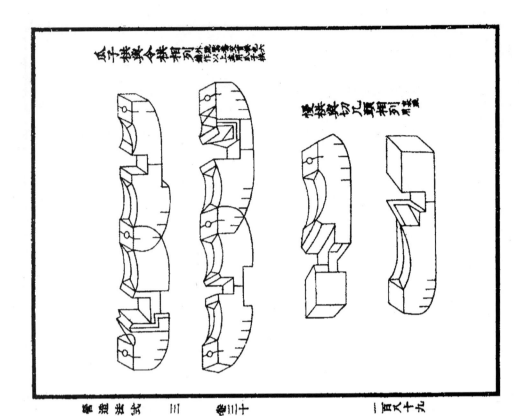

瓜子栱與令栱相列

慢栱與切几頭相列

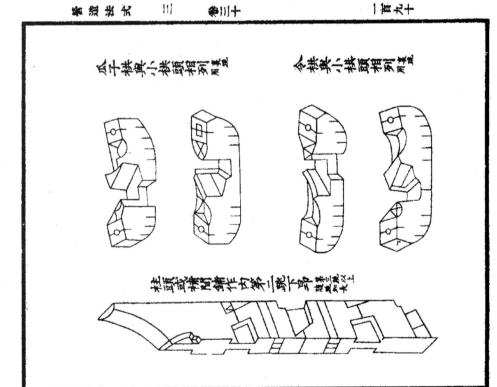

瓜子栱與小栱頭相列

令栱與小栱頭相列

柱頭或補間鋪作內第二跳

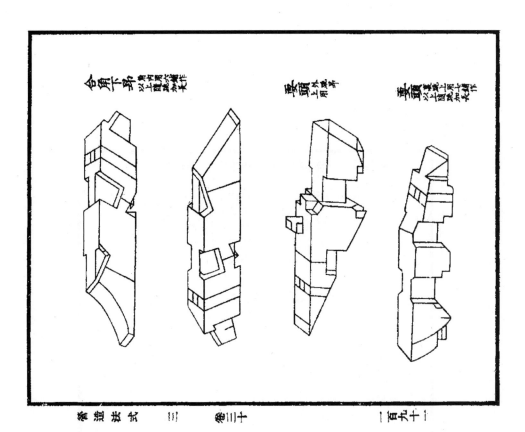

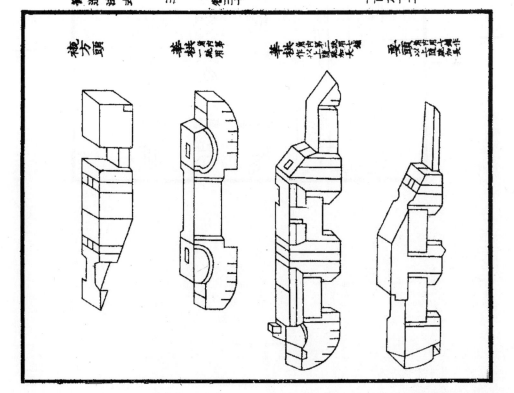

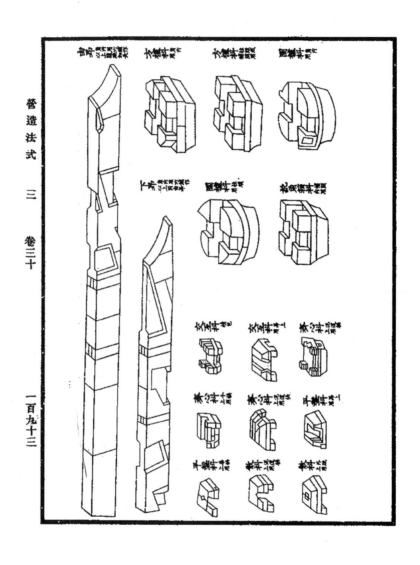

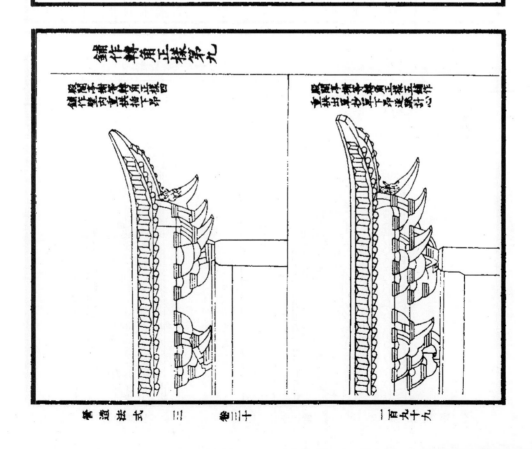

樽縫襻間第八

鋪作轉角正樣第九

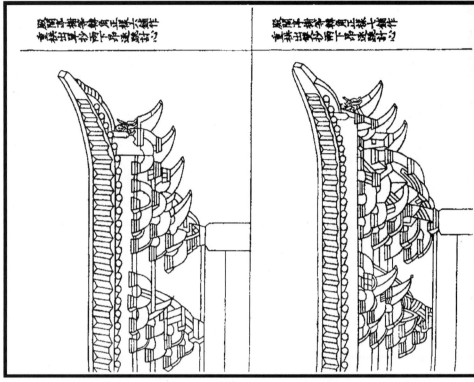

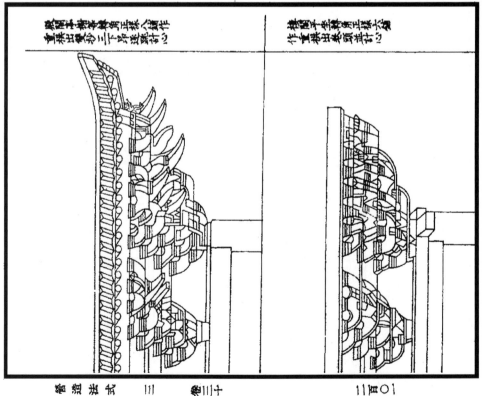

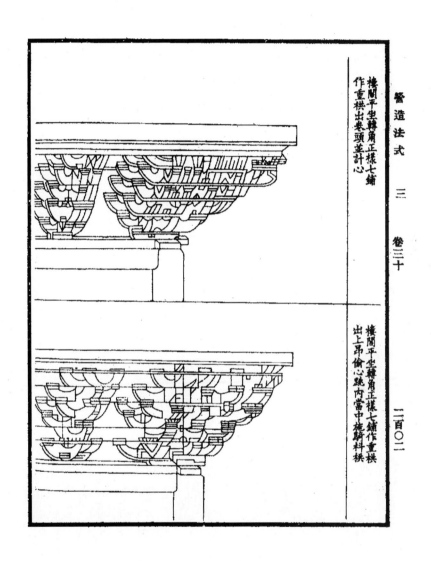

樓閣平坐轉角正樣七鋪
作重栱出卷頭並計心

樓閣平坐轉角正樣七鋪作重栱
出上昂偷心跳內當中施騎枓栱

二百○二